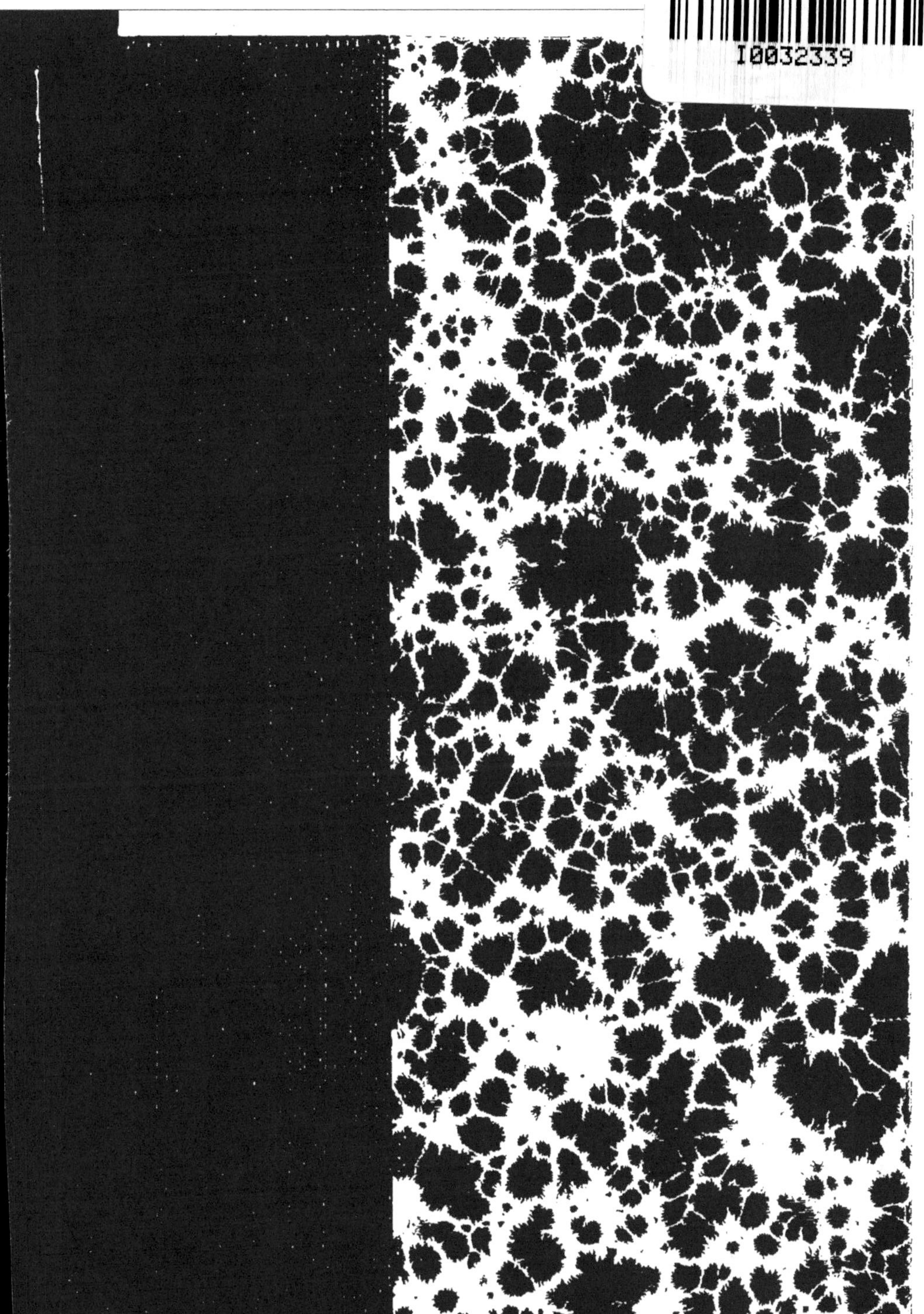

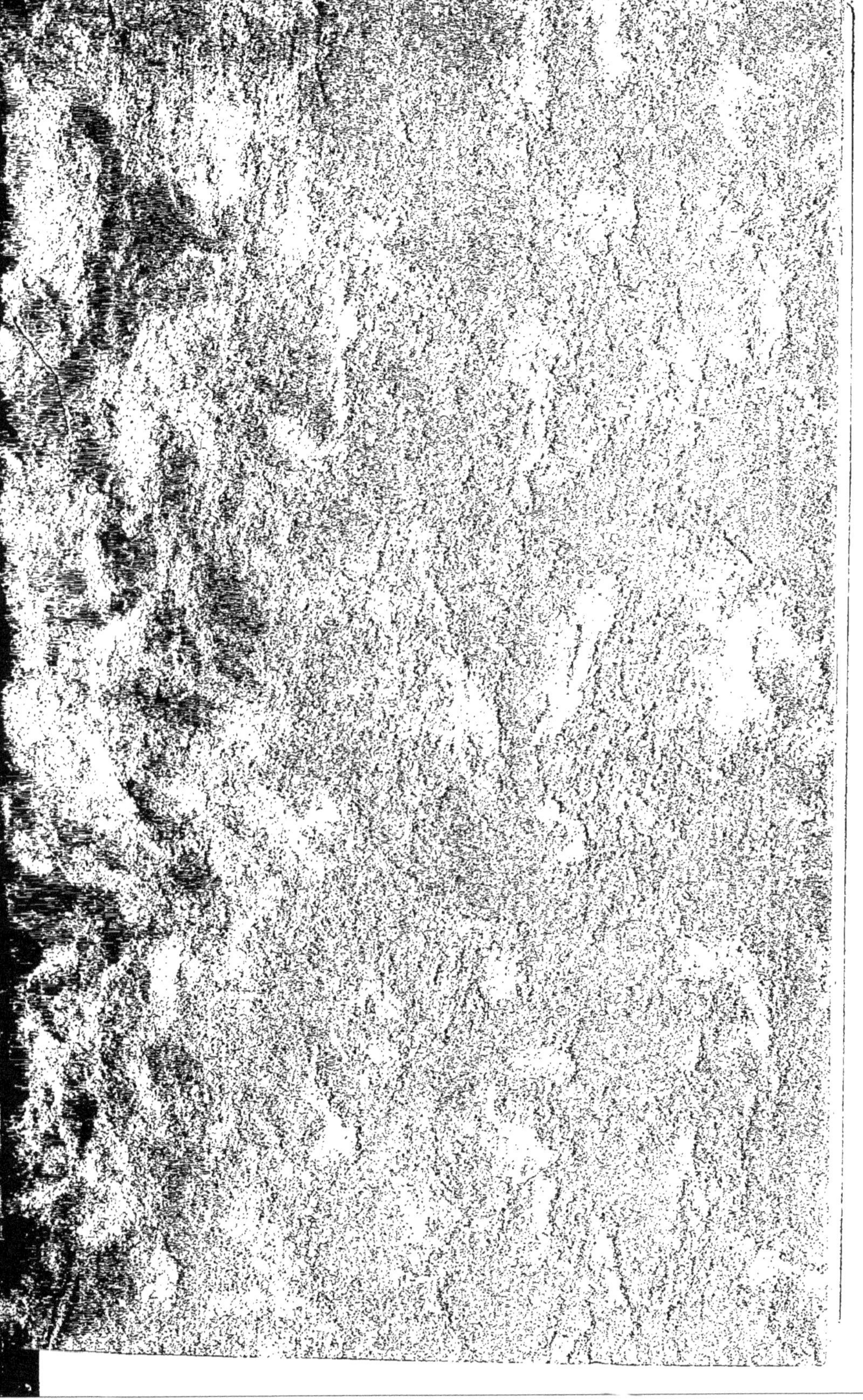

J.SCHMITT 1967

LEÇONS ÉLÉMENTAIRES

SUR

L'HISTOIRE NATURELLE

DES

OISEAUX

PAR

J. C. CHENU

MÉDECIN PRINCIPAL A L'ÉCOLE IMPÉRIALE DE MÉDECINE ET DE PHARMACIE MILITAIRES

O. DES MURS

ORNITHOLOGISTE

J. VERREAUX

NATURALISTE VOYAGEUR

TOME DEUXIÈME — PREMIÈRE PARTIE

Vautour fauve.

PARIS

LIBRAIRIE L. HACHETTE ET Cie

BOULEVARD SAINT-GERMAIN, 77

1862

LEÇONS ÉLÉMENTAIRES

SUR

L'HISTOIRE NATURELLE DES OISEAUX

TOME DEUXIÈME

PARIS. — IMP. SIMON RAÇON ET COMP., RUE D'ERFURTH, 1.

LEÇONS ÉLÉMENTAIRES

SUR

L'HISTOIRE NATURELLE

DES OISEAUX

PAR

J. C. CHENU

MÉDECIN PRINCIPAL A L'ÉCOLE IMPÉRIALE DE MÉDECINE ET DE PHARMACIE MILITAIRES

O. DES MURS ET J. VERREAUX

Ornithologiste — Naturaliste voyageur

TOME DEUXIÈME

Vautour.

PARIS

LIBRAIRIE L. HACHETTE ET CIE

77, BOULEVARD SAINT-GERMAIN, 77

1862

Fig. 1. — Faucon lanier, *Falco lanarius*, d'après Schlegel.

TREIZIÈME LEÇON

Oiseaux de proie.

Nous avons dit dans la leçon précédente que la classe des oiseaux se composait de six ordres : les Oiseaux de proie, les Passereaux, les Pigeons, les Gallinacés, les Échassiers et les Palmipèdes. Nous allons étudier successivement chacun de ces six ordres, les caractères qui les distinguent, les familles et les genres qu'ils comprennent, et nous chercherons à donner des notions exactes et précises sur les mœurs et les habitudes de chaque espèce, quand cela sera nécessaire, nous bornant le plus souvent à faire l'histoire générale des groupes dans lesquels plusieurs espèces ayant le même genre de vie se trouvent réunies. A quoi serviraient, en effet, les divisions comme genres ou comme familles, si elles ne devaient rassembler les espèces présentant, à quelques différences accessoires près, les mêmes caractères, les mêmes goûts et les mêmes instincts.

Il y a cependant, au sujet de certaines analogies de goût, une première distinction à établir, et le nom d'oiseaux de proie qu'on donne généralement aux espèces comprises dans le premier ordre nous fournit l'occasion de dire qu'il n'est pas d'une exactitude rigoureuse, puisque beaucoup d'oiseaux qui se nourrissent aussi d'autres animaux, auxquels ils font la chasse, ne se trouvent pas classés dans cet ordre. Mais l'usage a prévalu, le nom a été conservé, et, dans le langage scientifique seulement, on le remplace par un mot plus correct, celui d'ACCIPITRES, qui s'applique à tous les oiseaux dont le bec et les ongles sont disposés le plus favorablement possible pour saisir, enlever ou déchirer une proie vivante ou morte.

Si le goût pour la chair et les substances animales, en général, suffisait pour qu'un oiseau fût classé parmi les oiseaux de proie, l'ordre serait très-nombreux et comprendrait plus de la moitié des espèces de la classe. En effet, presque tous les oiseaux dits Granivores, la plupart de ceux qui vivent de fruits ou de baies, sont, à leurs heures, friands d'insectes, de leurs larves, de leurs chrysalides, et beaucoup même ont du goût pour la viande, quand ils en rencontrent à leur portée. Ainsi la plupart des oiseaux, dont le caractère est plutôt doux sans être positivement inoffensif, ont cependant du goût pour le sang et la chair; il ne leur manque que la force et des armes pour devenir cruels et sanguinaires. Et si ceux qui vivent d'insectes, de poissons, de vers, nous semblent moins cruels que les oiseaux de proie proprement dits.

c'est que nous sommes touchés de la douleur évidente que ces derniers font souffrir aux victimes tremblantes qu'ils poursuivent et qu'ils immolent à leur faim, tandis que les premiers l'assouvissent en engloutissant des animaux qu'ils surprennent et qui ne donnent, ni par leurs mouvements, ni par leurs cris, aucun signe apparent de douleur.

Fig. 2. — Buse rufipenne, *Buteo rufipennis*.

Les oiseaux de proie Accipitres (*Accipiter*, Épervier), ou Rapaces (*rapax*, ravisseur), répondent dans la classe des oiseaux aux animaux carnassiers de la classe des mammifères, et forment un ordre naturel dont toutes les espèces se nuancent en des types génériques assez distincts, et se groupent par des analogies de formes, d'habitudes, et même de coloration dans le plumage.

Les oiseaux de proie sont mieux armés qu'aucun des autres, et leur organisation leur donne les moyens nécessaires pour exercer leurs rapines; ils ont généralement les ailes plus amples et les muscles plus forts que les autres oiseaux; et c'est à ces avantages que sont dus leur hardiesse et leur courage. Leur bec est fortement courbé, acéré et tranchant; il est d'autant plus fort qu'il est plus court et recourbé dès sa base; leur tête est grosse et donne attache à de puissants muscles, destinés au mouvement du bec, dont la forme, ajoutée au poids de la tête et à la force musculaire, fait une arme offensive et défensive parfaitement appropriée aux habitudes aériennes. La base de cet organe est recouverte d'une membrane connue sous le nom de *cire*, colorée le plus souvent en jaune, et dans laquelle les narines sont presque toujours percées. Ils ont les yeux plus grands, plus enfoncés dans l'orbite que les autres oiseaux, et ces organes sont protégés par une saillie que forme l'arcade sourcilière. Les yeux sont pourvus d'une membrane nyctitante, dont nous avons parlé dans nos généralités, et leur texture est en général plus solide. Cette conformation rend la vue des oiseaux de proie plus perçante, plus longue, plus sûre, et leur procure de grands avantages,

Les Accipitres ont le pied long, grêle, les doigts menus, déliés, allongés, au nombre de quatre, unis à leur base par un repli membraneux et terminés par des ongles ou *serres*, arqués, le plus souvent rétractiles et aussi robustes qu'acérés. Ce sont de puissantes armes, propres à la fois à saisir facilement une proie qui fuit, à la retenir, à l'arrêter avec force et à lui faire de profondes blessures. Ces mêmes armes sont mises en jeu par des muscles très-forts qui agissent par de très-longs leviers, et souvent après avoir passé sur des poulies de renvoi qui augmentent beaucoup leur action. A la faveur de leurs ailes plus amples, garnies de pennes plus solides, mues également par des muscles plus forts, les oiseaux de proie gagnent plus aisément les hautes régions, s'élèvent au-dessus de leurs victimes et les poursuivent avec plus de vitesse que celles-ci n'en peuvent mettre pour fuir.

Suivant que les différentes parties dont nous venons de parler sont plus avantageusement conformées, le Rapace attaque plus facilement et triomphe plus certainement d'une proie plus puissante; et le courage, dont nous lui faisons honneur, n'est, suivant l'expression de Mauduyt, qu'une conséquence d'une organisation plus heureuse. On n'a généralement sur ces oiseaux que des idées fausses ou exagérées : ainsi, la voracité lâche et dégoûtante des Vautours, le courage et la magnanimité de l'Aigle, la stupidité ignoble des Buses, la férocité du Milan, figurent depuis des siècles dans le langage des poëtes sans que les images qui en résultent soient vraies; et, après avoir établi que les oiseaux de proie représentent le génie de la destruction, on a ajouté que les mœurs de l'Aigle correspondent à celles du Lion, comme les habitudes du Vautour à celles de la Hyène. On pourrait au besoin multiplier les comparaisons et faire remarquer que, dans toutes les classes, il existe des animaux destinés à remplir les mêmes fonctions sur la terre, dans les airs et dans les eaux. Mais revenons à l'organisation spéciale des Accipitres.

C'est, nous l'avons déjà indiqué, la différence dans la structure des pennes des ailes qui fait que certains oiseaux de proie s'élèvent dans les hautes régions, tandis que d'autres ne peuvent pas en volant atteindre à de si grandes hauteurs; les premiers sont ceux qu'on appelle en fauconnerie *Oiseaux de haut vol*, et les seconds ceux auxquels on donne le nom d'*Oiseaux de bas vol*. Suivant la conformation de la serre, ces mêmes oiseaux ont aussi plus ou moins d'avantages pour combattre, saisir et terrasser leur proie, et les fauconniers appellent *Oiseaux nobles* ceux qui ont les doigts longs et déliés, et *Oiseaux ignobles* ceux qui les ont proportionnellement plus courts et massifs.

Comme chez les mammifères qui se nourrissent de chair, l'estomac des oiseaux de proie est moins compliqué, et les intestins sont plus courts que chez les granivores.

Il y a des oiseaux de proie dans toutes les contrées. Les plus grandes espèces vivent sur les montagnes, et en général dans les lieux déserts; ils doivent, d'après leur manière de vivre, s'éloigner de l'homme, comme l'homme a dû les repousser des lieux où il s'est fixé.

Le plumage de presque tous ces oiseaux, de quelque genre qu'ils soient, à un fort petit nombre d'exceptions près, n'offre dans tous les pays que des couleurs sombres, dont le brun et le gris sont les plus ordinaires. Ils n'ont point de chant; leur voix n'est qu'un son rauque, aigu ou plaintif; leur extérieur est triste et sombre; ils n'ont rien des grâces et de la vivacité des autres oiseaux; ils ne se mettent en mouvement que pour découvrir et poursuivre leur proie. Ils vivent de celles qu'ils chassent sur terre, comme sur le bord des eaux, et plus rarement de charognes et d'immondices; on les rencontre peu en troupes. Quand ils sont repus, ils demeurent dans l'inaction sur les rochers, dans les cavernes ou les retraites qu'ils ont choisies pour leur séjour ordinaire. Comme de véritables maraudeurs, ils aiment à s'isoler de leurs semblables et à se partager une certaine surface de pays, sans souffrir que des étrangers viennent diminuer leur butin. Leurs nids se composent de bûchettes assez négligemment assemblées, jetées sur les branches d'arbres ou placées sans régularité sur la roche nue, dans les lieux les plus inaccessibles des montagnes; ils y transportent le plus souvent leur proie, de là le nom d'*aires* (αἴρω, j'emporte), qu'on donne généralement à ces nids. La nature a heureusement restreint leur trop grande multiplication : ils sont, en général, moins féconds que les autres oiseaux ; les plus grands ne font qu'une ponte et ne produisent qu'un ou deux petits par an ; les autres, suivant leur taille, font deux pontes, exceptionnellement trois, et chaque ponte est de deux ou de trois à quatre œufs.

Les oiseaux de proie sont les tyrans des autres animaux. Quelques-uns d'entre eux cependant sont d'une utilité incontestable dans toutes les régions chaudes, par les services qu'ils rendent naturellement; d'autres ont pu être dressés pour la chasse et ont servi aux plaisirs des grands seigneurs d'autrefois, comme ils pourraient servir encore aux plaisirs des petits seigneurs d'aujourd'hui. L'apparition d'un Rapace est pour les autres oiseaux un signal d'alarme et de retraite; les chants cessent dans les airs; leurs habitants discontinuent leurs vols et leurs ébats pour se réfugier dans l'épaisseur des forêts, sous les plantes qui peuvent les cacher, et partout où ils croient pouvoir être en sûreté contre leurs ennemis; la mère effrayée avertit ses petits par un cri qu'ils savent distinguer; elle les rassemble ou ils se cachent, tandis qu'elle s'offre seule au danger qui les menace, et ce n'est qu'après que l'oiseau de proie a disparu que les chants et les ébats recommencent, que les femelles rappellent leurs petits, les conduisent et reviennent près d'eux à leurs soins ordinaires. Ainsi, tristes et peu sociables eux-mêmes, les oiseaux de proie répandent l'alarme et l'épouvante partout où ils se présentent. Tous sont monogames; les uns vivent par paires isolées, dans un canton qui devient leur domaine; les autres se rassemblent en petites bandes pour chasser en commun ou attirés par quelque charogne à dévorer. Ils recherchent les forêts les plus sauvages, les lieux les plus retirés et les moins accessibles.

Fig. 5. — Vautour de Ruppell, *Vultur Ruppelli*

1er Ordre. — ACCIPITRES.

L'ordre des Accipitres ou Rapaces se divise en deux sous-ordres : Accipitres *diurnes* et Accipitres *nocturnes*.

Les Accipitres diurnes forment deux grandes familles : les *Vulturidés*, chez lesquels le bec et les ongles sont relativement longs, faibles et inoffensifs, quoique l'animal soit d'une grande taille et d'une grande force musculaire, et les *Falconidés*, chez lesquels les caractères de l'ordre, c'est-à-dire des armes et des

Fig. 4. — Faucon Gerfaut, *Falco Gyrfalco.*

moyens de destruction portés à la plus haute puissance, se trouvent réunis plus ou moins complètement; car c'est graduellement et par degrés souvent peu sensibles qu'on arrive au faucon, type le plus parfait de l'oiseau de proie.

Les Accipitres nocturnes ne forment qu'un seul groupe et une seule famille, les *Strigidés;* ils se distinguent facilement des autres oiseaux du même ordre, surtout par l'aspect tout particulier que leur donne le volume de leur tête, leurs grands yeux dirigés en avant et l'absence de cire à la base du bec.

Passons à l'étude de chacune de ces familles et des genres principaux qu'elles comprennent. Dans les musées publics, comme dans les ouvrages spéciaux, la classification des oiseaux exige un bien plus grand nombre de divisions génériques établies par les ornithologistes de tous les pays; mais si nous voulions faire connaître de suite tous ces genres, qui ne sont d'ailleurs que des subdivisions souvent peu importantes de ceux que nous adoptons, nous nous éloignerions de notre but. Nous avons cherché à imiter la méthode simple et facile de Linné et la forme descriptive de Buffon, nous réservant, à la suite de chaque ordre ou de chaque grande division, de faire connaître, dans une leçon d'ensemble, toutes les subdivisions en usage dans les musées. Nos lecteurs, ainsi initiés progressivement, comprendront facilement tous les détails de la classification la plus compliquée.

Fig. 5. — Chouette castanops. *Strix castanops*, d'après Gould.

Fig. 6. — Vautour Arrian, *Vultur monachus*.

1re Famille. — VULTURIDÉS.

La nourriture des oiseaux de cette famille consiste principalement en substances animales plus ou moins putréfiées, ou en état de décomposition. Leur rôle, dans la nature, dit fort bien le docteur J. Franklin, est de faire disparaître les restes des corps organisés, dont l'accumulation, surtout dans les contrées chaudes du globe, produirait la peste ou la mort. Dans l'ordre de la création, les Vulturidés sont des agents actifs de la voirie du globe terrestre. Les Vulturidés sont, en effet, d'une si grande utilité, qu'ils se trouvent généralement protégés par la législation locale ou par le consentement tacite des habitants. Ces oiseaux, dont on s'est plu à faire un objet de dégoût, et qu'ils représentent comme le type de la lâcheté associée à la gloutonnerie, sont cependant d'une utilité incontestable. Le sentiment universel a été injuste envers eux. Les fonctions qui concourent à l'hygiène publique méritent plutôt notre reconnaissance que notre dédain, et les Vulturidés, ces croque-morts naturels, ne disparaîtraient point sans entraîner, par leur absence, les plus tristes calamités. En effet, un des besoins les plus pressants des sociétés humaines, c'est de se soustraire aux émanations que répandent, en se décomposant, les corps morts des hommes et des animaux, d'éloigner de la vue le triste spectacle de ces êtres sans vie, prêts à vicier l'air de leur infecte odeur. Eh bien, ce besoin ne paraît pas être moins impérieux pour la nature que pour l'espèce humaine; rien n'est plus merveilleux que les moyens qu'elle a mis en usage pour le satisfaire ou que la variété de secours qu'elle a su tirer de ses œuvres pour atteindre ce but. Un animal n'a pas plutôt cessé de vivre qu'à l'instant arrivent de toutes parts des milliers d'autres animaux pour le dévorer; des insectes, des oiseaux, et enfin des mammifères de plusieurs espèces; mais, de tous ces animaux, c'est sur les Vulturidés que la nature semble avoir le plus compté, surtout dans les pays chauds; car, avertis de très-loin de l'existence d'un cadavre, ils arrivent promptement et en grand nombre à la place qu'il occupe. On ne s'étonnera donc pas de la protection que ces animaux ont trouvée chez tous les peuples : ils furent déifiés chez les Égyptiens; plusieurs nations punissent encore leur mort comme un crime, et partout ils vivent familièrement au milieu des hommes, qui leur rendent, selon l'expression de Frédéric Cuvier, en bienveillance ce qu'ils en reçoivent en utilité.

Fig. 7. — Sarcoramphe Condor, *Sarcoramphus Condor*.

Les Vulturidés présentent cinq types ou genres principaux :

1. Sarcoramphe (*Sarcoramphus*, σάρξ, chair, ῥάμφος, bec crochu) ;
2. Catharte (*Cathartes*, καθαρτής, qui purifie) ;
3. Vautour (*Vultur*) ;
4. Gypaëte (*Gypaetus*, γύψ, vautour, ἀετός, aigle) ;
5. Messager, ou Serpentaire (*Gypogeranus*, γύψ, vautour, γέρανος, grue).

1er Genre. — SARCORAMPHE, *SARCORAMPHUS*, Duméril.

Les Sarcoramphes ont pour caractères généraux : un bec droit, robuste, à mandibule supérieure dilatée sur les bords et crochue vers le bout, l'inférieure plus courte, droite, obtuse et arrondie : les narines oblongues, ouvertes, situées vers l'origine de la cire ; celle-ci est garnie, autour du bec ou à sa base, de caroncules charnues très-épaisses et diversement découpées, surmontant le front et la tête La langue, cartilagineuse et membraneuse, est dentelée sur ses bords ; les doigts sont forts et épais, à ongles presque obtus ; la tête et le cou nus ou garnis seulement de quelques poils très-rares ; les ailes sont longues, et les deuxième, troisième et quatrième rémiges les plus longues de toutes. Mais ce qui distingue surtout les Sarcoramphes, parmi les oiseaux de proie, c'est d'avoir le pouce plus court que les autres doigts, et l'ongle de ce pouce presque tronqué.

Les Sarcoramphes appartiennent exclusivement au nouveau monde ; et, de deux espèces qui composent le genre, l'une vit sur le sommet ou le long des contre-forts de la chaîne des Andes jusque par delà les limites du Chili, tandis que l'autre ne quitte point les régions équatoriales. Du reste l'une et l'autre ont les mêmes habitudes ; il nous suffira donc de retracer celles de la plus remarquable des deux espèces, c'est-à-dire du fameux Condor.

Tous les voyageurs n'ont pas le même talent d'observation, et tous cependant croient avoir assez bien vu pour pouvoir généraliser des observations souvent particulières et locales; aussi, pour parler des habitudes d'un animal qu'on n'a pas étudié longtemps dans le pays qu'il habite, faut-il connaître tous les travaux publiés sur le sujet; et souvent ils sont contradictoires. C'est ce qui se présente à l'égard du Condor, si bien décrit d'ailleurs par de nombreux voyageurs ou naturalistes, qui sont en effet loin d'être bien d'accord sur ses mœurs et sur les limites de son habitat. Ainsi il est évident que de Humboldt, d'Orbigny, et Gay, parmi les plus récents, ne se trompent pas dans ce qu'ils écrivent sur cet oiseau. Mais leurs narrations isolées sont trop absolues ou incomplètes et ne donneraient, malgré le talent d'observation de ces voyageurs, qu'une exactitude approximative. Leurs travaux, complétés par ceux d'autres voyageurs, nous permettront de présenter, aussi exactement que possible, l'histoire du Condor.

Il est bien certain que les Condors habitent sur les hauteurs des Andes où paissent les Lamas et les Vigognes; mais cette zone ne leur est pas spéciale, et la chaîne des Andes n'est pas exclusivement habitée par eux, car d'Orbigny en a rencontré un grand nombre sur toute la côte de l'océan Pacifique et sur celle de l'océan Atlantique, au bord de la mer, sur les côtes de Patagonie, où les montagnes les plus voisines sont encore éloignées au moins de cent lieues, et où il est très-sûr qu'ils vivent, nichent et demeurent habituellement. Il est vrai qu'on peut supposer que les familles ainsi rencontrées sur le bord des falaises de la côte ont pu pousser peu à peu leurs migrations du sud vers le nord, en allant des montagnes du détroit de Magellan à l'embouchure du Rio-Negro de Patagonie. Par les mêmes raisons, il ne faut pas croire que les Condors préfèrent exclusivement une zone élevée à celle du niveau de la mer, car ceux de Patagonie sont tout aussi gros et tout aussi vigoureux que ceux des Andes; et, de plus, d'Orbigny en a vu si souvent au Pérou, surtout à Arica, planer toute la journée le long de la côte, en cherchant à découvrir des animaux morts rejetés par les vagues; il en a vu si souvent coucher sur les roches avancées de la colline dite Marro d'Arica, qu'on peut assurer qu'ils habitent également la zone la plus froide et le sol brûlant des côtes de la mer. On rencontre rarement les Condors sur le sommet des Andes, si les points élevés où on les observe ne sont voisins d'habitations ou de troupeaux qui les y attirent. On doit donc assigner aux Condors de plus larges limites géographiques que ne le supposait de Humboldt; car on en voit depuis le cap Horn (56° de latitude sud) jusqu'au 8° de latitude nord, dans les parties élevées des Andes ou sur leurs versants ouest, au Pérou, dans la Bolivie, au Chili, et depuis le niveau de la mer, où ils pondent et séjournent, jusqu'aux régions glacées des Andes, au-dessus desquelles ils s'élèvent même à perte de vue.

Un jour le docteur J. Franklin avait gravi une des plus hautes montagnes des Andes, et promenait autour de lui un regard de bien légitime satisfaction. Tout à coup il leva la tête, et il aperçut des points noirs qui tourbillonnaient dans le ciel : c'étaient des Condors. Cette vue le fit réfléchir et le rendit moins fier de son ascension. Le ciel, au-dessus de lui, était comme tacheté par les Condors, qui trouvaient moyen de vivre et de planer librement à une prodigieuse distance au-dessus de ces hauteurs glacées, où lui-même pouvait à peine respirer, et où il souffrait considérablement du froid.

Le Condor est, sans contredit, de tous les oiseaux celui dont le vol est le plus élevé. Chaque fois que les herborisations de de Humboldt et de Bonpland les attiraient jusqu'aux neiges perpétuelles, c'est-à-dire à une hauteur de 3,100 à 4,900 mètres, ils étaient entourés de Condors. D'Orbigny en a vu jusqu'au niveau du sommet de l'Ilimani, qui a 7,500 mètres de hauteur; tandis qu'à 6,000 mètres, l'homme ne peut résister à la raréfaction de l'air. A l'est des Andes, le Condor ne va que jusqu'à leurs derniers contre-forts, c'est-à-dire le long du rameau oriental de la Cordillière jusqu'à Cochabamba, et même quelquefois jusqu'au commencement des plaines de Santa-Cruz de la Sierra; mais, comme de là aucune chaîne de montagnes ne réunit les Andes aux premières chaînes de la province de Chiquitos, il ne passe pas cette limite, et ne peut arriver jusque sur les montagnes du Brésil. Il est probable cependant que plusieurs autres motifs influent, plus que la latitude et la hauteur, sur la préférence que donne le Condor à certains lieux. Son genre de vie l'oblige à choisir pour asile des terrains couverts de rochers ou de falaises, parce qu'il ne se perche jamais sur les arbres, et qu'il lui faut non-seulement des points culminants d'où il puisse découvrir la campagne autour de lui, mais aussi des anfractuosités qui lui servent de perchoir et qui le garantissent de la pluie; aussi ne descend-il ni dans les pampas de Buénos-Ayres, quoiqu'il habite les montagnes qui les bornent à l'ouest, ni au milieu des forêts, ni même au milieu des montagnes boisées, où les branches le gêneraient. Le Condor habite donc spécialement soit les montagnes sèches ou seulement peu boisées, soit les côtes maritimes où les falaises escarpées remplacent les montagnes. Pour qu'il se montre ailleurs, il faut qu'il soit attiré par la présence de troupeaux de Brebis, de Lamas ou d'Alpacas, ou par beaucoup d'animaux sauvages réunis en troupe. C'est par la même raison qu'un grand nombre de Condors suivent les côtes du Pérou et même celles de la Patagonie, où se rassemblent habituellement de grandes bandes d'Otaries et de Phoques, et les limites où s'arrêtent ces amphibies sont aussi celles que ne dépassent pas les Condors. On voit encore ces géants des airs planer à la hauteur des Andes péruviennes, qu'ils parcourent d'un vol rapide pour suivre de petites troupes isolées de Vigognes et de Guanacos. Mais aussi partout où ces animaux ont été détruits, la faim amène les Condors jusqu'aux environs des lieux habités, et même sur les routes.

A la différence des Cathartes et des Vautours, dont nous parlerons plus tard, le Condor s'isole pour faire la chasse, et ne se réunit guère à d'autres oiseaux que pour prendre sa part d'une pâture commune. On en voit cependant quelquefois deux, rarement trois, se reposer sur le même rocher.

Le Condor, rassasié, reste flegmatiquement perché sur la cime des montagnes. Il a, dans cette situation, un air de gravité sombre et sinistre. On le chasse devant soi, sans qu'il veuille se donner la peine de s'envoler. Tourmenté par la faim, au contraire, il s'élève à une hauteur prodigieuse, et plane dans les airs pour embrasser d'un coup d'œil le vaste pays qui doit lui fournir sa proie. C'est surtout dans les jours où l'atmosphère est calme et sans nuages qu'on observe le Condor à des élévations extraordinaires. On dirait que la grande transparence des couches de l'air l'invite à passer en revue un plus grand espace de terrain. Cependant cet oiseau, comme la plupart des Vautours, est naturellement paresseux. Après avoir passé la nuit dans une crevasse de rocher ou de falaise escarpée, la tête enfoncée dans les épaules, il s'éveille à l'aube du jour, secoue deux ou trois fois la tête, attendant assez souvent le lever du soleil pour quitter son gîte, surtout s'il s'est bien repu la veille; il s'incline au bord du rocher, en agitant ses vastes ailes, comme s'il hésitait à partir, les déploie enfin, et s'élance dans l'espace. Il ne prend que difficilement son essor, et ne s'envole pas horizontalement ainsi que beaucoup d'autres oiseaux. On le croirait d'abord peu sûr de son vol, car il commence par décrire un arc de cercle en cédant à son propre poids; mais, prenant de suite son majestueux élan, les ailes arrondies, les rémiges écartées les unes des autres, il se joue dans les airs avec aisance, sans paraître éprouver la moindre fatigue. Par des mouvements oscillatoires peu sensibles, il imprime à son vol toutes les directions possibles; il suit toutes les sinuosités du terrain qu'il parcourt; il monte et descend dans les airs avec une rapidité incroyable : tout à l'heure abaissé jusqu'à raser le sol, perdu maintenant dans les nues. Mais que, du haut des airs, une proie vienne frapper sa vue perçante, il se précipite ou plutôt se laisse tomber sur elle. Les voyageurs s'accordent pour dire que cette descente, rapide comme la flèche, est accompagnée d'un bruit particulier. Cette observation avait été signalée depuis longtemps par Garcilaso de la Véga et confirmée par d'Orbigny, qui, plus d'une fois, a été étonné de cette chute bruyante, alors que le vol ordinaire n'a rien qui éveille l'attention.

Le Condor, avons-nous déjà dit, s'isole pour explorer successivement les côtes, afin d'y chercher les animaux de tout genre que la mer rejette, ou les environs des lieux habités et les détours des chemins, pour recueillir les restes d'animaux jetés par l'homme; et quand il n'a rien trouvé, il se pose sur un pic ou sur une pointe de rocher dans le voisinage des troupeaux, et il attend là qu'une Brebis ou un Lama s'éloigne de la troupe pour mettre bas; et, si les bergers ne sont pas en mesure de défendre le jeune animal, le Condor prend son vol, et, tournoyant à une grande hauteur au-dessus de la proie qu'il convoite, il attend la mise bas, fond sur la mère, non pour l'attaquer elle-même, mais pour dévorer son petit. D'Orbigny a été témoin d'une de ces scènes sanglantes dans un voyage d'Arica à Tacna, sur la côte du Pérou. C'est un trajet de onze lieues sans eau, au milieu d'un désert de sable brûlant que la pluie ne rafraîchit jamais, et dont la poussière salée fait encore sentir plus vivement la sécheresse. Des convois de Mules et d'Anes pesamment chargés parcourent incessamment le pays, et les Anes qui, là plus qu'ailleurs, sont les souffre-douleurs des habitants, font le voyage, aller et retour, sans qu'on les ménage le moins du monde; aussi en meurt-il souvent sur la route, où leurs cadavres sont promptement dépecés. Quand un Ane fatigué ne peut suivre le convoi, on l'abandonne après avoir divisé sa charge sur les autres plus valides et il regagne s'il peut l'habitation de son maître. Un de ces pauvres animaux ainsi abandonné, n'en pouvant plus, se coucha sur la route, prêt à rendre le dernier soupir; des Urubus s'en approchèrent de suite et lui donnèrent quelques coups de bec peu redoutables; mais bientôt un Condor fondit sur cette proie, que lui cédèrent à l'instant les Urubus, restés à quelques pas en arrière et attendant sans doute avec impatience la fin du repas du Condor, dont ils n'osaient s'approcher. Ce premier Condor ne tarda pas à être suivi d'abord de deux, et bientôt après de sept à huit autres, qui, s'acharnant à l'envi sur leur victime, lui déchirèrent de leur bec tranchant, ceux-ci les yeux, ceux-là le ventre, et le tuèrent après lui avoir fait souffrir d'atroces douleurs. D'Orbigny s'approcha alors de l'Ane, les Condors se retirèrent à une courte distance et planèrent au-dessus des petites collines des environs; mais dès qu'il se retira, ils revinrent à la charge et ne laissèrent que les os de leur victime. Une fois repus, ils s'envolèrent, mais non sans beaucoup de peine, ne pouvant prendre leur essor qu'après avoir longtemps couru en battant des ailes.

En pareille circonstance, et lorsqu'un Condor s'est gorgé de viande, il peut à peine voler; et s'il est poursuivi, il cherche à se rendre plus léger en dégorgeant une partie de ce qu'il a mangé. Les Indiens, qui connaissent les habitudes de cet oiseau et qui veulent s'en emparer, exposent dans un lieu découvert une Vache ou un Cheval mort, et attendent tranquillement la fin du repas, qui attire toujours plusieurs Condors. Dès qu'ils sont bien repus, les Indiens accourent armés de leurs formidables lassos, qu'ils lancent généralement avec succès. Quelques oiseaux sont pris, d'autres parviennent, au milieu du désordre, à s'échapper; mais lorsqu'un Condor est atteint par la fatale lanière, on ne parvient à le tuer qu'après une lutte souvent fort longue.

Le capitaine Head en vit un jour une troupe de quarante à cinquante acharnés sur le cadavre d'un Cheval : quelques-uns, déjà repus, ne purent s'envoler à l'aspect du voyageur, qui les approcha à environ trente mètres. Les uns étaient perchés sur le cadavre du Cheval mort, d'autres l'entouraient, ayant une patte à terre et l'autre sur la proie qu'ils dévoraient. Un homme de la suite de ce voyageur, un fort mineur du Cornouailles, fit un jour une rencontre à peu près semblable : en parcourant à cheval le fond d'une vallée, il y trouva un Cheval mort et des Condors occupés à le dévorer. Le premier de ces oiseaux qui prit la fuite ne put voler qu'à une quarantaine de mètres; le cavalier se hâta de mettre pied à terre, et, courant sur l'oiseau, il le saisit par le cou. La lutte fut terrible, et ce n'est pas souvent qu'on voit quelque chose de semblable à ce combat entre un homme vigoureux et un Condor. Il mit son genou sur la tête de l'oiseau et essaya de lui tordre le cou; mais le Condor résista violemment. Il semblait attendre que d'autres Condors, qui volaient sur sa tête, prissent parti contre l'homme et vinssent à son secours. A la fin, pourtant, le mineur fut le plus fort; et croyant son ennemi mort, il s'éloigna, tenant à la main, comme un trophée, les plumes qu'il avait arrachées à l'aile du Condor. En montrant à ses compagnons les dépouilles de sa victime, il assura qu'elle lui avait coûté plus de fatigues, et qu'il s'était peut-être exposé à plus de dangers que dans aucune des luttes qu'il avait soutenues jusqu'alors. Mais ces oiseaux ont la vie si dure, qu'un autre cavalier qui passa par le même endroit quelque temps après, trouva le Condor vivant encore et cherchant à s'envoler.

On raconte même au sujet de la tenace vitalité de ces oiseaux des faits qui seraient incroyables s'ils n'étaient attestés par des voyageurs sérieux. Nous ne nous arrêterons pas aux exagérations d'Ulloa, qui prétend le Condor à l'épreuve de la balle, par le tissu serré de ses plumes, qui constitue une sorte de cuirasse; d'Orbigny nie complétement le fait, et il a tué des Condors de très-loin, non-seulement avec des balles ordinaires, mais encore avec de petites chevrotines et même avec du plomb numéro zéro. Néanmoins, le Condor étant plus grand et plus fort qu'aucun autre oiseau de proie, il doit nécessairement être plus difficile à tuer; aussi vole-t-il longtemps encore avant de tomber, même après avoir été grièvement blessé. D'Orbigny a acquis la certitude que le Condor est très-difficile à mettre à mort par strangulation. Il avoue même qu'après en avoir blessé un d'une balle, sur la côte de la Patagonie, il voulut l'achever de cette manière et ne put y parvenir qu'après une heure des plus pénibles efforts. Cette observation est applicable, et plus positivement encore aux grands oiseaux de mer, comme les Albatros.

Nous avons parlé du *lasso;* voici ce qu'est cet engin et en quoi il consiste : ce *lasso*, fait de cuir frais et tressé, a environ un centimètres et demi de diamètre, quelquefois moins; graissé lors de sa fabrication, il est extrêmement flexible et plus fort qu'une corde trois fois plus grosse; sa longueur est de sept à dix mètres, et une de ses extrémités forme un nœud coulant. Le *Huaso*, celui qui jette le *lasso*, doit être habile cavalier, car il est exposé à supporter de fortes secousses par la résistance des animaux qu'il a saisis. Il prépare sa manœuvre en tenant à la main et séparés par deux doigts les tours assez larges du lasso et son extrémité formant le nœud coulant. Au moment de s'en servir, il fait mouvoir la main ainsi armée autour de sa tête; et, après ces préliminaires, il le lance avec une telle précision qu'il ne manque jamais son but. Un Bœuf, par exemple, est pris par les cornes, un Cheval, un Condor, le sont par le col; et comme cela est fait au galop, le cavalier retient l'autre extrémité du lasso attachée à son corps, et arrête tout à coup sa monture; l'animal embarrassé reçoit alors lui aussi une telle secousse que quelquefois il est renversé. On attache souvent une des extrémités du *lasso* à la contre-sangle de la selle, surtout lorsqu'il s'agit de prendre de gros animaux; dans ce cas, le cheval, dressé à ce genre de chasse, se conduit comme s'il connaissait d'avance la résistance qu'il doit éprouver; il tourne le flanc vers l'animal pris et incline son corps dans la direction opposée. Stevenson, ancien secrétaire du président de Quito, et de lord Cochrane, a vu un Bœuf sauvage pris au lasso entraîner le Huaso et le Cheval, dont les pieds sillonnèrent la terre dans un espace de près de deux mètres. Les Indiens sont très-habiles dans ces exercices, qu'ils estiment au point de regarder comme honteux de manquer le but; plusieurs individus des classes les plus élevées font aussi de cet exercice un amusement; et, non-seulement au Chili, mais encore dans presque toutes les parties de l'Amérique du Sud, les habitants de toutes les classes, qui résident à la campagne, portent toujours un *lasso* derrière leurs selles; souvent même on voit les enfants jeter le *lasso*, et prendre ainsi de la volaille, des Chiens et des Chats, dans les maisons, les cours et les rues : c'est ainsi que cet art, qu'on regarde comme indispensable, s'apprend dès l'enfance. Dans les guerres de l'indépendance, de 1820 à 1828, les miliciens portaient leurs *lassos*, avec lesquels ils étranglaient bon nombre de soldats espagnols. Le cavalier galopant à toute bride au moment de jeter le *lasso*, le malheureux qui se trouvait pris ne pouvait s'en débarrasser et était traîné derrière les pieds du cheval de son adversaire jusqu'à ce qu'il fût mort.

On confond souvent en Europe, avec le *lasso*, qui rappelle assez, on le voit, la manière de combattre des *Laquearii*, chez les Romains, un autre engin qui y a beaucoup de rapports, et que l'on nomme *bolas;* celui-ci est d'origine exclusivement américaine. Il consiste en deux pierres arrondies, de la grosseur d'un œuf d'Oie, et même plus, enveloppées chacune d'un morceau de vessie de Guanaco ou Lama. Elles sont réunies l'une à l'autre par une tresse faite en cuir de deux à trois brasses. On substitue quelquefois aux pierres des boules de métal, et au milieu de la tresse on attache une autre courroie qui forme comme le manche d'une fourche, et dont on se sert pour faire tourner les *bolas* et pour leur imprimer une plus grande rapidité. Lorsqu'on lâche ce lien, les boules partent comme si elles étaient lancées par une fronde. Dans leur course, elles s'écartent l'une de l'autre, la lanière dont elles forment l'extrémité se tend, et, lorsqu'elle vient à rencontrer un corps qui fait obstacle à son passage, les deux boules, ne pouvant perdre immédiatement la vitesse qu'elles ont acquise, prennent un mouvement circulaire. Elles tournent autour de l'obstacle en sens inverse l'une de l'autre. Si l'impression donnée a été très-rapide, la courroie est serrée avec force; elle peut étrangler l'animal qu'elle saisit au cou. Si l'une des *bolas* passe sous le corps d'un quadrupède et l'autre devant lui, les jambes sont immédiatement enveloppées, et il faut nécessairement qu'il s'abatte. Maniée par des mains habiles, cette arme est extrêmement redoutable. Au reste, on le voit, le *lasso* et les *bolas* sont de la même famille quoique d'origine différente.

Pour en revenir à l'histoire du Condor, nous dirons qu'il n'était connu que de nom à l'époque de Buffon, et que c'est à de Humboldt et depuis à d'Orbigny que nous devons les descriptions exactes de cet oiseau et les détails les plus curieux sur ses mœurs. Le Condor n'attaque pas l'homme, ni même les enfants; il n'est pas assez courageux, sa proie ne doit lui offrir qu'une faible résistance. On sait d'ailleurs que les Indiens confient ordinairement la garde des troupeaux à leurs jeunes enfants et que ceux-ci savent fort bien les préserver des Condors en prenant à côté d'eux les mères en gésine, ou en emportant les nouveau-nés dans leurs bras; et l'on voit fréquemment des enfants de six à huit ans poursuivre ces énormes oiseaux, fuyant timidement à leur approche, quand ils pourraient les renverser d'un seul coup d'aile et les tuer d'un seul coup de bec.

Le Condor a des ongles longs, il est vrai; mais ils ne servent qu'à consolider la station; ils sont généralement usés, parce que cet oiseau ne se pose que sur les rochers, et n'étant pas rétractiles ils ne peuvent lui servir à saisir une proie quelconque. Son bec seul lui sert à dépecer ses victimes, qu'il maintient seulement à l'aide des pattes. Il n'est pas probable non plus que le Condor puisse attaquer des Cerfs, des Lamas et moins encore des Génisses. D'Orbigny assure que le Condor n'attaque jamais un animal adulte, ne fût-il que de la taille d'un Mouton, à moins que cet animal ne soit affaibli et malade. Mais il est très-friand des animaux qui viennent de naître dans les champs et du placenta abandonné par la mère. Le même voyageur affirme aussi que le Condor n'attaque jamais les oiseaux ni les plus petits mammifères. Il mange de tout ce qui est animal. On l'a vu se nourrir de Mollusques, quoique ce ne soit que comme dernière ressource. Il s'acharne sur tous les animaux morts, sans exception, les mammifères, les oiseaux, les reptiles et les poissons, et ne montre quelque préférence que pour la chair des mammifères. Il mange jusqu'à des excréments quand la faim le presse.

Les Condors nuisent surtout beaucoup aux troupeaux en tuant ou blessant les animaux nouveau-nés; aussi les habitants actuels leur font-ils une guerre d'extermination, et mettent-ils en jeu, pour les détruire, toutes les ruses possibles. La plupart du temps, ils les guettent, cachés près d'un lieu garni par eux d'un appât, et les tuent à coups de fusil; ou bien, attendant qu'ils soient repus, ils les poursuivent à cheval et les prennent au lasso. Les Condors sont très-sauvages; ils fuient de fort loin à l'approche de l'homme; et, si ce n'est en Patagonie, où voyant des hommes peut-être pour la première fois, ils laissèrent passer d'Orbigny et ses compagnons à cent cinquante ou deux cents mètres au-dessous de leurs rochers; ce voyageur n'a jamais pu approcher un Condor d'assez près pour le tuer, et il n'est parvenu à se donner cette satisfaction qu'en se tenant caché et à l'affût à peu de distance d'une proie qui les attirait.

Cette sauvagerie présente cependant quelques exceptions de circonstance. Écoutons, à ce sujet, le plus récent de nos voyageurs naturalistes, M. de Castelnau, qui, dans son voyage de Potosi à la Paz, en traversant les Andes, a pu souvent observer ces oiseaux. « Dans ces régions élevées, dit-il, apparaît le Condor, ce Vautour des Andes, qui évite avec un soin égal les plateaux tempérés et les pics dont la tête s'élance trop avant dans la zone des neiges éternelles. L'Indien de la Cordillière est, avec cet oiseau remarquable, l'habitant le plus constant de ces lieux peu accessibles... Des oiseaux énormes nous accompagnaient : c'étaient ces Condors, si célèbres par leur taille colossale. En les voyant, il semble que la nature, qui venait de créer la Cordillière, ne put se résoudre à rentrer de suite dans des proportions ordinaires, et que cet animal se ressentit de l'exubérance de matière qu'elle avait à sa disposition. Ces oiseaux rapaces s'élevaient d'un vol pesant, planaient au-dessus de nos têtes, en éclipsant le soleil et en projetant sur nous des ombres énormes; puis ils allaient à peu de distance se percher sur une crête pour nous attendre et regarder passer notre caravane; alors, tenant leur tête dénudée presque entièrement cachée dans leur manteau de plumes, ils nous suivaient d'un regard perçant, pour reprendre bientôt un nouvel essor, recommençant vingt fois la même manœuvre, dans l'espoir sans doute que, vaincu par la fatigue et la rigueur du climat, l'un d'entre nous, ou au moins l'une de nos

Fig. 8. — Sarcoramphe Condor femelle.

montures, succombant en ces lieux, deviendrait une proie facile, sur laquelle pourrait s'abattre leur bande affamée. On a vu des voyageurs, affaiblis par la fatigue et la souffrance, tomber à terre et être aussitôt attaqués, harcelés et déchirés par ces oiseaux féroces qui, tout en arrachant des lambeaux de chair à leurs victimes, leur fracassent les membres à coups d'ailes. Les malheureux résistent bien quelques instants; mais bientôt des débris ensanglantés restent seuls pour annoncer aux voyageurs qui passeront encore, la mort horrible de ceux qui les ont précédés dans ces passages dangereux. »

On est encore peu fixé sur la véritable durée de la vie du Condor; mais, s'il faut en croire les indigènes, sa longévité surpasserait de beaucoup celle de tous les autres oiseaux de proie. Les Indiens ont assuré à d'Orbigny en revoir encore de temps à autres quelques-uns marqués par leurs pères, il y avait plus de cinquante ans, de certains signes particuliers. Les Condors ne font point de nids; ils se contentent de choisir, dans les rochers ou dans les falaises, comme sur la côte de Patagonie, des creux assez larges pour recevoir leur corps et leurs œufs; préférant toujours, pour faire leur ponte, les points inaccessibles, moins par leur élévation que par leur escarpement. La femelle pond deux œufs blancs. Tel est celui rapporté du Chili par M. Gay, qui l'a donné au Muséum d'histoire naturelle de Paris : cet œuf est de forme ovale allongée, à pointe assez prononcée, à coquille un peu rude au toucher, sans reflet, sans aucune tache. quoi qu'en dise d'Orbigny, qui n'en avait vu que des débris d'origine assez incertaine; cet œuf a treize centimètres de grand diamètre sur six et demi de petit. Tels sont aussi les œufs qui ont été pondus en Angleterre, soit à Regent's-Park, soit au Jardin zoologique de Londres. C'est surtout de novembre à février qu'a lieu la ponte. Les couples s'éloignent alors encore davantage des lieux habités, pour chercher une solitude complète. Au dire des Indiens, la femelle couverait seule. En tout cas, le mâle et la femelle s'occupent de concert du soin de nourrir les jeunes, en dégorgeant dans leur bec les alim nts qu'ils ont pris eux-mêmes. Les petits grandissent assez lentement et peuvent à peine voler au bout d'un mois et demi. Ils suivent longtemps encore le couple, qui les guide dans leurs premières chasses; mais le plus long terme de leur éducation ne dépasse jamais quelques mois. Dès ce moment, on voit les jeunes Condors s'isoler de leurs parents et chercher eux-mêmes à pourvoir à leur nourriture. Plus voraces alors que les vieux, mais moins prévoyants et moins défiants, parce qu'ils ont moins d'expérience, ils tombent plus facilement dans les affûts des chasseurs; aussi tue-t-on souvent des jeunes et rarement des adultes. Le mâle adulte seul porte une crête développée et des plis sur le cou; la femelle en est, dit-on, toujours dépourvue. Les jeunes, au moment de l'éclosion, sont couverts d'un duvet long et frisé, comme celui qui couvre les jeunes de toutes les espèces d'oiseaux de proie. Ce duvet est gris-blanc, et bientôt recouvert de plumes d'un brun noirâtre, qui conservent deux ans cette teinte, d'ailleurs plus ou moins foncée. La seconde année, à l'époque de la mue ou du métachromatisme qui précède l'époque des pariades, les plumes repoussent un peu plus noires, sans montrer encore la tache blanche des rémiges. La collerette blanche commence à paraître dès cette époque, mais elle est alors étroite. Le mâle n'a pas encore ses caroncules, ou sa crête charnue, et ne commence à la prendre que la troisième année, époque à laquelle la collerette devient aussi plus touffue. C'est à cette même époque que les rémiges, d'abord d'une couleur partout uniforme, commencent à blanchir. Au dire des Indiens, les Condors auraient d'autant plus de blanc dans leur plumage qu'ils seraient plus vieux.

La taille moyenne des Condors est de un mètre cinq à un mètre trente centimètres de la pointe du bec au bout de la queue. Leur envergure est de deux mètres et demi à trois mètres. Quelques individus, favorisés par l'abondance de la nourriture ou par d'autres circonstances, acquerraient, selon de

Humboldt, jusqu'à quatre mètres cinquante centimètres d'envergure. La femelle est un peu plus grande que le mâle, ce qui

Fig. 9 — Sarcoramphe Condor mâle, troisième année.

se remarque chez presque tous les oiseaux de proie; mais la différence est moins sensible dans cette espèce que dans toutes les autres.

A l'occasion de ces variétés de taille et de dimensions, de Humboldt a fait cette réflexion : Il est frappant que tous les exemples que l'on cite des Condors extrêmement grands, soient du Chili ou de la partie la plus australe du Pérou. Existe-t-il une race de Condors plus grande dans les climats froids ou tempérés que dans la zone torride? La température des basses régions de l'air doit d'ailleurs être assez indifférente pour un oiseau qui, se nichant à son gré plus ou moins haut sur la pente des Cordillières, choisit le climat qui lui convient; mais peut-être que la nourriture plus ou moins abondante et d'autres circonstances locales contribuent au développement de l'organisation. Temminck, contrairement à l'opinion de d'Orbigny, croit à l'existence de deux races de Condors. Ce qu'il y a de certain, c'est que, d'après les observations fort curieuses de Santiago Cardenas, né à Lima au commencement du dernier siècle, et qui n'est cité ni par de Humboldt ni par d'Orbigny, il paraîtrait que l'on reconnaît dans les Andes trois espèces de Condors. La première, désignée sous le nom de *Moromoro*, n'a pas moins de quatre mètres soixante centimètres d'envergure; il est de couleur cendrée. Dans les airs, lorsqu'il plane, il offre le spectacle le plus imposant : il est majestueux surtout lorsqu'il lutte contre les tempêtes. La seconde espèce n'aurait pas, dans les Andes, de nom particulier : elle est plus rapide, plus courageuse que la première, dont elle n'a ni la taille ni la force, puisqu'elle n'a guère que trois mètres soixante à quatre mètres trente centimètres d'envergure; son plumage est couleur café. La troisième espèce serait le Condor à queue et à dos blancs, qui n'atteint que trois mètres ou trois mètres soixante-six centimètres d'envergure; c'est le Condor, seule espèce connue des naturalistes européens. La première de ces trois espèces a fourni au Péruvien Santiago Cardenas de curieuses observations sur ses évolutions aériennes, qui lui faisaient espérer une application possible à la science aérostatique.

Le Condor, pris vivant, est triste et timide pendant la première heure; bientôt après il devient très-farouche. De Humboldt a eu à Quito, pendant huit jours, une femelle vivante dans la cour de sa maison, et il était dangereux de s'en approcher.

Mais voici un fait assez curieux publié plus récemment par le *Zoological magazine* sur une paire de ces oiseaux transportés en Europe : On a conservé plusieurs années à Londres, dans Régent's Park, un couple de Condors, dont la femelle pondit sept œufs, du 4 mars 1844 au 7 mai 1847. Les six premiers furent couvés par la mère d'une manière irrégulière, et par conséquent sans succès. Quelqu'un proposa alors de faire couver par une Poule le premier œuf qui serait pondu. En conséquence, le 7 mai 1847, à sept heures et demie du matin, l'œuf, fraîchement pondu, fut mis sous une Poule de Dorking. Le lieu choisi pour l'incubation était une cage un peu élevée au-dessus du plancher, dans une des volières. La Poule couva avec une assiduité exemplaire. Les jours, les semaines se passèrent, et elle couvait toujours. L'époque ordinaire de l'éclosion des œufs de poule était depuis longtemps dépassée, et elle n'en continuait pas moins consciencieusement sa tâche maternelle. Enfin, le 30 juin, après une incubation de *cinquante-quatre jours*, le jeune Condor commença, vers six heures du matin, à briser sa coquille; l'éclosion fut très-lente. Le jeune oiseau n'était dégagé qu'au bout de vingt-sept heures, et encore ne fut-ce qu'avec l'aide du gardien, qui dut enlever la coquille, dont la membrane s'était desséchée autour du petit. C'est ainsi que fit son entrée dans le monde le premier Condor né en Angleterre. Il avait un aspect assez étrange, et semblait tout étonné de se trouver là. Sa tête paraissait difforme, car elle était surmontée d'une espèce de poche pleine d'eau logée entre la peau et le crâne. Cette poche s'affaissa graduellement, et, le 1er juillet, dans l'après-midi, la tête avait pris sa forme régulière. Elle était nue et d'une couleur brun-cendré; les pattes et la cire qui commençait à pointer, présentaient la même nuance. Le corps était couvert d'un duvet blanc sale. L'oiseau avait l'air bien portant et vigoureux : il mangea, le soir même de son premier jour, un morceau de foie de Lapereau.

La chair de Lapereau fut sa nourriture habituelle. On lui faisait faire cinq repas par jour, en lui donnant à chaque repas un morceau de la grosseur d'une noix; mais le foie était l'objet de ses préférences. Pendant les dix premiers jours, on dût le faire manger; le onzième jour, il becqueta lui-même sa nourriture dans la main de son gardien. Il ne buvait pas et on ne le forçait pas à boire.

Le 18 juillet, le petit Condor continua à bien venir; la bonne Poule qui avait couvé l'œuf contenant ce prodigieux poussin restait toujours dans sa cage et paraissait fort attachée au nourrisson confié à ses soins. Quand elle quittait le jeune oiseau pour aller manger, ce qui ne lui arrivait que deux fois par jour, elle paraissait évidemment inquiète et pressée : on eût dit qu'elle avait hâte de retourner à son devoir. Le duvet du petit prit à cette époque une teinte plus grise, et l'on commença à apercevoir les rudiments des vraies plumes. La tête et le cou avaient noirci, et la cire s'était développée. La mandibule supérieure du bec était légèrement mobile; les membres inférieurs avaient pris une teinte plus foncée et paraissaient très-forts; cependant ils ne pouvaient pas encore supporter le poids du corps. Cette faiblesse avec l'apparence de la force ne peut-elle expliquer la continuation des soins assidus de la Poule? Son devoir, par rapport à ses propres œufs, consiste à faire éclore des poussins qui courent presque immédiatement; mais elle les tient sous son aile jusqu'à ce que leurs membres inférieurs aient assez de force pour leur permettre d'aller à la recherche de leur nourriture et de se mettre à l'abri du danger. Dans le cas actuel, la Poule voit que son gros poussin ne peut pas marcher, et elle continue à le couvrir de son corps. Lorsqu'on tirait le jeune oiseau de dessous la Poule, il agitait ses ailes encore dépourvues de plumes, et ouvrait le bec comme tous les autres jeunes oiseaux, mais sans faire entendre aucun cri de demande. Il se servait beaucoup de sa langue pour prendre sa nourriture, ainsi que pour faciliter la déglutition. Enfin, le 24 juillet, le Condor, qui paraissait si bien portant, mourut dans la matinée. Le local qu'il habitait avec la poule logeait aussi beaucoup de rats, dont le cri ressemblait énormément à celui du jeune oiseau; et, dès qu'il fut enlevé, la poule, agitée, inquiète de l'absence de son nourrisson et trompée par le cri des rongeurs, s'approchait alors du trou d'où partait le cri, écoutait et restait là à appeler en gloussant, dans l'espoir de voir sortir son élève. Ce fait de la ponte d'oiseaux si remarquables, et de la naissance d'un Condor en Europe, nous a paru assez intéressant pour le faire connaître dans tous ses détails. Continuons maintenant l'histoire du Condor. L'idée de symboliser les productions de la nature, surtout les êtres vivants, remonte à la plus haute antiquité et se retrouve chez toutes les populations du globe. Ainsi le Condor, cet oiseau si récemment connu dans l'ancien monde, joue un grand rôle dans les traditions mythologiques et historiques des anciens peuples de l'Amérique. Il est curieux de voir un oiseau de proie révéré dans les deux vastes empires du Mexique et du Pérou, et de retrouver les traces de l'adoration du Condor bien avant l'époque des Incas.

Santiago Cardenas rapporte que les Quichuas désignaient les diverses espèces qu'il prétend exister, sous le nom de *Conture*, qui vient lui-même des mots *Cancure eder*, exprimant l'odeur désagréable qu'exhale le corps de ces oiseaux, ce qui prouve que de Humboldt, sauf une erreur de traduction, quoi qu'en dise d'Orbigny, était beaucoup plus près que lui de la véritable étymologie du mot. Les dénominations de *Cuntur* et de *Penna* (le Lion américain, ou Puma) étaient, sous le règne des Incas, des dénominations nobiliaires. On appelait un chef de guerre *Apiu Cuntur*, le grand Condor; *Cuntur Pusac*, le chef de huit Condors; *Cuntur quinqui* ou *Kanki*, le Condor par excellence, le grand-maître des chevaliers. Garcilaso de la Vega dit aussi, en parlant des diverses religions antérieures aux Incas, que quelques peuplades adoraient les Condors à cause de leur taille, et parce qu'elles se glorifiaient de les avoir eu pour ancêtres. Il dit encore, en parlant des conquêtes que fit le onzième roi des Incas, *Tapac Inca Yupanqui*, que, lorsque ce prince pénétra à l'est de Cajamarca, au sixième degré sud, chez la nation Chachapuya, cette nation avait le Condor pour principal dieu. Enfin, parlant des offrandes des chefs ou *Curacas* à l'Inca lors de leur visite, à l'occasion de la grande fête annuelle du Soleil, il dit que les Indiens donnèrent à l'Inca beaucoup d'animaux, parmi lesquels on remarquait des Condors. Dans cette même fête, où les Indiens se déguisaient de diverses manières, on en voyait quelques-uns se présenter avec des ailes de Condor attachées aux épaules, comme prétendant aussi descendre de cet oiseau.

D'Orbigny, en dernier lieu, rapporte avoir vu les mêmes usages se reproduire dans les déguisements des Indiens Aymaras de la Paz (Bolivie), lors des grandes fêtes du catholicisme, par exemple, le jour de la Saint-Pierre et de la Fête-Dieu, et il a trouvé dans les anciens monuments, seuls vestiges qui nous restent de ces vieilles nations, sur des statues colossales, sur des portiques monolithes, et partout enfin, des figures de Condors, tantôt entières et tenant un sceptre représentant le messager du Soleil, tantôt par fragments s'adaptant à des épaules royales ou ornant la tête d'un dieu.

Plusieurs localités ont tiré leur nom de celui du Condor. Les Indiens désignent encore aujourd'hui les cimes les plus élevées des Andes, par exemple, sur la route de Potosi à Oruro, sous le nom de *Cuntur-apacheta*, (la gorge du Condor), et plusieurs autres localités, comme *Cuntur-marca* (la demeure du Condor), dont on a fait, dans notre langue, Cuntumarca; ils désignent en effet sous ce nom les sommités perdues dans les nuages, et que, les Condors seuls peuvent atteindre. C'est une habitude générale, chez les diverses tribus indiennes de l'Amérique, de prendre pour emblème de divinité, ou signe de ralliement, soit celui

Fig. 10 — Sarcoramphe Papa (*Sarcoramphus Papa*), mâle et femelle.

des oiseaux de proie qui leur paraît le plus redoutable ou le plus utile, soit seulement les plumes de ces oiseaux. Ainsi les Muscogulgues font leur étendard royal avec les plumes d'une autre espèce, le Sarcoramphe Papa, ou roi des Vautours, étendard auquel ils donnent un nom qui signifie *Queue d'Aigle;* ils le portent quand ils vont à la guerre, mais alors ils peignent une bande rouge entre les taches brunes. Dans les négociations et autres occasions pacifiques, ils le portent neuf, propre et blanc.

Les mœurs du Sarcoramphe Papa, dont nous allons parler, ne diffèrent pas de celles du Condor. Répandu dans les parties chaudes des deux continents américains, descendant, vers le sud, jusqu'au vingt-huitième degré, au Paraguay, à Corrientes, il remonte, vers le nord, jusqu'aux Florides. Mais on ne l'y voit guère que lorsque les herbes des plaines ont été brûlées, ce qui arrive fort souvent, tantôt en un lieu, tantôt en un autre, soit par le tonnerre, soit par le fait des Indiens, qui mettent le feu pour faire lever le gibier. On aperçoit alors les Sarcoramphes Papa arriver de fort loin, se rassembler de tous côtés, s'approcher par degrés des plaines en feu, et descendre sur la terre encore couverte de cendres chaudes. Ils ramassent les Serpents, les Grenouilles, les Lézards, et en remplissent leur jabot. Il est aisé alors de les tuer, car ils sont si occupés de leur repas qu'ils bravent tout danger et ne s'épouvantent de rien.

La livrée du Sarcoramphe Papa est assez belle. Cet oiseau est d'un roux carné très-clair sur les parties supérieures, et d'un blanc pur en dessous; les ailes sont noires; il a un collier ardoisé au bas du cou; le bec est rouge à l'extrémité et noir à la base; l'œil est blanc et entouré d'un cercle rouge; la crète, charnue, est orangée, adhérente à la cire, bilobée, dentelée et non érectile; la tête et le cou sont nus et d'une teinte violâtre en avant; le sommet est couvert de poils ardoisés et courts, des plis charnus et orangés naissent derrière l'œil, et les rides de la gorge sont variées de rouge et de jaune; les tarses sont bleuâtres.

2e Genre : CATHARTE, *CATHARTES*, Illiger.

La vue des Cathartes est perçante et étendue; leur odorat beaucoup moins sensible qu'on ne l'a pendant longtemps prétendu; ils souffrent la privation de nourriture avec une patience extraordinaire, et ils ont assez de force pour soutenir leur vol à une grande hauteur sans se fatiguer. Leur tête semble un peu petite relativement au volume du corps, parce qu'elle est nue,

Fig. 11. — Catharte Aura. *Cathartes Aura.*

de même que le haut et le devant du cou, le tarse et son articulation. D'amples narines, qu'aucune membrane ne recouvre, sont placées près du haut du bec, qui se prolonge en ligne droite jusqu'à sa pointe, fort crochue. Le bec est grêle et allongé, comparativement aux vrais Vautours, qui viennent après. L'œil n'est ni grand, ni enfoncé, ni couvert par une saillie de l'orbite, comme celui des Aigles et des Faucons. La paupière est grosse et sans cils; le tarse est arrondi, robuste et couvert de petites écailles;

les doigts sont allongés et naturellement étendus : les trois antérieurs sont unis par une membrane jusqu'à la première articulation, et le postérieur très-court. Les ongles, quoique forts, ne sont ni très-aigus, ni très-recourbés, ni aussi longs que ceux des oiseaux de rapine, et nullement rétractiles; les Cathartes ne se servent pas plus de leurs ongles que de leurs doigts pour saisir leur proie. Les ailes, dans l'état de repos, se soutiennent mal; elles se rétrécissent beaucoup du côté du corps, et, dans le vol, elles prennent une forme arrondie, parce qu'elles sont à peine dépassées par la queue, dont les douze pennes sont un peu courtes, coupées carrément et à barbes nombreuses. La troisième et la quatrième penne des ailes sont les plus longues.

Les Cathartes proprement dits, au nombre de deux espèces seulement, l'Urubu et l'Aura, sont exclusivement propres au nouveau continent. C'est uniquement pour obéir aux principes de distribution géographique en zoologie, qu'on en a séparé deux autres espèces, que nous restituons à ce genre, le Catharte percnoptère ou Alimoche, et le Catharte moine ou piléifère, dont on a fait le genre percnoptère, et qui n'appartiennent qu'à l'ancien continent; ils sont identiques aux Cathartes par les caractères zoologiques et par leurs habitudes; le genre comprend donc quatre espèces : les deux premières américaines, la troisième répandue dans l'Europe méridionale et orientale, en Asie et en Afrique, la quatrième enfin spéciale à l'Afrique.

Les Cathartes ont beaucoup d'analogie avec les Vautours, mais ils sont moins gros et moins robustes. Ils sont protégés par les lois au Chili et surtout au Pérou, et seulement par l'usage en Orient. Leurs habitudes sont tellement familières, qu'on les voit n'éprouver nulle crainte et vivre comme des oiseaux de basse-cour au milieu des rues et sur les toits des maisons. Leur utilité est d'autant mieux appréciée, dans l'Amérique équatoriale, si chaude, que le pays est habité par la race espagnole, et que ces oiseaux semblent seuls chargés du nettoyage des voies publiques et de la propreté des abords des habitations, qu'ils débarrassent des charognes et des immondices de toute sorte, que l'incurie des habitants sème au milieu d'eux.

L'odeur des Cathartes est excessivement fétide. Tous sentent mauvais; ils ne crient point; ils marchent à pas pesants, et leur corps se soutient horizontalement; ils prennent leur essor avec quelque peine et après avoir fait plusieurs sauts. Ils tournoient ensuite dans les airs pendant plusieurs heures, pour découvrir les charognes sur lesquelles ils s'abattent, sans jamais attaquer le plus petit oiseau ni le plus faible mammifère. Ils perchent sur les plus gros arbres ou sur les anfractuosités des rochers; le cou un peu rentré dans les épaules : ils vivent généralement seuls ou par paires; mais ils se réunissent en troupes dans les villes ou, pour s'acharner sur les animaux morts, dans les lieux éloignés des habitations. Leur ponte annuelle est de deux œufs, qu'ils déposent sur quelques bûchettes négligemment posées au sommet des rochers.

CATHARTE URUBU, *Cathartes atratus*, Wilson. L'Urubu est, sans contredit, le plus commun de tous les oiseaux de proie, et il est en apparence plus sociable que les autres vulturidés. Il n'est pas rare d'en voir des centaines réunies sur un seul cadavre. Sa familiarité et les services qu'il rend aux villes lui donnent le droit de cité. Sa chair, infecte, n'est pas mangeable, et il est dégoûtant au point de faire craindre de le toucher; aussi l'on ne tire aucun parti ni de sa peau ni de ses plumes. Il est rare de voir les habitants, même dans les villes où les lois ne le protégent pas, chercher à lui faire du mal; il multiplie à l'infini partout, tandis que le Condor et le roi des Vautours deviennent de plus en plus rares.

L'Urubu, selon ses habitudes citadines, campagnardes ou sauvages, car il faut bien faire cette distinction, passe la nuit soit sur les branches inférieures des gros arbres, soit sur les assises des rochers ou des falaises, soit sur le faîte des maisons, soit même sur les buissons, lorsqu'il ne trouve pas d'arbre. Sans aimer réellement la société, il est cependant rare de le rencontrer seul. On le voit, le plus souvent, en nombre sur le même

Fig. 12. — Catharte Urubu, *Cathartes atratus*.

arbre ou sur le même toit. Il revient toujours au même gîte, et les arbres sur lesquels il perche se reconnaissent facilement, tout couverts qu'ils sont d'une fiente blanchâtre, qui les fait promptement périr. Dans l'attitude du repos, on voit cet oiseau, la tête rentrée dans les épaules, le bec horizontal, les pattes verticales, et les ailes légèrement pendantes, position qui lui donne un air stupide et disgracieux. L'Urubu est, de tous les oiseaux diurnes, celui qui se couche le plus tard, car il vole encore au crépuscule, et cependant il est aussi le plus matinal de tous. En cas de mauvais temps et de pluie, il reste au gîte quelques moments de plus, secouant la tête par intervalles; et, si la faim ne le presse pas, il s'y tient toute la journée; mais, quand il fait beau, c'est au petit jour qu'il prend son essor. A-t-il en réserve, quelque part, une proie entamée de la veille, il s'y rend à l'instant et déjeune. N'a-t-il, au contraire, aucune provende assurée, il parcourt d'un air circonspect les environs de sa demeure, s'élevant quelquefois très-haut, comme pour s'assurer s'il n'apercevra pas au loin quelque réunion de ses semblables. S'il ne voit ou ne rencontre rien, il va de suite s'abattre sur une muraille, sur une barrière, sur un poteau, sur l'arbre le plus voisin de quelque habitation, et là, il regarde attentivement autour de lui, restant ainsi quelquefois immobile pendant des heures entières, pour ne s'envoler que lorsqu'un autre Urubu plus fort vient le débusquer, ou s'il découvre quelque proie aux environs. Lorsqu'il est campagnard, il passe presque toute la journée près des habitations, et couche dans les bois voisins.

L'Urubu, plus que tout autre oiseau, peut rester fort longtemps sans manger; mais s'il arrive qu'à portée de l'observatoire qu'il s'est choisi, on tue un Bœuf ou un Mouton, il descendra soudain et viendra disputer aux Chiens les intestins de l'animal. Il sera bientôt suivi d'autres Urubus, de sorte qu'en peu d'instants la place où la victime a été vidée se trouve nettoyée. On voit même souvent les Urubus attendre que quelque besoin fasse sortir les habitants d'une maison, pour se repaître de leurs déjections.

Comme le Condor, ils suivent sur les côtes maritimes les troupes d'Otaries ou de Phoques ou les innombrables volées d'oiseaux de mer qui couvrent quelquefois de grandes portions de la côte à certaines époques. Lors de la descente, sur le Paraguay et sur le Parana jusqu'à Buénos-Ayres, de ces immenses radeaux chargés de marchandises, et qui portent assez de bestiaux pour la nourriture de leurs équipages, l'Urubu suit ces radeaux en troupes nombreuses, et s'arrête avec eux dans l'espoir de manger quelques morceaux de chair ou les restes du repas des rameurs, qui couchent habituellement à terre.

Dans l'Amérique du Nord, les Cathartes vont par troupes et s'associent quelquefois au nombre de vingt, quarante et plus. Ainsi, ils explorent le pays en vue l'un de l'autre, et découvrent une immense étendue de terrain. Une troupe de vingt Urubus peut sans peine explorer une surface de plus de dix kilomètres, d'autant mieux qu'ils volent en décrivant de larges cercles, s'entrecoupant souvent l'un l'autre et formant une longue chaîne dont les anneaux ne sont pas interrompus. Les uns se tiennent haut, les autres bas; aucun recoin ne leur échappe, et dès que l'un d'eux découvre une proie, il se met à voler autour, et, par l'impétuosité de ses mouvements, semble en donner avis à ses voisins, qui le suivent immédiatement et se voient eux-mêmes successivement suivis par tous les autres : le plus éloigné se précipite, comme le reste, en droite ligne, vers le lieu indiqué par la direction des autres, et tous arrivent sans s'écarter, paraissant obéir à cette finesse olfactive qu'on leur accorde si gratuitement et sur de fausses apparences. Quand l'objet ainsi découvert est gros, récemment mort, et revêtu d'une peau trop coriace pour pouvoir être entamé facilement et dévoré de suite, ils patientent et s'établissent dans le voisinage, perchés sur des rochers, sur de hauts sommets dénudés, d'où ils sont facilement aperçus par d'autres Cathartes, qui comprennent ce que cela veut dire, et viennent attendre aussi leur part du festin. L'arrivée soudaine de ces nouveaux venus semble justifier encore la finesse olfactive de ces oiseaux, tandis que c'est la vue seule qui les dirige. C'est ainsi qu'Audubon a vu, vers le soir, près du cadavre d'un Bœuf, des centaines de Cathartes assemblés, alors que le matin du même jour il n'avait aperçu sur le même Bœuf que deux ou trois de ces oiseaux. Plusieurs des derniers arrivés venaient très-probablement de huit ou dix kilomètres en cherchant une proie, et ils se sont abattus sur celle indiquée par le rassemblement, auquel se joignent aussi des individus d'une autre espèce, le Catharte Aura, dont nous parlerons plus loin. Urubus et Auras restent autour de la grosse proie; quelques-uns viennent de temps en temps l'examiner, l'attaquent aux endroits les plus accessibles, et attendent que la corruption l'ait entièrement envahie. Alors toute la troupe se met à l'œuvre, offrant le plus dégoûtant tableau; les plus forts chassent les plus faibles, et ceux-ci, à leur tour, harassent les autres avec toute la rancune et l'animosité d'un estomac affamé. On les voit sauter sur la carcasse, la quitter avec un lambeau bientôt englouti, l'assaillir de nouveau, entrer dedans, s'y disputer des morceaux déjà en partie engloutis par deux ou trois becs en présence, puis siffler avec fureur, et à chaque instant vider leurs larges narines des matières qui les bouchent et les empêchent de respirer. Bientôt on ne voit plus qu'un squelette. Aucune partie de peau ou de chair n'a été trop dure, tout est déchiré, avalé, et il ne reste que des os bien nettoyés, autour desquels stationnent forcément les plus gorgés, à peine capables de remuer les ailes. A ce moment, l'observateur peut approcher et voir souvent les Cathartes mêlés à des Chiens, qui ont été attirés par l'odeur. Audubon a vu des Cathartes travailler à un bout de la carcasse, tandis que des Chiens déchiquetaient l'autre bout. Mais qu'il survienne un Loup, ou mieux encore un couple de Pygargues pourvus d'un suffisant appétit, et sur-le-champ place leur est faite, jusqu'à ce que leurs besoins soient satisfaits.

Le repas fini, la plupart des Cathartes gagnent lentement les plus hautes branches des arbres voisins, et y restent jusqu'à complète digestion. Seulement, de temps en temps, ils ouvrent les ailes, soit à la brise, soit au soleil, pour se rafraîchir ou se réchauffer. Le voyageur peut passer au-dessous d'eux sans qu'ils y prennent garde, ou, s'ils le remarquent, ils essayent de s'envoler, ou, repliant doucement leurs ailes, le regardent passer, pour ne se mettre en mouvement que lorsqu'ils y sont poussés par la faim. Cela dure souvent plus d'un jour; et on les voit partir les uns après les autres. Alors ils s'élèvent à une immense hauteur, tracent dans les airs des spirales ou des cercles gracieux; parfois ils s'arrêtent, planent pendant quelques instants et reprennent leur majestueux essor, s'élèvent encore, et l'observateur, dont l'œil suit leur ascension dans l'espace, ne distingue bientôt plus que quelques points noirs qui ne tardent pas à disparaître complétement.

Dans l'Amérique du Sud, les mêmes instincts amènent les mêmes scènes; mais les compétiteurs affamés changent. Ainsi, lorsqu'un Catharte Urubu aperçoit dans la campagne le cadavre d'un animal, il se met de suite en devoir de l'entamer par les yeux, par la bouche ou par les autres orifices; mais il n'est pas longtemps seul. Comme toujours, d'autres Urubus se joignent immédiatement à lui, avec des Caracaras, autres oiseaux dont nous parlerons plus loin. Une journée suffit pour en rassembler des bandes nombreuses et jalouses. Les plus affamés cherchent à chasser les autres à coups de bec. Leur lutte présente un spectacle assez singulier; ils sautent continuellement les uns contre les autres, et, de loin, on croirait qu'ils dansent. Quand ils sont parvenus à détacher un morceau trop gros pour être avalé, d'autres le saisissent par l'extrémité pendante, et chacun tire de son côté. Il faut entendre alors les cris de la bande; ce sont des croassements rauques, assez semblables à ceux des Corbeaux d'Europe. On les voit aussi, sans motifs apparents, s'élever tous à la fois de quelques pieds, comme par un saut, et retomber de suite sur leur proie. Quand ils sont très-nombreux, les plus avides s'acharnent sur l'animal, les autres, en bien plus grand nombre, perchent patiemment sur les arbres des environs, ou tournoient, à diverses hauteurs, dans les airs, se préparant au repas, en attendant leur tour. Le tournoiement dont nous venons de parler est, dans ce cas, pour l'habitant des campagnes un signe certain qu'il va trouver la pièce de bétail qui lui manque et dont il ignorait le sort.

Les Cathartes ont souvent occasion de dévorer de jeunes animaux vivants dans les environs des grandes plantations. Cependant on peut dire que rarement ils les attaquent : ils se contentent le plus souvent de ceux qu'ils trouvent morts dans la campagne. D'Orbigny a vu en Patagonie des réunions extrêmement nombreuses d'Urubus. On avait tué, dans un seul établissement, douze mille têtes de bétail, pour les saler, dans l'intérêt d'une opération commerciale. Pendant cette boucherie de quelques mois, les os, encore assez garnis de chairs, avaient été entassés au bord du Rio-Negro, et attirèrent un grand nombre d'Urubus et de Caracaras, que devait séduire une si riche et si facile curée. Aussi les carcasses en étaient-elles incessamment couvertes, et notre voyageur n'a pas cru exagérer en évaluant à plus de dix mille le nombre de Cathartes agglomérés sur ce point.

Accoutumés que sont les Urubus, par les priviléges qu'on leur accorde, à demeurer aux environs des villes et des villages, dans l'Amérique méridionale et dans les États du Sud de l'Amérique septentrionale, ils les quittent rarement et pourraient être considérés, dit Audubon, comme formant une espèce à part, essentiellement différente, quant aux mœurs, de ceux qui résident continuellement loin des habitations. Habitués à ce qu'on les nourrisse, ils sont encore plus paresseux. Tout mouvement pour eux est une fatigue, et la faim seule peut les faire descendre du toit de la cuisine dans la rue, ou suivre les rares voitures de la voirie. Cependant dans les lieux où, comme à Natchez, le nombre de ces parasites est si grand que toutes les ordures de la ville ne peuvent leur suffire, on les voit accompagner jusqu'à destination les charrettes de vidanges, en sautillant joyeusement et témoignant l'impatience d'un grand appétit.

Audubon croit que les Cathartes ainsi attachés aux villes ne sont pas aussi portés à la multiplication que ceux qui habitent plus constamment les lieux sauvages, ou bien que les couples producteurs s'éloignent à l'époque de la ponte. Il a, en effet, remarqué d'abord la diminution du nombre de ces oiseaux dans les lieux habités lorsque vient le moment de la reproduction, et enfin il a constaté que plusieurs individus, bien connus de lui pour être positivement des citadins, ne quittaient en effet la ville en aucun temps et ne nichaient jamais.

La familiarité des Urubus est extrême. D'Orbigny en a vus, dans la province de Mojos, lors des distributions de viande faites aux Indiens, leur enlever des morceaux au moment même où ils venaient de les recevoir. A Concepcion de Mojos, au moment d'une de ces distributions, un Indien le prévint qu'il allait voir un Urubu des plus effrontés, bien connu des habitants, parce qu'il avait une patte de moins. On ne tarda pas, en effet, à le voir arriver et montrer toute l'effronterie annoncée. On assura au naturaliste voyageur que cet oiseau connaissait parfaitement l'époque de la distribution, qui avait lieu tous les quinze jours dans chaque mission ; et, la semaine suivante, étant à la mission de Magdalena, distante de vingt lieues de celle de Concepcion, à l'heure même d'une distribution semblable, il entendit crier les Indiens, et reconnut l'Urubu boiteux, qui venait d'arriver. Les curés des deux missions ont garanti à d'Orbigny que cet oiseau ne manquait jamais de se trouver aux jours fixés dans l'une et dans l'autre résidence. Ce fait prouverait un instinct assez développé et une mémoire assez rare chez les oiseaux.

Audubon va plus loin relativement à l'appréciation de l'instinct des Urubus, car il n'hésite pas, dans le cas particulier que voici, à le considérer comme touchant de très-près au raisonnement. Pendant une de ces fortes rafales qui, au commencement de l'été, se déchaînent si fréquemment dans la Louisiane, il vit une troupe de Cathartes accomplir une singulière manœuvre. Assurément ils avaient deviné que le courant qui déchirait tout au-dessus d'eux ne consistait qu'en une simple nappe d'air, car ils s'élevèrent obliquement à l'encontre, avec une grande puissance, et, glissant à travers l'impétueux tourbillon, parvinrent à le surmonter, pour reprendre, au-dessus de lui, leur course paisible et élégante.

On doit également remarquer, dans ces oiseaux, la faculté que leur a donnée la nature de discerner le moment où un animal blessé va mourir. Dès qu'ils en aperçoivent un malade ou languissant, ils s'attachent à lui, le suivent sans relâche, jusqu'à ce que, la vie l'ayant tout à fait abandonné, ils n'aient plus qu'à le dépecer. Un vieux Cheval accablé de misère, un Bœuf, un Daim embourbé au bord du lac, où le timide animal s'est enfoncé pour échapper aux Mouches et aux Moustiques, si insupportables dans les chaleurs, deviennent un spectacle attrayant pour les Cathartes, qui spéculent sur leur détresse. Ils s'assemblent immédiatement, et, si la pauvre bête ne peut se remettre sur ses jambes, ils s'établissent autour d'elle et attendent le moment opportun pour la dépecer. Cependant ces mêmes oiseaux passeront souvent au-dessus d'un Cheval bien portant, d'un Porc ou d'un autre animal couché par terre et se réchauffant immobile au soleil, comme s'il était mort, sans qu'ils s'en occupent le moins du monde!

La marche de l'Urubu est grave et lente; il allonge beaucoup les jambes pour faire de grands pas; mais, quand il est pressé d'arriver sur une proie ou de se sauver, il saute des deux pieds à la fois, surtout s'il veut s'envoler. En général, il marche peu. Son vol est quelquefois élevé, lorsqu'il cherche pâture ou qu'il sent l'approche de l'orage; mais ordinairement il est bas et bruyant. L'Urubu diffère beaucoup de l'Aura pour le vol; car il plane rarement et ne peut parcourir un grand espace sans mouvoir ses ailes, tandis que l'Aura plane tout à fait, comme la Buse. Lorsque le temps est à l'orage, l'Urubu s'élève en tournoyant, en troupes nombreuses, à une grande hauteur, et se perd alors dans les nuages, d'où quelquefois il se laisse tomber comme une flèche et avec grand bruit jusqu'auprès du sol, puis il reprend tranquillement son vol ordinaire ou recommence à monter, en tournoyant, pour aller rejoindre ses compagnons, qui l'attendent dans les airs. Pendant la pluie, il se pose sur les branches inférieures des arbres, et cherche à se mettre à l'abri. Les ailes basses, la tête enfoncée dans les épaules, il attend le retour du beau temps; va se placer alors au faîte d'un arbre, sur le pignon d'une maison, se tourne du côté du vent et étend ses ailes, qu'il tient des heures entières à moitié ouvertes, sans se fatiguer. Rien de plus singulier que de voir, après un orage, un grand nombre d'Urubus rangés en ligne sur une maison, ayant tous les ailes ouvertes pour les faire sécher; et quand, au contraire, il fait grande chaleur, on les voit également ouvrir les ailes pour recueillir le peu de fraîcheur que peut donner la circulation de l'air.

Il serait facile de faire contracter à cet oiseau des habitudes de domestication; mais il est rare que les habitants veuillent s'en donner la peine, d'autant plus qu'ils l'ont en horreur, à cause de son odeur forte et nauséabonde. Cependant d'Orbigny en a vu de domestiques dans quelques maisons. De son côté, d'Azara, pendant plus d'un an, en a vu aussi un que l'on nourrissait dans une habitation; il était d'une grande douceur, savait distinguer son maître, et l'accompagnait à de grandes distances en volant au-dessus de sa tête, et se posant quelquefois sur sa voiture. Il venait toujours lorsqu'on l'appelait, et jamais il ne se joignait à ceux de son espèce pour prendre sa part de leur nourriture. Un autre, également privé, accompagnait son maître dans des voyages jusqu'à Montévidéo; il se tenait et dormait en dehors de la voiture; mais quand il voyait qu'elle prenait le chemin de la maison, il se hâtait de la devancer, et annonçait ainsi à la maîtresse du logis le retour de son mari. Enfin Audubon en a élevé et conservé un grand nombre pour les soumettre à ses expériences sur l'odorat des Vautours.

Catharte Aura, *Cathartes Aura*, Illiger. — L'Aura est beaucoup moins commun que l'Urubu. Rarement en voit-on des bandes de plus de vingt-cinq ou trente. Il vit plus retiré, se nourrit de gibier mort, de Serpents, de Lézards, de Grenouilles et de Poissons qu'il trouve rejetés sur les bancs de sable des rivières et des bords de la mer. Il est plus coquet dans sa tenue, plus propre et mieux fait que l'autre. Son vol est plus vif, plus élégant; quelques battements de ses larges ailes lui suffisent pour s'enlever de terre, et alors on le voit planer en faisant un simple mouvement, tantôt d'un côté, tantôt de l'autre; et c'est avec une telle lenteur qu'il incline et ramène sa queue pour changer de direction, qu'en le suivant longtemps des yeux, on serait tenté de le prendre pour un cerf-volant. Le bruit que font les Cathartes en glissant obliquement du haut des airs vers la terre, rappelle celui de nos plus grands Faucons, lorsqu'ils tombent sur leur proie. Mais quand ils approchent du sol, et n'en sont plus qu'à une centaine de mètres, ils ne manquent jamais de ralentir leur vol, pour passer et repasser en tournoyant, et bien examiner le lieu où ils vont descendre.

L'Aura supporte mal le froid: pendant les chaleurs de l'été.

quelques-uns seulement poussent leurs excursions jusque dans les États du nord et du centre de l'Union, et ils reviennent généralement à l'approche de l'hiver. Ils conservent un grand attachement pour certains arbres qu'ils ont choisis comme perchoirs; Audubon croit même qu'ils franchissent des distances considérables pour y revenir tous les soirs. En se posant, chaque individu cherche à se faire belle place, et occasionne un trouble général; et souvent, quand il fait nuit, on entend leurs sifflements, qui indiquent qu'ils se disputent les meilleures places.

Ces arbres qu'ils préfèrent, situés généralement au milieu des marais, sont principalement de grands cyprès morts. Cependant ils perchent fréquemment avec les Urubus, et alors c'est sur les plus gros tas de bois de charpente qu'on trouve amoncelés dans les champs et dans le voisinage des habitations. Quelquefois aussi le Catharte Aura perche sur une grosse branche, contre le tronc de quelque arbre bien garni de feuilles; et, dans cette position, Audubon en a tué plus d'un en chassant au clair de lune, et les prenant pour des Dindons.

Dans l'Amérique du Sud, ils se préparent à nicher dès le mois de novembre, et dans le Mississipi, la Louisiane, la Géorgie et la Caroline, dès le commencement de février, ce qui est commun avec la plupart des oiseaux de proie. C'est sans doute l'acte le plus remarquable de leur existence. Ils s'assemblent par troupes de huit ou dix, mâles et femelles, se posent sur de grosses souches, et manifestent le plus vif désir de se plaire mutuellement. Les mâles s'occupent du choix d'une compagne, et quand leur goût est fixé, chaque couple s'envole loin des autres, pour ne plus se mêler ni s'associer avec le reste de la bande, du moins tant que leur couvée ne sera pas en état de les suivre.

Ces oiseaux ne bâtissent pas de nid, et cependant ils sont très-attentifs à bien placer leurs œufs, au nombre de deux seulement. Ceux de l'Urubu, d'un ovale allongé et légèrement pointu, ont sept centimètres et demi de grand diamètre sur cinq centimètres de petit. Ils sont d'un blanc sale, légèrement verdâtre, semé de taches d'un brun violet, irrégulières, de grandeur variable, le plus souvent arrondies, en plus grand nombre sur le gros bout que sur l'autre. Les œufs de l'Aura diffèrent peu; ils sont oblongs, pointus à l'une de leurs extrémités, et ont huit centimètres environ de grand diamètre sur cinq centimètres et demi de petit diamètre; ils sont d'un blanc bleuâtre, agréablement marqués de larges taches d'un rouge brun, plus ou moins foncées, très-distantes les unes des autres, et bien plus rapprochées du gros bout que du petit. Indépendamment de ces grandes taches, toute la surface est couverte de taches également espacées et très-peu apparentes, d'un beau violet. Nous possédons des œufs de ces deux espèces, et nous les devons à l'obligeance de d'Orbigny.

Des deux espèces de l'ancien continent, l'une, Catharte percnoptère ou Alimoche, se trouve sur presque toutes les côtes de la Méditerranée, et surtout sur la côte d'Afrique, et elle devient d'autant plus commune qu'on se rapproche de l'Orient. L'autre, Catharte moine ou pilifère, se rencontre au Sénégal, et l'on ne connaît pas parfaitement les limites géographiques qui doivent lui être assignées.

Les Cathartes de l'ancien continent sont peu farouches, en Afrique surtout, et se laissent facilement approcher par le chasseur, mais il faut les tirer avec du gros plomb, pour les faire tomber sur le coup. Levaillant était presque toujours obligé de les faire suivre après les avoir blessés, parce qu'ils allaient mourir quelquefois fort loin du lieu où il les avait tirés. Il n'a pas campé une seule fois chez les Namaquois qu'il n'ait été visité chaque jour par ces oiseaux. Il lui arrivait de tirer plusieurs fois sur le même et de le blesser grièvement, sans que cela rebutât le Catharte, qui revenait toujours à la charge pour dérober à ses gens la viande qu'ils faisaient sécher ou fumer en plein air. Faute de chair, le Percnoptère se nourrit de Lézards et de petits Serpents; il ne dédaigne même pas les Vers de terre et les insectes qui recherchent la fiente des bestiaux. Enfin il s'accommode de tout, et ce voyageur n'a même quelquefois trouvé dans le jabot de ceux qu'il tuait que des excréments de Bœuf ou d'autres animaux.

Fig. 15. — Catharte percnoptère, *Cathartes percnopterus*, d'après Gould.

Nous avons tué un bon nombre de Percnoptères pendant notre séjour à Constantinople, dans les jardins du vieux sérail que nous habitions; ils se donnaient rendez-vous sur les vieux murs et s'offraient facilement à nos coups, pendant les voyages qu'ils faisaient le matin de la côte d'Asie, où ils trouvaient encore des animaux abandonnés et en putréfaction, à la côte d'Europe, où les corvées de nos soldats suppléaient à la malpropreté des Turcs. Mais les habitants du quartier de Sainte-Sophie s'alarmèrent, et comme notre but n'était pas la destruction d'animaux si utiles dans un pays aussi sale, mais bien le désir d'enrichir notre collection de quelques-uns de ces oiseaux, les Percnoptères n'eurent plus rien à redouter. Notre ami Lesson, enlevé malheureusement aux sciences qu'il cultivait avec tant de succès, a soulevé une émeute à Lima pour avoir tué un de ces oiseaux, qu'il tenait à ajouter aux riches collections qu'il rapportait. Quiconque, à Lima ou à Ariquipa, tue un Urubu, est condamné à une amende de cinquante piastres, ou deux cent cinquante francs.

Les œufs de l'espèce de l'ancien continent sont de forme et de couleur très-variables, et mesurent de six centimètres et demi à sept centimètres de grand diamètre sur quatre à cinq de petit; ils sont blancs, avec quelques grosses taches brunes couronnant le gros bout; quand leur forme est plus arrondie, ils sont uniformément teintés de brun rouge, comme nous le verrons sur des œufs de Caracaras et de Faucons. Quelques variétés, provenant d'Égypte, sont grivelées de petites et grandes taches, qui, au lieu d'être de couleur brune ou brun rouge, sont du violet foncé le plus pur, ce qui leur donne, dans la série, un aspect étrange. Ceux de l'Algérie sont généralement beaucoup plus petits que ceux d'Europe, ne mesurant que six centimètres sur cinq de diamètre. Enfin un de ces œufs, venant des Indes orientales, offre à peine, sur un fond d'un blanc pur, quelques fines grivelures plus serrées et plus rapprochées au gros bout.

Les Cathartes, avons-nous dit, ne construisent pas de nids. Le plus souvent ils déposent leurs œufs dans un trou de rocher ou dans les anfractuosités des falaises qui bordent fréquemment les grandes rivières en Amérique, ou bien au milieu des marais profonds, mais toujours au-dessus de la ligne des plus grandes eaux;

ils cherchent quelques gros arbres creux, soit debout, soit à terre, et les œufs sont déposés sur la vermoulure du bois, quelquefois immédiatement à l'entrée du trou, d'autres fois à plus de

Fig. 14. — Catharte moine, *Cathartes pileiferus*.

vingt pieds dans l'intérieur. Le père et la mère couvent à tour de rôle et se nourrissent l'un l'autre, ce que chacun d'eux fait en dégorgeant immédiatement, devant celui qui est sur le nid, tout ou partie du contenu de son estomac. L'éclosion des petits demande trente-deux jours. Un épais duvet les recouvre complètement à leur naissance; ce duvet, blanc, long et frisé comme dans toutes les autres espèces d'oiseaux de proie, contraste avec la couleur noire de leur face, et leur donne une physionomie des plus originales : à cette première période et pendant près de deux semaines, les parents les nourrissent en leur dégorgeant aussi, mais dans le bec, les aliments presque digérés, à la manière du Pigeon commun. Après quelques jours, le duvet s'allonge et devient plus rare et d'une teinte plus foncée, à mesure que l'oiseau grandit. Au bout de trois semaines, les Cathartes paraissent gros pour leur âge, et pèsent plus d'une livre, mais ils sont excessivement gauches et engourdis. Ils peuvent alors lever leurs ailes encore en partie recouvertes de gros tuyaux; ils les traînent presque toujours à terre, et toute leur force se porte sur leurs longues jambes et sur leurs pieds.

Qu'un étranger ou un ennemi s'approche d'eux à ce moment, ils se mettent à siffler, et font comme un Renard ou un Chat qui s'étrangle; puis ils se gonflent et sautent de côté et d'autre, aussi lestement qu'ils peuvent. C'est également ce que font les parents, si on les inquiète pendant l'incubation; ils s'envolent seulement à quelques pas et attendent le départ de celui qui les trouble, pour se remettre à leur devoir. Quand les jeunes sont devenus plus forts, le père et la mère se contentent de jeter la nourriture devant eux; mais, malgré tout le mouvement qu'ils se donnent, ils parviennent rarement à pousser aux champs leur paresseuse progéniture. Le nid devient si fétide, avant que ceux-ci l'aient définitivement abandonné, que si l'on était contraint de demeurer auprès seulement une demi-heure, on courrait risque d'être suffoqué. On pense généralement qu'ils préfèrent la chair corrompue à toute autre; c'est une erreur : toute viande leur convient, pourvu qu'ils puissent la mettre en morceaux à l'aide du bec, et ils l'avalent aussitôt, fraîche ou non. Ce que nous avons dit de leur habitude de tuer et de dévorer de jeunes animaux le prouve suffisamment. Mais il arrive souvent que ces oiseaux sont forcés d'attendre jusqu'à ce que l'enveloppe ou le cuir de la proie puisse céder à l'effort de leurs mandibules. Audubon vit un jour le cadavre d'un grand Crocodile entouré de Cathartes, et la chair du monstre était presque décomposée avant que les oiseaux eussent pu parvenir à entamer sa rude peau; de sorte que, quand l'attaque devint possible, ils restèrent tout désappointés devant des chairs liquéfiées.

Les Cathartes n'ont pas, comme les Aigles et les Faucons, le pouvoir d'enlever leur proie tout d'une pièce avec leurs griffes; ils n'emportent que les entrailles, et encore par lambeaux, qui leur tombent du bec. S'il leur arrive alors d'être pourchassés par d'autres oiseaux, ce simple fardeau rend leur vol très-lourd, et les force à reprendre terre presque immédiatement.

Les Cathartes Urubu et Aura n'ont pas de zone distincte d'habitation, car on les rencontre depuis l'hémisphère nord jusque dans les parties les plus australes de l'Amérique; on les voit également depuis les plaines ou les rivages de la mer jusqu'aux régions les plus élevées. Il est vrai qu'ils ne se trouvent dans ces dernières localités qu'accidentellement et de passage, n'y faisant jamais leur séjour habituel. L'Aura seul, qui, relativement à l'Urubu, paraît plus spécial à l'Amérique du Sud, a été rencontré aux îles Malouines par Garnot et Lesson.

Nous terminerons l'histoire des Cathartes en citant les expériences dont ils ont été l'objet de la part d'Audubon, pour s'assurer de la prédominance de l'odorat sur la vue chez les vautours, question si souvent agitée et dont nous avons dit un mot dans nos Généralités. On sait que nous avons admis, au contraire, la prédominance de la vue sur l'odorat, dont nous trouvons à peine la trace chez ces oiseaux. Nous laisserons parler notre grand naturaliste :

« Quand vous aurez vu, comme moi, dit-il, le Catharte Aura suivant de près et avec un soin pénible la lisière des forêts, explorant les sinuosités des criques et des rivières, planant au-dessus des vastes plaines, plongeant son œil perçant dans toutes les directions, aussi attentif que le fut jamais le plus noble faucon pour découvrir la proie qui lui convient; lorsque, ainsi que moi, vous l'aurez vu mainte et mainte fois passer au-dessus d'objets bien propres à exciter son vorace appétit sans en avoir aucune connaissance, parce qu'ils étaient cachés; lorsqu'enfin vous aurez observé l'avide Catharte, poussé par la faim ou plutôt par la famine, se précipitant comme le vent et descendant en cercles rapides dès qu'une charogne a frappé ses regards, alors vous renoncerez à cette vieille croyance si profondément enracinée, à savoir que cet oiseau possède la faculté de découvrir la proie à une immense distance à l'aide de l'odorat. J'ai eu beaucoup de peine à renoncer à mes anciennes croyances; cependant, après avoir vécu plusieurs années parmi ces Cathartes, du temps de mes courses à travers les États-Unis; après m'être assuré par mille et mille observations qu'ils ne sentaient nullement quand j'approchais d'eux, caché par un arbre, même à quelques pas, tandis qu'au contraire, dès que, de cette distance ou de bien plus loin, je me montrais à eux, ils s'envolaient avec tous les signes de la plus vive frayeur, je dus enfin abandonner ma première idée, et je m'engageai dans une série d'expériences ayant pour but de me démontrer, à moi du moins, jusqu'à quel point existait cette finesse d'odorat, et si même il était vrai qu'elle existât. J'en consigne ici le résultat; chacun pourra ainsi conclure et juger combien il est facile de se laisser abuser par les assertions d'hommes qui, avec leur air d'assurance, n'ont cependant jamais rien vu, ou qui se sont contentés des récits d'individus se souciant eux-mêmes fort peu d'observer la nature de près.

« *Première expérience.* — Je me procurai une peau de daim entière jusqu'aux sabots, et je la bourrai consciencieusement d'herbes sèches, de façon à la remplir même plus que dans l'état naturel. Je laissai le tout sécher et devenir aussi dur que du vieux cuir, puis je la fis porter dans un vaste champ où on l'étendit sur le flanc, les jambes déjetées deçà et delà, comme si l'animal était mort et déjà en putréfaction. Alors je me retirai à environ cent mètres, et quelques minutes étaient à peine écoulées qu'un Catharte, aux aguets à une assez grande distance, ayant aperçu le daim, vola directement vers lui et s'abattit à quelques pas. De suite je m'avançai, toujours caché par un gros arbre, jusqu'à une cinquantaine de mètres, d'où je pouvais parfaitement observer l'oiseau. Il s'approcha de la peau, jeta sur elle un regard de méfiance, puis sauta dessus, leva la queue et se vida librement, ce que tous les oiseaux de proie à l'état sauvage font généralement avant de manger. D'abord il s'en prit aux yeux, qui étaient ici deux globes d'argile séchée, durcie et peinte; il les attaqua l'un après l'autre, sans pourtant rien y faire que les déranger un peu. Enfin, cette partie ayant été abandonnée, l'oiseau se porta sur l'autre extrémité, et là, se donnant encore plus de mouvement, il parvint à déchirer les coutures et à tirer quelques poignées de fourrage et de foin. Mais, pour de la chair, il n'avait garde d'en trouver ni d'en sentir; et cependant il s'opiniâtrait à en découvrir là où il n'y en avait pas la moindre trace. Après des efforts réitérés, tous sans profit, il prit son vol, et, s'étant remis à explorer les environs du champ, je le vis soudain tournoyer, puis descendre et tuer un petit serpent jarretière (*coluber saurita*) qu'il avala. Après quoi il se renvola encore, recommença à planer, passa et repassa plusieurs fois très-bas, au-dessus de la peau bourrée, comme au désespoir d'abandonner un morceau de si bonne mine.

« Ainsi voilà un Catharte qui, à l'aide du sens prétendu si extraordinaire de l'odorat, n'est pas capable de découvrir qu'il n'y avait sous cette peau ni chair fraîche, ni chair corrompue, et qui, du premier coup d'œil et d'une distance considérable, peut apercevoir un petit serpent à peine gros comme le doigt, et sans aucune odeur ! Cela me donnait à réfléchir, et j'en conclus que les facultés visuelles étaient, chez lui, bien supérieures aux facultés olfactives.

« *Deuxième expérience.* — Je fis traîner à quelque distance de ma maison un porc qui venait de mourir, et que l'on jeta dans un ravin profond d'une vingtaine de pieds, où le vent soufflait très-fort. Ce ravin était obscur, rempli de broussailles et de grands roseaux. C'est là que j'ordonnai à mes gens de cacher l'animal, en recourbant les roseaux sur lui, et je l'y laissai deux jours, pensant bien que cela intriguerait Urubus, Auras ou autres, et qu'ils viendraient voir ce que ce pouvait être. On était alors au commencement de juillet, c'est-à-dire à une époque où, sous ces latitudes, un cadavre se corrompt et devient extrêmement fétide en très-peu de temps. D'un moment à l'autre je voyais des Cathartes cherchant pâture passer par-dessus le champ et le ravin dans toutes les directions; mais aucun ne découvrit le porc qui y était caché, bien que, sur ces entrefaites, plusieurs chiens lui eussent rendu visite et s'en fussent copieusement repus. Je voulus moi-même m'en approcher, mais l'odeur en était si insupportable à vingt pas à la ronde que j'y renonçai, et les restes, tombant d'eux-mêmes en putréfaction, finirent par s'affaisser complétement.

« Je pris alors un jeune porc, et, d'un coup de couteau dans la gorge, je le saignai sur la terre et l'herbe; puis, l'ayant traîné à la même place que le premier, je le fis couvrir de feuilles et j'attendis le résultat. Les Cathartes aperçurent la trace du sang frais, et, s'étant abattus, la suivirent jusque dans le ravin, où ils découvrirent l'animal, qu'ils dévorèrent sous mes yeux, quoiqu'il n'eût point encore d'odeur.

« Ce n'était pas assez pour moi de ces expériences cependant si décisives.

« Ayant trouvé deux jeunes Urubus de la taille de petits poulets, que le duvet recouvrait encore et qui avaient plutôt l'air de quadrupèdes que d'oiseaux, je les emportai chez moi, les mis dans une grande cage en vue de tout le monde, dans la cour, et me chargeai moi-même de leur donner à manger. Je les fournis abondamment de pics à tête rouge et de perroquets que je tuais, en aussi grand nombre que je voulais, sur des mûriers où ils cherchaient leur nourriture.

« Mes deux élèves les déchiraient par lambeaux à grands coups de bec et en les tenant sous leurs pieds. Au bout de quelques jours, ils étaient si bien habitués à mes visites que lorsque j'approchais de leur cage, les mains pleines du gibier que je leur destinais, ils commençaient aussitôt à siffler et à gesticuler, presque à la manière des jeunes pigeons, et se présentaient mutuellement le bec comme s'ils s'attendaient à recevoir la nourriture l'un de l'autre, ainsi qu'ils l'avaient reçue de leurs parents. Deux semaines s'écoulèrent, les plumes noires paraissaient et le duvet diminuait. Je remarquais un accroissement extraordinaire des pattes et du bec, et les trouvant propres à mes expériences, je fermai avec des planches trois des côtés de la cage, ne laissant que le devant garni de barreaux, pour qu'ils pussent voir au travers. Je nettoyai, lavai, sablai la cage afin d'enlever toute mauvaise odeur résultant de la chair corrompue qu'elle contenait; et sur-le-champ je cessai de me présenter par devant comme j'avais coutume de le faire lorsque je voulais leur donner à manger. Je m'en approchais souvent nu-pieds; et je reconnus bientôt que, quand je ne faisais pas de bruit, les jeunes oiseaux continuaient à rester droits, sans bouger et silencieux, jusqu'à ce que je me fusse montré par le devant de leur prison. Plusieurs fois il m'arriva de prendre un écureuil ou un lapin, de lui ouvrir le ventre, de l'attacher à une longue gaule, avec les entrailles pendant librement, et, dans cet état, de le placer par derrière leur cage; mais c'était en vain : ils ne sifflaient ni ne remuaient, tandis que, quand je présentais le bout de la gaule devant la cage, à peine avait-il paru par le coin que mes oiseaux affamés sautaient et faisaient tous leurs efforts pour atteindre le morceau. Cela fut souvent répété avec de la viande soit fraîche, soit corrompue, mais toujours appropriée à leur goût.

« Complétement satisfait pour mon compte, je cessai ces expériences, et néanmoins je continuai à nourrir les deux Cathartes jusqu'à leur entier développement. Alors je les lâchai dans une cour attenante à la cuisine, pour qu'ils pussent y ramasser tout ce qu'on leur jetterait; mais bientôt leur voracité causa leur mort : les petits cochons ne leur échappaient pas lorsqu'ils se trouvaient à leur portée; jeunes canards, dindons et poulets étaient pour eux une tentation si continuelle, que le cuisinier, ne pouvant veiller constamment sur eux, les tua l'un et l'autre pour mettre un terme à leurs déprédations.

« Pendant que je tenais mes deux Cathartes en captivité, je fus témoin d'un fait assez curieux. Un Catharte déjà vieux, planant par hasard au-dessus de la cour au moment où j'expérimentais avec ma perche et mes écureuils, aperçut la proie et s'abattit sur le toit d'un hangar, près de la maison; de là il descendit à terre, se dirigea tout droit vers la cage et s'efforça d'attraper la viande qu'il voyait à l'intérieur. Je m'approchai avec précaution, il recula un peu; mais, quand je me retirai, il revint; et, chaque fois, mes deux captifs manifestaient le plus vif empressement envers le nouveau venu. Je donnai l'ordre à quelques nègres de le pousser doucement vers l'étable et de tâcher de l'y faire entrer, mais il ne voulut pas. Enfin, après plusieurs tentatives, je parvins à l'enfermer dans cette partie du hangar où l'on dépose les graines de coton, et là je le pris. Comme je le reconnus bientôt, le pauvre oiseau était devenu si maigre que c'était uniquement à son état de misère que j'avais dû de pouvoir m'en emparer. Je le mis en cage avec les jeunes, qui, tous deux, commencèrent à sauter autour de lui et à lui faire accueil, en gesticulant de la façon la plus grotesque; mais le vieux, tout déconcerté de se voir en prison, leur répondit par de grands coups de bec. Craignant qu'il ne les tuât, je les retirai d'avec lui et le rassasiai complétement. A force de jeûner, il avait pris un tel appétit qu'il mangea trop et mourut étouffé.

« J'aurais encore à citer, dit Audubon en terminant, beaucoup d'autres faits indiquant que le pouvoir olfactif dans ces oiseaux a été singulièrement exagéré, et que, s'ils peuvent sentir à une certaine distance, ils peuvent aussi voir, et de beaucoup plus loin. Je demanderai à toute personne ayant observé les mœurs des oiseaux pourquoi, si les Cathartes sentent leur proie d'une telle distance, ils perdent tant de temps à la chercher, eux qui naturellement sont si paresseux que, lorsqu'ils ont trouvé de la nourriture dans quelque endroit, ils ne le quittent jamais, ne se déplaçant juste que de ce qu'il faut pour la prendre. »

Comme cet habile observateur, nous croyons ces expériences très-concluantes, et nous nous reprocherions de ne pas avoir profité de l'occasion pour leur donner toute la publicité qu'elles méritent, en France surtout, quoiqu'elles datent déjà de loin. Nous ne renonçons cependant pas, lorsque des faits contradictoires se présenteront, à les relater avec le même soin, s'ils peuvent fournir une exception quelconque aux expériences d'Audubon

— — — —

Fig. 15. — Vautour fauve ou Griffon. *Vultur fulvus.*

QUATORZIÈME LEÇON

Suite des Vulturidés.

3e Genre. — VAUTOUR, *VULTUR*, Linné.

Les caractères généraux des vrais Vautours sont d'avoir la tête et le cou plus ou moins nus, ou dénués de plumes et revêtus d'un duvet court et peu serré, ou garnis de caroncules charnues. Le plus souvent la partie inférieure du cou est bordée de plumes dites collaires, formant un rebord, et toutes allongées et acuminées. Les yeux sont à fleur de tête. Le bec est droit, plus ou moins robuste, comprimé sur les côtés, à mandibule supérieure fortement crochue : la mandibule inférieure est droite, arrondie et légèrement inclinée vers la pointe. Les narines sont ovales ou oblongues, percées obliquement sur les bords de la cire. La langue est cartilagineuse, un peu aplatie et pointue, souvent bifide à son extrémité. Leur corps est épais, robuste, oblong, terminé par une queue généralement courte, composée de rectrices égales, et par conséquent coupée presque carrément. Les ailes sont pointues, très-longues, dépassant l'extrémité de la queue et presque constamment à demi étendues, dans le repos ou dans la marche. La quatrième rémige est la plus longue, la première la plus courte : les tarses sont robustes, réticulés, ou garnis de petites écailles, nus ou emplumés, munis d'ongles faibles et peu longs par rapport à la taille. On compte douze ou quatorze rectrices.

Les Vautours, dont le nom est passé dans le langage figuré, sont des oiseaux voraces, affamés, poltrons, dont le goût dépravé se contente plutôt de charognes que d'animaux vivants, qu'ils n'osent attaquer. Cependant ils ne dédaignent point la chair palpitante, comme on le dit communément ; mais, ainsi que les autres vulturidés, ils ne cherchent jamais à dévorer que quelques jeunes animaux sans défense et éloignés de leurs parents.

Ce qui distingue surtout les Vautours des Aigles ou des autres espèces belliqueuses de rapaces, dont il sera question dans de prochaines leçons, c'est une série de caractères accessoires qu'il est important de ne pas négliger : au repos, les Vautours sont toujours dans une position demi-horizontale, qui peint la défiance. L'Aigle, au contraire, se tient fièrement dans la position redressée, et a le sentiment de sa force et de son courage. Leur vol est pesant, lourd. A peine peuvent-ils prendre leur essor quand ils sont rassasiés; et, ce qui leur est particulier avec les Cathartes, c'est qu'ils sont réduits à dévorer leur proie sur place, et qu'ils ne peuvent point l'enlever avec leurs serres, trop faibles, ainsi que le pratiquent plus ou moins facilement tous les autres oiseaux de proie.

Écoutons Buffon peignant à grands traits les habitudes des Vautours : « L'on a donné aux Aigles le premier rang parmi les oiseaux de proie, non parce qu'ils sont plus forts et plus grands que les Vautours, mais parce qu'ils sont plus généreux, c'est-à-dire moins bassement cruels; leurs mœurs sont plus fières, leur démarche plus hardie, leur courage plus noble, ayant au moins autant de goût pour la guerre que d'appétit pour la proie. Les Vautours, au contraire, n'ont que l'instinct de la basse gourmandise et de la voracité, ils ne combattent guère les vivants que quand ils ne peuvent s'assouvir sur les morts. L'Aigle attaque ses ennemis ou ses victimes corps à corps; seul il les poursuit, les combat, les saisit : les Vautours, au contraire, pour peu qu'ils prévoient de résistance, se réunissent en troupes comme

Fig. 16. — Vautour indien, *Vultur indicus*.

de lâches assassins, et sont plutôt des voleurs que des guerriers, des oiseaux de carnage que des oiseaux de proie; car, dans ce genre, il n'y a qu'eux qui se mettent en nombre, et plusieurs contre un; il n'y a qu'eux qui s'acharnent sur les cadavres, au point de les déchiqueter jusqu'aux os : la corruption, l'infection les attire au lieu de les repousser. Les Faucons, les Éperviers et jusqu'aux plus petits oiseaux montrent plus de courage, car ils chassent seuls, et presque tous dédaignent la chair morte et refusent celle qui est corrompue. Dans les oiseaux comparés aux quadrupèdes, le Vautour semble réunir la force et la cruauté du Tigre avec la lâcheté et la gourmandise du Chacal, qui se met également en troupes pour dévorer les charognes et déterrer les cadavres, tandis que l'Aigle a le courage, la noblesse, la magnanimité et la munificence du Lion. »

Frédéric Cuvier, beaucoup plus positif, fait observer, avec infiniment plus de raison, que si les Aigles se nourrissent de proie vivante, attaquent leur victime avec impétuosité, la déchirent et la dévorent toute palpitante, et, confiants par instinct dans leur force, ne paraissent connaître que très-faiblement le sentiment de la crainte, les Vautours, au contraire, ne se nourrissent que de proie morte; quelques espèces, mais seulement quand elles sont poussées par la faim, attaquent les animaux les plus faibles, et toutes fuient à la moindre apparence de danger. Ces différences de mœurs, associées dans notre esprit aux différences de physionomie qui caractérisent les oiseaux de ces deux familles, font que les Aigles sont devenus pour nous les emblèmes de la force et du courage, tandis que les Vautours ne nous représentent que la faiblesse et la lâcheté. Les Aigles, il est vrai, sont portés par leur instinct à attaquer les animaux vivants qui pourraient se défendre; mais ils sont tellement supérieurs à ces animaux par leur force, ils courent si peu de dangers dans la lutte que quelquefois ils peuvent avoir à soutenir; même, quand ces dangers existeraient, ils sont si peu capables de les prévoir, et, s'ils les connaissent, si peu portés à les braver, que jamais estime ne fut plus injustement acquise que celle que nous leur accordons. Il est également vrai que les Vautours vivent au milieu de tous les autres oiseaux sans jamais les attaquer; mais c'est par instinct qu'ils le font, parce qu'ils n'ont aucun goût pour la chair vivante et que c'est de la chair morte surtout qu'il leur faut. Il n'y a donc pas plus de lâcheté au Vautour brun, au

Fig. 17. — Vautour Oricou, *Vultur auricularis*.

Condor, au Læmmergeier, qui sont des oiseaux de dix à quinze pieds d'envergure, à ne pas attaquer un Pigeon ou un Lapin, qu'il n'y a de courage à un Aigle royal ou à une Harpie, armés de leur bec crochu et de leurs griffes acérées, à se jeter sur ces animaux. Les uns et les autres obéissent à leur nature. Ils remplissent aveuglément leur destinée; et les sentiments qui les animent ne ressemblent pas plus à ceux que nous éprouvons, lorsque nous bravons ou que nous fuyons un danger dont nous avons apprécié l'étendue, que leurs facultés morales et intellectuelles ne ressemblent aux nôtres.

Nous ferons remarquer combien ces mots, dont le sens est tout moral : noble, généreux, cruel, etc., font naître d'idées fausses lorsqu'on les applique aux animaux. En vain l'on prétexterait qu'ils n'ont été employés et ne doivent être pris que dans un sens figuré, que poétiquement, l'erreur qui en résulte n'en existerait pas moins, et, quoi qu'on puisse dire, la poésie n'embellit l'erreur qu'aux yeux de ceux qui ne connaissent pas le charme de la vérité. Un sentiment de faveur ou de défaveur est intimement lié en nous à ces mots qui expriment des penchants pour lesquels nous avons de l'estime ou du mépris, et ce sentiment, nous le reportons sur les êtres que ces mots désignent. Or, rien ne serait plus faux que de haïr les Vautours parce qu'ils seraient bassement cruels, que de mépriser les Milans ou les Buses parce qu'on les croirait immondes et lâches, que d'estimer les Aigles et les Faucons parce qu'on jugerait que la noblesse est leur partage! Les uns comme les autres remplissent fatalement, sans liberté, le rôle qui leur a été imposé par la nature; ils travaillent au maintien de l'ordre et de l'harmonie sur notre terre, et cette tâche est assez belle. Au surplus, s'il fallait absolument se prononcer sur la part que ces oiseaux prennent à l'économie de ce monde, sur l'utilité du rôle qu'ils y jouent, sur les services qu'ils rendent à l'homme, je ne sais si les Aigles et les Faucons l'emporteraient sur les Vautours ou les Buses.

Telles sont les opinions admises sur les Vautours : nous les avons toutes rapportées sans chercher à les affaiblir; et l'on nous permettra bien d'ajouter, avec Lesson, que dans les vues sages de la nature tout a été disposé pour le mieux; que ces vices et ces vertus que nous prêtons aux animaux sont enfants de nos préjugés; que ce que nous appelons magnanimité du

Fig. 18. — Vautour fauve occidental, *Vultur occidentalis.*

Lion et de l'Aigle n'est souvent que la bienveillance de l'estomac rassasié d'un animal essentiellement carnivore et sanguinaire; que la lâcheté du Vautour ne peut pas plus être réputée bassesse que l'audace de l'Aigle ne peut être réputée magnanimité. La nature a voulu des carnassiers pour arrêter la trop grande multiplication de certains animaux, et établir une sorte d'équilibre; elle a voulu aussi des espèces pour purger la terre des cadavres de ceux que la mort naturelle ou accidentelle laisse exposés à une putréfaction nuisible à tous. Les uns et les autres remplissent les fonctions qui leur ont été départies avec la vie. On se figure difficilement, dans nos régions tempérées, avec quelle rapidité les cadavres se décomposent dans les contrées très-chaudes, et les émanations dangereuses qu'ils répandraient inévitablement seraient des causes incessantes d'épidémies.

Les Vautours se réunissent souvent aussi en bandes nombreuses, et leur voracité les rend quelquefois téméraires. Levaillant avait tué, en Afrique, deux Buffles, et présidait au dépeçage de ces animaux, dont il faisait pendre les quartiers de viande aux branches des arbres qui entouraient ses tentes pour les faire sécher aux rayons d'un soleil brûlant. Tout à coup il se vit entouré par une bande de Vautours qui enlevèrent les morceaux de chair, malgré ses efforts pour chasser ou pour détruire les déprédateurs à coups de fusil. A peine l'un d'eux tombait-il frappé d'une balle qu'un autre prenait sa place.

Un autre voyageur anglais qui marchait depuis quelques jours, en Abyssinie, à la tête d'une petite armée, parle du nombre considérable de ces oiseaux, qu'il compare au sable de la mer. Ils se montrèrent à lui plus courageux que ne le sont d'ordinaire certaines autres espèces de la même famille, car il vit un jour l'un de ces oiseaux étendre à terre un Aigle qui s'était faufilé par hasard dans une bande de Vautours assemblés pour dévorer des hommes tués pendant une bataille que s'étaient livrée deux tribus. Aussi ne faut-il pas s'étonner que, dans l'Inde, ces oiseaux passent pour être doués d'un instinct prophétique, qu'ils pressentent les combats et sont avertis de la mort des animaux.

En Afrique, si un chasseur tue quelque grosse pièce de gibier qu'il ne peut emporter sur l'heure, et qu'il l'abandonne un instant; à son retour il ne la retrouve plus, mais, à sa place, il voit une bande de Vautours, et cela dans un lieu où il n'y en avait pas un seul un quart d'heure avant. C'est ce que Levaillant dans ses voyages, a éprouvé lui-même plusieurs fois, de la part des Vautours, soit de l'Oricou, soit d'autres espèces, car tous ces immondes carnivores se réunissent et se mêlent dans cette circonstance. La première fois qu'il fut victime de leur voracité, il était à bout de ressources, ce qui rendit la leçon très-désagréable. Levaillant avait tué trois Zèbres; satisfait de sa chasse, il retourna à son camp, dont il était éloigné d'une lieue, et commanda qu'on amenât un chariot pour les enlever. Les Hottentots, plus habitués que lui aux rapines des Vautours, lui dirent que ce voyage leur paraissait inutile, parce que les Zèbres seraient dévorés avant leur arrivée. On partit néanmoins, mais à peine approchait-on que l'on vit de loin l'espace rempli de Vautours. Les Zèbres étaient dépecés; il n'en restait que les gros os, et cependant les Vautours arrivaient encore, et de tous côtés; il y en avait plus de mille. Curieux d'observer comment pouvait sitôt arriver un si grand nombre de Vautours, Levaillant se cacha un jour dans un buisson après avoir tué une grande Gazelle, qu'il laissa sur place; dans un instant il vint des Corbeaux qui voltigèrent au-dessus de l'animal en croassant; en moins d'un demi-quart d'heure, il arriva des Milans et des Buses; un instant après il aperçut, à une prodigieuse hauteur, des oiseaux qui descendaient toujours en tournoyant, et il ne tarda point à reconnaître des Vautours. Les plus pressés s'abattirent sur la Gazelle : mais il ne leur donna pas le temps de la dépecer, et sortit de son buisson; les Vautours reprirent lourdement leur vol et en rejoignirent d'autres qui, arrivant de tous côtés, semblaient sortir du ciel; l'enlèvement de la Gazelle les fit bientôt disparaître tous.

Une bande de Vautours en expectative sur un point est quelquefois une indication utile pour le voyageur. Elle l'avertit du voisinage d'un Lion, d'un Tigre ou d'une Hyène. Lorsqu'un de ces animaux a tué quelque grand quadrupède, les Vautours, qui l'ont aperçu, arrivent aussitôt, et toujours en nombre, et le voyageur prévenu se tient sur ses gardes. Mais ces oiseaux timides, ne se sentant pas le courage de disputer une proie, montrent dans cette occasion toute la timidité de leur caractère; car, n'osant faire usage de leur force, de leurs armes, de la masse du corps, de l'avantage du vol, ni même de celui du nombre, on les voit se poser respectueusement à quelque distance de l'animal féroce, attendant qu'il ait fini son repas et que sa retraite leur permette de dévorer les restes qu'il leur abandonne. Les Hottentots et les colons du Cap de Bonne-Espérance, bien instruits, par l'expérience, de l'habileté des Vautours à découvrir une proie et de leur voracité, n'abandonnent jamais une grosse pièce de gibier qu'ils ne peuvent emporter sur leur dos sans l'avoir cachée sous un tas de branches et de feuillages, ou même sans l'avoir provisoirement enterrée, et, malgré cette précaution, il leur arrive souvent de ne trouver à leur retour qu'un squelette; car les Corbeaux, plus hardis, travaillent d'abord à découvrir l'animal, et les Vautours, rassurés par leur présence, ont bientôt entièrement dévoré leur proie. On voit que les Hottentots se méfient plus de la vue perçante des Vautours que de la finesse de leur odorat, et il faut s'en rapporter à leur appréciation et à leur expérience. Aussi ce que nous avons dit des Cathartes peut s'appliquer aux Vautours; et nous ne reviendrions pas à la question si nous n'avions à communiquer deux observations, l'une qui confirme la supériorité de la vue sur l'odorat, et l'autre qui prouve cependant que le sens olfactif n'est pas sans finesse chez ces oiseaux.

Le docteur Franklin, en traversant, comme Levaillant et tant d'autres, les immenses déserts de l'Afrique, où ne se rencontre pas un brin d'herbe qui puisse attirer un animal vivant, et où, par conséquent, les oiseaux de proie n'ont aucun motif de faire leur ronde, a été deux ou trois fois témoin d'une scène qui a éveillé son attention. Si, par hasard, un des Chameaux ou toute autre bête de somme appartenant à la caravane dont il faisait partie venait à succomber, on l'abandonnait, et, en moins d'une demi-heure, on découvrait dans les airs une multitude de petits points qui se mouvaient lentement en décrivant des cercles. En peu de temps les points grossissaient, et cela à mesure qu'ils descendaient en spirale vers la terre : on reconnaissait des Vautours. L'odeur que pouvait répandre ce cadavre non encore décomposé n'était pas assez forte pour les attirer ou les guider, et cependant ils arrivaient de tous les côtés à la fois.

Un pauvre émigré allemand, qui vivait seul dans une chaumière, avait fait une provision de viande qu'il ne put faire cuire, parce qu'il tomba sérieusement malade et qu'il resta plusieurs jours sans connaissance. Cette viande se putréfia, et l'odeur se répandit même au dehors de la chaumière. Les Vautours du voisinage arrivèrent bientôt les uns après les autres, et attirèrent l'attention des voisins, qui pensèrent que l'Alsacien, qu'ils n'avaient pas vu depuis plusieurs jours, était mort. On pénétra dans la chaumière; le malade vivait encore, mais l'odeur repoussante de sa chambre s'expliqua dès qu'on découvrit la viande en putréfaction. Il est évident que, dans ce cas, l'odeur seule a attiré les Vautours qui rôdaient sans doute dans le voisinage.

Ces oiseaux se montrent quelquefois plus délicats dans le choix de leur nourriture. En Égypte, dans la saison où les Crocodiles déposent leurs œufs dans le sable du rivage, les Vautours se tiennent en observation et guettent les mouvements des femelles. A peine se sont-elles retirées, qu'ils arrivent et déterrent les œufs à l'aide de leurs griffes et de leur bec, et les avalent. Les Vautours ne méprisent pas, d'ailleurs, le cadavre du Crocodile; mais, comme ces reptiles sont recouverts d'une véritable cuirasse, trop forte pour être brisée et ouverte par le bec ou par les ongles, les Vautours sont souvent obligés d'attendre longtemps que cet obstacle cède de lui-même par suite de la décomposition intérieure. Mais ils sont souvent déçus dans leurs espérances, comme l'avons déjà vu au sujet des Cathartes, car la chair se trouve alors dans un état si avancé, qu'elle coule sur le sol en un fluide immonde.

Le vol des Vautours est plutôt remarquable par sa continuité que par sa rapidité. Ils se tiennent sur leurs ailes pendant un temps considérable. La nature n'a généralement donné la vitesse qu'aux oiseaux de proie qui poursuivent des animaux vivants. Les ongles allongés du Vautour ne lui permettent guère d'enlever les charognes dans son nid. La plupart de ces oiseaux dévorent la viande morte sur place, et l'emportent dans leur jabot pour la dégorger dans le bec de leurs petits. Lorsqu'ils sont repus, lorsqu'ils ont dépecé le corps d'un animal, soit pour leur couvée, soit pour eux mêmes, le bas de leur œsophage se gonfle outre mesure, sous forme d'une grosse vessie qui fait saillie entre les plumes. Ils demeurent alors immobiles pendant des heures entières et la tête appliquée sur le jabot.

Un caractère qui distingue les Vautours des autres oiseaux de proie, c'est, nous l'avons déjà dit, la nudité de la tête et d'une partie du cou, qui sont seulement recouvertes d'un duvet court. On a cru voir dans cette nudité une précaution de la nature. Plongeant sans cesse, non-seulement le bec, mais la tête tout entière dans des masses de matière putréfiée, ces oiseaux ne pouvaient avoir de plumes sur la tête ni sur le cou, comme les Aigles et les Faucons, car ces plumes, sans cesse humectées par la pourriture, auraient, en se collant les unes aux autres et en séchant, fort incommodé ces animaux.

Les Vautours se plaisent sur les rochers élevés et inaccessibles; c'est là qu'ils établissent leur aire, mais on les voit descendre dans les plaines pendant l'hiver. On n'est pas d'accord sur le nombre de leurs œufs, qui paraît varier selon les espèces. En Sardaigne, le docteur Franklin a vu ces oiseaux construire un

Fig. 19. — Vautour chassefiente, *Vultur Kolbii*.

nid d'un mètre et plus de diamètre, sur de très-hauts arbres. Ces nids contenaient deux et quelquefois trois œufs, plus gros que ceux de l'Oie. Ces œufs sont d'une forme plus constamment ovalaire qu'arrondie, parfois ovée; à coquille d'un grain épais, dur et rude au toucher, blanche et légèrement bleuâtre, irrégulièrement poreuse, mate et sans reflet, tantôt unie et sans tache, ce qui est le plus ordinaire chez le Vautour fauve; tantôt clairsemés, surtout au gros bout, de taches de couleur brun de Sienne, formant des points plus ou moins arrondis; souvent recouverts irrégulièrement de larges taches de cette couleur, comme chez le Vautour Oricou; ou enfin entièrement couverts de taches brunes, fines, d'un violet pâle ou cendré, comme chez le Vautour de Nubie. Leurs dimensions sont de neuf centimètres de grand diamètre et de six centimètres de petit.

Dans les ménageries, les Vautours font généralement une assez triste figure, et ils répandent autour d'eux une odeur infecte. Mais, à l'état de nature, c'est tout autre chose. Libre, le Vautour a sa beauté. Il faut voir ces oiseaux perchés dans les lieux sauvages, auxquels ils donnent une sombre poésie. Leur attitude rêveuse, leurs yeux baissés, leur tête ensevelie dans leurs épaules, tout leur donne un air mystérieux. Le docteur Franklin en a rencontré plus d'une fois sur les grands pins morts ou sur les cyprès. Ils restent là quelquefois perchés pendant des heures entières, les ailes ouvertes. Quelques voyageurs croient que les Vautours prennent cette position, fatigante en apparence, pour que l'air puisse souffler sur toutes les surfaces de leur corps et emporter l'odeur infecte qu'ils répandent.

Les Vautours ne sont ni aussi stupides ni aussi lâches qu'on le croit assez généralement. Un ami du docteur Degland a vu un Vautour cendré vivant en captivité depuis plusieurs années, et qui répondait à la voix de son maître; il ne craignait pas les Chiens qui cherchaient à le mordre. Une autre personne de la connaissance de M. Bouteille, le savant ornithologiste du Dauphiné, en a pendant longtemps possédé un, qui s'était rendu familier au point de venir demander sa nourriture. Cependant il s'est échappé une fois, et il a blessé cruellement deux hommes qui le suivaient. Cette espèce est très-redoutée des pâtres des Aldules.

Les Vautours sont originaires des contrées chaudes du globe. A mesure qu'on s'éloigne de ces contrées, ils ne se rencontrent plus qu'en petit nombre. C'est ainsi que, sur une douzaine d'espèces, trois seulement sont propres à l'Europe. La limite de leur distribution géographique est pourtant plus reculée que ne l'avaient cru les anciens naturalistes. On voit exceptionnellement des Vautours même en Angleterre. En 1826, rapporte le docteur Franklin, près de Bridgewater, dans le Somersetshire, un oiseau étrange, inconnu, avait été remarqué à terre sur une route. Poursuivi, il prit son vol et se porta à environ trois kilomètres de la mer; puis il s'abattit sur le rivage, où il fut tué d'un coup de feu. Il venait de se gorger de la chair d'un Agneau mort, et ce repas copieux fut sans doute la cause de sa perte, car son vol alourdi ne lui permit pas de s'élever hors d'une portée de fusil. Un autre Vautour, à en juger par la description des gens de la campagne, fut vu, quelques jours après, non loin du même endroit où le premier avait été tué; mais il échappa à la poursuite des chasseurs.

On observe une différence de mœurs entre ceux de ces oiseaux qui vivent dans les contrées très-chaudes et ceux qui habitent des climats plus tempérés. En Europe, les Vautours gîtent, durant la belle saison, sur les montagnes les plus hautes et les plus désertes, tandis que, en Égypte et dans d'autres contrées de l'Afrique ou de l'Asie, ils s'approchent sans crainte des endroits habités, se répandent au point du jour dans les villes et les villages, et prennent tranquillement leur repas au milieu des rues. Ce contraste de mœurs ne saurait tenir à une différence de température. Il faut plutôt en chercher la cause dans l'hospitalité qu'ils rencontrent chez les uns, et les coups de fusil qui les attendent chez les autres. Dans les chaudes cités de l'Orient, les Vautours sont protégés, encouragés, on pourrait presque dire honorés. Ils font partie du service public et semblent avoir conscience de leur utilité. Aussi dans ce cas se montrent-ils bons princes et familiers avec les habitants. Entourés de marques de bienveillance, ils accomplissent avec la plus grande confiance leur fonction, qui consiste à débarrasser la voie publique des immondices et des charognes. En Europe, au contraire, où les hommes se chargent de ces fonctions, les Vautours sont poursuivis et tués comme un objet d'aversion ou de curiosité. De là leur défiance, de là leur vie cachée dans les sombres et inaccessibles retraites des montagnes.

Les Vautours des contrées relativement froides émigrent au commencement de l'hiver, et vont chercher des climats plus chauds. Une bande considérable de Vautours cendrés, ou Arrians, a passé aux environs d'Angers en octobre 1859. On évalua à plus de cent le nombre d'individus qui la composaient, et l'on en tua trois. Une autre bande, plus considérable encore, assure-t-on, s'y était également fait voir en octobre 1857. Elles venaient l'une et l'autre du nord, et se dirigeaient vers les Pyrénées.

Le plus commun des Vautours est le Vautour fauve, ou Griffon (*Vultur fulvus*, Brisson), qui compte au nombre des espèces d'Europe; on le trouve dans les contrées méridionales et orientales, dans les Alpes et les Pyrénées, en Espagne, en Sardaigne, en Grèce, etc. Les caractères qui le distinguent sont : — Tête et cou garnis d'un duvet court et d'un blanc sale; — une collerette de plumes effilées d'un blanc roussâtre; — plumes des parties supérieures d'un gris isabelle plus ou moins foncé, celles des parties inférieures tirant sur le roux; — bec livide; cire couleur de chair; — iris noisette; — pieds gris; — les jeunes, tachetés de brun; — taille, $1^{m},10$ à $1^{m},20$.

Le Vautour cendré, plus connu sous le nom de Vautour Arrian (*Vultur monachus*, Linné), est aussi quelquefois désigné sous les noms de Vautour noir, de Vautour moine, de Vautour d'Arabie; c'est le grand Vautour de Buffon. Il a les caractères

Fig. 20. — Vautour Arrian, *Vultur monachus*, d'après Gould.

suivants : — Tête et cou couverts d'un duvet brun touffu et laineux; — nuque et devant du cou nus et d'une teinte livide bleuâtre; — une fraise de plumes effilées et contournées à la base du cou; — plumage entièrement brun, plus foncé chez les vieux; — pointe du bec et ongles noirs; base du bec et cire violacées; — iris brun; — pieds gris-livide, bleuâtres; — les jeunes, plus fauves; — taille, $1^{m},20$.

4e Genre. — GYPAÈTE, *GYPAETUS*, Storr.

L'esprit d'association diminue chez ceux des vulturidés qui, plus forts, mieux armés, attaquent quelquefois des proies vivantes. C'est une exception que va nous offrir l'étude des mœurs du Gypaëte.

Les caractères de ce genre sont : — Bec allongé, renflé vers la pointe, qui est courbée comme un crochet; — narines ovales, couvertes, ainsi que la cire, de soies rudes couchées sur la base du bec; — tête et cou vêtus de plumes; — joues, gorge et vertex couverts de duvet cotonneux et de quelques plumes petites et à barbes désunies; — tarses courts, emplumés dans toute leur étendue; — doigts antérieurs réunis à leur base par un repli membraneux; — ongles faibles et assez aigus; — ailes longues; — les quatre premières rémiges échancrées, la première plus courte que la deuxième, la troisième la plus grande; — queue allongée et composée de douze pennes étagées.

Ce bel oiseau, dont la taille dépasse celle des plus grands Aigles, habite toutes les chaînes de montagnes de l'ancien monde, mais il n'est pas aussi commun que les Vautours. On le rencontre, en Europe, dans les Pyrénées et dans les Alpes. Il est redouté des bergers, dont il trompe souvent la surveillance. Il est beaucoup plus commun en Afrique, où il se rapproche parfois des villes.

Le nom de cet oiseau exprime bien le rang intermédiaire qu'il occupe, par ses formes et ses habitudes, entre le Vautour et l'Aigle. Le nom de Gypaëte est composé de deux mots grecs qui signifient *Vautour-Aigle*. Ce rapace forme, en effet, le trait d'union entre les deux familles. Quoique bien armé, il n'a ni le bec ni la serre de l'Aigle. L'Aigle enlève toujours sa proie; le Gypaëte, plus robuste, l'élève bien aussi, mais seulement quand le danger ne lui permet pas de la dévorer sur place. Enfin, il a les yeux petits et à fleur de tête, les serres peu puissantes du Vautour, et les tarses emplumées de l'Aigle.

Fig. 21. — Gypaëte barbu, *Gypaetus barbatus*.

Si, comme les Vautours, les Gypaëtes se gorgent parfois de chairs en putréfaction, ils préfèrent cependant les proies vivantes. Dans les Alpes, cet oiseau est connu sous le nom de *Læmmergeier* (Vautour des Agneaux). Il attaque en effet les Agneaux, les Chèvres, les Moutons, les Chamois, et même, s'il faut en croire certains récits, les hommes endormis et les enfants. Le Gypaëte détruit aisément les petits animaux, car son bec, quoique allongé, est dur et fort; mais il n'en est plus de même quand la lutte s'engage avec des animaux d'une grande taille. Dans ce cas il a recours à la ruse. Fondant à l'improviste sur quelque Chamois qui paît ou se repose au bord d'un précipice, le Gypaëte l'attaque avec furie, le harcèle, bat l'air de ses grandes ailes, agite ses serres autour des cornes de l'animal effaré, éperdu, et le force à se précipiter dans l'abîme, où il s'élance à sa suite et le dévore.

Bruce raconte un trait qui prouve l'audace du *Læmmergeier*. Attiré par les préliminaires du dîner que préparaient les domestiques de sa caravane au sommet d'une haute montagne, un Gypaëte apparut et finit par s'abattre sans façon près du cercle que formaient les voyageurs. Les naturels, effrayés, coururent aux armes, c'est-à-dire à leurs lances et à leurs boucliers. Après une tentative inutile pour s'emparer de la viande qui cuisait, l'oiseau se contenta d'enlever dans ses serres un morceau de mouton accroché à peu de distance, et partit sans se presser. Encouragé sans doute par ce premier succès, il revint quelques minutes après; mais il fut victime de son audace et tué d'un coup de fusil.

Il n'y a pas longtemps que les naturalistes sont complétement renseignés sur cet oiseau de proie, le plus grand de ceux qui habitent l'Europe. Buffon lui-même l'a confondu avec le Condor. Un naturaliste suisse, Steinmüller, est le premier qui en ait donné une description satisfaisante, que d'autres complétèrent, et parmi lesquels nous citerons Temmink. Mais le dernier mot n'était pas dit; et c'est au docteur Tschudi que nous le devons, et il a ajouté à ses observations personnelles les renseignements certains qu'il a pu obtenir des chasseurs montagnards.

L'organisation de cet énorme oiseau est très-vigoureuse. Ses muscles pectoraux sont extraordinairement larges et forts; sa puissance digestive est remarquable; il digère facilement de gros os. On a trouvé dans l'estomac d'un de ces oiseaux, au moment où il venait d'être tué, une côte de Renard, la queue tout entière de cet animal, la cuisse d'un Lièvre, plusieurs omoplates et une grosse pelote de poils. L'estomac d'un autre Gypaëte, tué par le docteur Schinz, contenait un gros fragment de l'os du bassin d'une Vache, un Tibia entier et une côte de Chamois, un grand nombre d'os plus petits, des ergots de Coqs et une masse de poils. Les os sont digérés par couches, et le sabot d'un Cheval, les os du pied d'une vache, ne résistent pas à l'action de son suc gastrique, action qui se prolonge même quelque temps après la mort; car, dans un Gypaëte tué pendant qu'il mangeait un Renard et ouvert seulement trois jours après, on a trouvé la tête du Renard ayant subi l'effet d'une première digestion.

Il n'est pas facile de bien observer les habitudes du Gypaëte, connu aussi sous le nom de Vautour des Alpes, car ce n'est pas sans danger qu'on parvient à le suivre sur les rochers escarpés qu'il habite. Il prend son vol le matin pour explorer les lieux où, la veille, il a trouvé quelque bonne proie, et s'élève à une grande hauteur pour embrasser plus d'espace. Sa vue est excellente et son odorat plus fin que celui des autres vulturidés. Veut-il saisir une victime, il plie subitement les ailes et tombe sur elle de tout le poids de son corps. Si c'est un animal de taille moyenne, comme un Lièvre, un Agneau, un Chien, un Renard et même un Blaireau, il l'emporte sur les rochers, souvent à une grande distance; mais, s'il ne peut l'enlever, il en déchire vivement quelques lambeaux, dont il se gorge, et il reviendra plus tard et tant qu'il y aura quelque morceau à dépecer. S'il veut s'emparer d'une Chèvre ou d'un Chamois paissant dans le voisinage d'un précipice, il décrit au-dessus de la proie qu'il convoite des cercles de plus en plus resserrés, pour l'inquiéter, jusqu'à ce qu'elle arrive au bord du précipice. Alors il fond sur elle avec la rapidité d'une flèche et réussit souvent à la lancer dans l'espace. Des Gypaëtes ont essayé la même manœuvre avec des chasseurs de Chamois, et les gens qui ont échappé à ce péril déclarent qu'il est difficile, même à un homme, de résister au terrible élan de leur vol et à la puissance de leurs énormes ailes. On a vu un Gypaëte tenter de renverser un Bœuf égaré sur le bord d'un rocher à pic. L'oiseau persistait obstinément dans son audacieuse entreprise; mais il n'était pas facile de faire sortir le paisible ruminant de son calme habituel. Le front baissé et les cornes en avant, il se planta solidement sur ses jambes nerveuses et attendit patiemment que le Gypaëte eût reconnu l'inutilité de ses efforts.

Le Gypaëte se laisse difficilement approcher, et pour le tirer il faut le surprendre ou l'attendre à l'affût. On le prend assez facilement au piége amorcé. Les paysans piémontais l'attirent dans une fosse étroite au fond de laquelle ils placent un cheval mort; il se gorge alors tellement que la difficulté qu'il éprouve pour prendre son vol, ajoutée à la voracité qui lui fait oublier sa prudence habituelle, permet de le prendre ou de le tuer dans la fosse.

On accorde une prime à celui qui tue un de ces oiseaux, qui sont aujourd'hui beaucoup plus rares qu'autrefois. On sait, à n'en pas douter, qu'on tuait encore dans les Alpes, il y a soixante ou quatre-vingts ans, cent cinquante ou deux cents Gypaëtes par an. Dans le canton des Grisons, l'heureux chasseur porte sa capture de maison en maison, comme chez nous on porte un loup, pour se faire donner une récompense.

Le Gypaëte est parfois victime de sa témérité. Le docteur Tschudi, que nous citerons souvent, a été témoin du fait suivant. Auprès d'Alpnach, dans l'Unterwalden, tout à côté d'un endroit appelé le Trou-du-Dragon, un Gypaëte avait pris un Renard et l'emportait tout vivant. Mais maître Renard se débattit si bien qu'il finit par saisir son ravisseur au cou et le serra si fort qu'il le força à descendre à terre plus vite qu'il ne voulait. L'oiseau se tua en tombant, et le Renard, dégagé de son étreinte, s'enfuit à toutes jambes emportant de son excursion aérienne un souvenir qu'il ne dut pas oublier de sitôt. Le même observateur cite plusieurs exemples d'enfants enlevés par des Gypaëtes, entre autres la délivrance presque miraculeuse d'une petite fille ainsi enlevée et qui, depuis lors, reçut le nom de *Geïer*-Anne. L'événement fut consigné sur les registres d'une paroisse de l'Oberland bernois auprès de laquelle ce fait eut lieu, et l'héroïne vivait encore il y a une dizaine d'années.

Un fait plus récent et plus malheureux est rapporté par M. Moquin-Tandon. Il y a une vingtaine d'années, deux petites filles, dans le voisinage d'Alesse, canton de Vaud, l'une âgée de cinq ans, l'autre de trois, jouaient ensemble lorsqu'un de ces oiseaux se précipita sur la première, et, malgré les cris de sa compagne et l'arrivée de quelques paysans, elle fut emportée. D'actives recherches faites sur les rochers des environs n'eurent pour résultat que la découverte de l'aire qui contenait deux petits, et près de laquelle on trouva un soulier et un bas de l'enfant au milieu d'un tas d'ossements de chèvres et d'agneaux.

Si les Gypaëtes n'attaquent pas habituellement l'homme, ils ne craignent cependant pas de le faire pour défendre leurs petits. Un jour, dans le canton de Glaris, un ouvrier résinier, aperçut une aire au sommet d'un roc. Il y grimpa et trouva deux jeunes Gypaëtes. Notre homme s'en empara, leur lia les pattes, les jeta sur son épaule, et il opérait sa descente quand, aux cris des prisonniers, les parents mâle et femelle arrivèrent et l'attaquèrent avec fureur. Ce ne fut qu'en se servant habilement de sa hache qu'il les tint à distance, encore l'escortèrent-ils jusqu'au village de Schwanden, à quatre lieues de là.

Le fameux chasseur de chamois Joseph Scherrer, d'Aunnon, sur le Wallensie, grimpa une fois, pieds nus et son fusil sur l'épaule, jusqu'à une aire qu'il soupçonnait devoir contenir des petits. Avant qu'il eût atteint le but, le Gypaëte mâle se montra, et le chasseur, s'arrêtant sur un talus, le tua facilement. Scherrer rechargea son arme et continua son ascension; mais, au moment où il arrivait à l'aire, la femelle se précipita, furieuse, sur lui, le saisit à la hanche avec ses serres et chercha à le jeter en bas du rocher, tout en lui portant de terribles coups de bec. La position du chasseur était des plus périlleuses, obligé qu'il était de se cramponner d'une main au revers du précipice sans pouvoir faire usage de son arme; cependant il eut assez de présence d'esprit pour dégager son fusil et le diriger d'une main sur le corps de l'oiseau, qui ne lâchait pas prise. Le Gypaëte tomba mort au milieu des rochers. Scherrer, de retour avec ses prises, reçut une prime de cinq florins et demi, et il en fut quitte pour de profondes blessures au bras et à la hanche.

Comme la plupart des rapaces, le Gypaëte peut vivre longtemps en captivité. Le professeur suisse Scheitlin en garda un pendant plusieurs années; mais ce n'est pas sans danger, car ces animaux conservent toujours leurs instincts. Le fait suivant rapporté en 1840 par M. Crespon, dans son *Ornithologie du Gard*, en est la preuve. « Depuis plusieurs années, dit-il, je possède un Gypaëte vivant, qui n'est pas redoutable pour les autres oiseaux de proie qui se trouvent dans la même volière que lui. Mais il n'en est pas de même pour les enfants, sur lesquels il s'élance en étendant les ailes et en leur présentant la poitrine comme pour les en frapper. Dernièrement, j'avais lâché cet oiseau dans mon jardin. Épiant le moment où personne ne le voyait, il se précipita sur une de mes nièces, âgée de deux ans et demi. L'ayant saisie par le haut des épaules, il la renversa. Heureusement que ses cris nous avertirent du danger qu'elle courait; je me hâtai de lui porter secours. L'enfant n'eut que la peur et une déchirure à sa robe. »

Ceux des gros oiseaux de proie, tels que les Vulturidés, dont les serres ne sont ni assez recourbées ni assez aiguës pour leur permettre d'accrocher leur proie et de l'enlever à la manière des Aigles, atteignent le même but d'une autre façon. Ils se servent de leur bec fort et crochu pour saisir une proie un peu lourde, et d'un coup de tête en arrière ils la jettent entre les épaules, où elle se place dans le creux formé par les ailes.

Fig. 22. — Gypaëte de Barbarie, *Gypaetus meridionalis*.

Quelques naturalistes croient à l'existence de deux espèces de Gypaëtes, l'une d'Europe, à plumage blanc en dessous, tandis que chez celle d'Afrique les mêmes parties sont couleur de rouille. Sauf cette différence de couleur de la gorge, du cou et des parties inférieures, ces oiseaux sont identiquement les mêmes. Ceux qui ne reconnaissent qu'une seule espèce disent avec raison que la couleur ocracée des individus d'Afrique n'est pas fixe, qu'elle disparaît en mouillant les plumes et en les frottant avec un linge, ce qui est prouvé par les expériences qui ont été faites. Cette coloration d'emprunt serait due à la nature des terrains et à la couleur des rochers sur lesquels ces oiseaux fixent leur résidence. Ceux, au contraire, qui croient à l'existence de deux espèces trouvent que celle d'Afrique diffère encore par un autre caractère. Les plumes de la partie postérieure du cou sont épineuses et semblent formées d'une tige sans barbe. Serait-ce bien là un caractère suffisant et le frottement fréquent du cou contre les rochers ne peut-il le produire? cette question est encore pendante. Enfin, on a remarqué que les individus des Alpes comparés à ceux des Pyrénées et de la Sardaigne sont d'une plus forte taille, ce qui, suivant quelques auteurs, parmi lesquels nous citerons le prince Ch. Bonaparte, constituerait une troisième espèce. Quoi qu'il en soit, la femelle se distingue du mâle par une taille plus forte, les soies de la base du bec et les plumes tibiales moins longues. Les jeunes ont un plumage plus foncé dans toutes ses parties et qui s'éclaircit graduellement chaque année.

La ponte du Gypaëte est généralement de deux œufs, de même forme que ceux des Vautours. Ils sont d'un brun uniforme pâle, avec quelques raies ou taches d'un brun beaucoup plus foncé et presque rouge, tels sont généralement ceux de l'Algérie, ou d'un brun-violet pâle uniforme, tels sont ceux d'Europe. Il est à remarquer que ceux de l'Algérie sont généralement plus petits que ceux d'Europe; ils ont huit centimètres de grand diamètre et six centimètres et demi de petit. C'est d'après une fausse indication que, dans l'*Encyclopédie*, nous avons attribué au Gypaëte un œuf blanc; nous nous empressons de rectifier cette erreur.

5e Genre. — SERPENTAIRE, *GYPOGERANUS*, Illiger.

Ce genre est représenté par une seule espèce connue sous plusieurs noms : *Messager*, à cause de la rapidité de sa marche;

Fig. 25. — Serpentaire oriental, *Gypogeranus orientalis*.

Serpentaire, parce qu'elle ne mange que des reptiles et principalement des Serpents; et enfin, *Secrétaire*, à cause des plumes qu'elle porte derrière le cou, et qui rappellent assez bien la plume que les commis aux écritures mettent derrière l'oreille.

Jusqu'à l'époque du voyage de Levaillant en Afrique, l'absence d'observations exactes et les rapports incertains des voyageurs avaient empêché les naturalistes de voir dans cette espèce un oiseau de proie armé d'un bec épais, crochu et d'ailes robustes, qui lui servent à assommer les reptiles comme avec une massue. Cet oiseau est cependant bien un rapace diurne par la forme de son bec, par celle de son corps et par ses instincts; mais il est modifié comme devait l'être un oiseau de rapine fait pour se nourrir de reptiles; ses ongles sont émoussés par suite de ses habitudes plutôt terrestres qu'aériennes, car il vole très-rarement. Il est, en un mot, dans tout son ensemble, ce que devait être un oiseau de proie terrestre, destiné à modérer la multiplication des reptiles qui abondent dans les diverses régions de l'Afrique. Par la longueur de ses tarses et par d'autres détails d'organisation, il a aussi des rapports avec certains échassiers, tels que les Grues et les Cigognes; et c'est dans cet ordre que quelques auteurs ont voulu le placer. Illiger a bien compris cette double affinité, en créant pour cet oiseau le nom générique *Gypogeranus*, qui signifie Vautour-Grue.

Le Serpentaire a en effet la jambe et surtout le tarse très-longs, pour élever son corps et le garantir de la morsure venimeuse des Serpents, qui sont sa principale nourriture. Privé en quelque sorte de serres, si utiles aux autres rapaces, il a en compensation des ailes munies de proéminences osseuses arrondies, qui constituent, avec son bec vigoureux, de puissants moyens d'attaque et de défense. Sa course est rapide; pour l'accélérer, il ne se sert point de ses ailes, qu'il réserve pour le combat. Surprend-il un Serpent loin de son gîte, le reptile s'arrête, se redresse et cherche à intimider l'oiseau par le gonflement extraordinaire de sa tête et par un sifflement aigu. C'est dans ce moment que le Serpentaire emploie tous ses moyens; il développe une de ses ailes, la ramène devant lui, et la transforme en bouclier qui couvre ses jambes et la partie inférieure de son corps. Le Serpent s'élance; l'oiseau bondit, frappe, se jette en arrière, saute en tous sens, et revient au combat en présentant toujours à la dent venimeuse de son adversaire les plumes solides de son aile; et pendant que celui-ci épuise sans succès son venin sur des pennes insensibles, il lui détache avec l'autre aile de vigoureux coups, dont l'action est puissamment augmentée par les proéminences osseuses dont nous venons de parler. Enfin le reptile, étourdi d'un coup d'aile, chancelle et cherche à fuir; mais il est vivement saisi et lancé en l'air à plusieurs reprises, jusqu'au moment où il n'est plus à redouter. Le vainqueur lui brise le crâne à coups de bec, et l'avale le plus souvent tout entier. S'il est trop gros, il le dépèce en l'assujettissant sous ses doigts. Des piquants aigus, comme ceux du Jacana et du Kamichi, seraient sans effet sur la peau lisse et le corps arrondi des Serpents; des nœuds osseux et durs remplacent avantageusement ces piquants chez le Serpentaire; des coups réitérés et donnés avec force étourdissent le reptile et lui brisent souvent la colonne vertébrale du premier qu'il reçoit. C'est ainsi que procède le Serpentaire en liberté; et c'est à peu près de la même manière qu'il se conduit en domesticité. On peut en voir un à la ménagerie du Muséum, malheureusement il a perdu une patte. Un autre de ces oiseaux, vivant aussi dans le Jardin zoologique de Londres, il y a déjà près de trente ans, a donné lieu à la description suivante, qui ne manque pas d'intérêt.

Le Serpentaire, avec ses jambes grêles, sa culotte de velours, sa physionomie circonspecte, sa démarche insinuante, son air de dignité mêlée de réserve et de finesse, a quelque chose de merveilleusement aristocratique. S'il y a dans sa conduite un huitième de courage, il y met sept huitièmes de finesse. Faites pénétrer un reptile d'espèce ordinaire dans le parquet qu'il habite : d'abord le Serpentaire observe patiemment son ennemi, rien ne révèle la violence de l'émotion qui le domine. L'œil étincelant et fixe, il demeure immobile jusqu'au moment favorable; alors il tombe sur sa proie, l'écrase sans pitié, la serre vigoureusement, et la frappe de l'aile et du pied. Aussitôt il se redresse en vainqueur, sans quitter prise et toujours en garde. Bientôt, avec son bec, il porte sur la tête du reptile agonisant un coup terrible, qui est souvent le coup de grâce. Mais sa prudence ne l'abandonnera pas; son œil vigilant ne se détachera point de l'ennemi. A chaque nouvelle blessure qu'il fait, le Serpentaire a soin de se détourner et de se mettre à l'abri des retours de celui qu'il terrasse, jusqu'au moment où il est rassuré par l'immobilité complète de sa victime. Seulement alors il commence paisiblement son repas, et dévore son ennemi avec une grâce remarquable.

C'est avec cet instinct mêlé de courage et de prudence qu'il pourvoit à sa subsistance au milieu des sables de l'Afrique. Sa taille svelte, ses longues jambes défendues par des écailles impénétrables, la vigoureuse défense qu'il peut faire avec ses ailes, le mettent à même de vaincre les plus redoutables reptiles du continent africain. On le voit souvent, tenant un Serpent dans son bec, s'enlever avec lui, le laisser retomber, le reprendre encore pour l'étourdir par une nouvelle chute, et l'achever sans craindre la moindre résistance. En captivité, ses instincts s'émoussent, deviennent plus vulgaires; son histoire alors ne dit plus les exploits du désert, et constate seulement la guerre que l'esclave fait aux parasites de toutes sortes qui s'introduisent dans les jardins et les cours des habitations.

Le Serpentaire en liberté se nourrit aussi de Lézards, moins dangereux à combattre, de petites Tortues, qu'il avale tout entières après leur avoir brisé le crâne. Il ne dédaigne même pas les insectes et les Sauterelles. A l'état de domesticité, il se nourrit de toute espèce de viandes crues ou cuites, et mange même des poissons. Levaillant l'a vu mainte fois avaler de jeunes Poulets et de petits oiseaux avec toutes leurs plumes; et il a remarqué que toujours il avait soin de les faire entrer dans son bec la tête la première. Cependant il ne pense pas que, libre, il attaque les oiseaux; du moins on n'en cite pas d'exemple.

L'un des Serpentaires qu'avait tués ce voyageur avait dans son jabot vingt et une petites Tortues entières, dont plusieurs avaient près de cinq centimètres de diamètre, onze Lézards de seize à vingt centimètres de longueur, trois serpents longs de cinquante centimètres, un grand nombre de Sauterelles et d'autres insectes, dont plusieurs étaient même si intacts qu'il put les conserver dans ses collections. Les Serpents, les Lézards et les Tortues avaient tous un trou dans la tête. Il trouva aussi dans l'estomac du même oiseau une pelote grosse comme un œuf d'Oie; elle n'était composée que de vertèbres de Serpents et de Lézards, d'écailles de Tortues, d'ailes et de pattes de Sauterelles, et enfin d'élytres de plusieurs Scarabées. Cet oiseau, comme le font presque tous les rapaces diurnes et nocturnes, rejette par le bec toutes ces dépouilles qu'il ne digère pas.

On a remarqué que c'est dans le courant de juillet que les Serpentaires s'apparient. La jalousie devient alors entre les mâles une cause de combats opiniâtres; ils se frappent du bec et des ailes pour se disputer une femelle, qui se rend toujours au vainqueur. Ils construisent un nid plat, en forme d'aire, comme celui de l'Aigle, et le placent, à hauteur d'un mètre, au centre du buisson le plus touffu du canton qu'ils ont choisi pour domaine. Ce nid est garni intérieurement de laine et de plumes; sa dimension est au moins d'un mètre de diamètre; il est arrangé fort habilement. Les branches sont disposées de manière à servir de base à l'édifice; elles poussent de tous les côtés des jets qui montent bientôt plus haut que le nid et forment une espèce de rempart circulaire qui le dérobe à la vue. Le mode de nidification varie suivant les localités; celui que nous venons d'indiquer se remarque aux environs du Cap et dans les plaines où la végétation a peu de vigueur; mais, vers la côte de Natal, Levaillant a vu leur aire placée sur les arbres les plus élevés, et il fait remarquer que là aussi ces oiseaux se retirent tous les soirs sur les arbres pour y passer la nuit. Le même nid sert longtemps au même couple, qui, comme les Aigles, habite seul un domaine fort étendu. La ponte est de deux et souvent de trois œufs, d'un blanc laiteux, avec de fines grivelures brunes à peine apparentes et entremêlées seulement au gros bout de quelques taches rares, irrégulières, d'un brun plus foncé. La forme de ces œufs est en rapport avec celle du corps du Serpentaire; elle tient le milieu entre celle des œufs de Vautour et celle des œufs d'Échassier. C'est une confirmation nouvelle de ce que nous avons dit de la forme des œufs d'oiseaux de tous les ordres. Ainsi cette forme est ovée et se rapproche beaucoup de l'ovoïconique, caractère distinctif de l'œuf des Échassiers. Leurs dimensions sont de sept à huit centimètres comme longueur, sur cinq centimètres et demi de largeur à la partie la plus renflée.

Les petits sont longtemps hors d'état de prendre leur essor; leurs tarses longs et grêles, sur lesquels ils ont d'abord beaucoup de peine à se soutenir, sont la cause de ce retard; et on les trouve encore dans le nid, quoiqu'ils aient tout leur développement. Ils ne peuvent bien courir qu'à l'âge de quatre à cinq mois, et, jusqu'à ce moment, ils marchent en s'appuyant sur le talon du tarse, ce qui leur donne fort mauvaise grâce, tandis qu'à l'état parfait ces oiseaux ont la démarche aisée, le port noble et les mouvements pleins de dignité. En temps ordinaire, le Serpentaire marche avec calme et assurance; mais, au besoin, sa course est d'une vitesse extrême. Se voit-il poursuivi, il a plus de confiance dans ses jambes que dans ses ailes. Il faut, pour l'obliger à prendre son vol, le surprendre à courte distance en le poursuivre à Cheval au grand galop ; mais alors il s'élève peu et redescend aussitôt qu'il se voit hors de danger, pour recourir à ses jambes.

Le Serpentaire est très-méfiant et singulièrement rusé : on ne l'approche que difficilement à portée de fusil ; et, comme on ne le rencontre guère que dans les plaines les plus arides et les plus découvertes, lieux que fréquentent de préférence les animaux dont il fait sa proie, il s'y trouve en sécurité ; aussi le chasseur remarqué par lui doit-il renoncer au projet de le joindre. Il faut employer la ruse : cet oiseau revient toujours dans les mêmes cantons, et, lorsqu'on en a reconnu un qu'il fréquente d'ordinaire, il faut s'y rendre avant le jour, se cacher dans un buisson bien touffu et y rester jusqu'à ce qu'il se présente à bonne distance. Il faut, pour cette chasse, s'armer de beaucoup de patience, ne pas faire le moindre mouvement, et le buisson dans lequel on se cache doit être même bien fourré ; sans ces précautions, l'oiseau, très-clairvoyant, a bientôt découvert le chasseur. Levaillant dit même qu'il n'a réussi à tirer de Serpentaires, encore n'en a-t-il tué que cinq pendant tout son séjour en Afrique, qu'en prenant le soin de ternir le brillant du fusil et de ses batteries avec du sang d'un animal fraîchement tué. C'est la méthode qu'emploient généralement les colons du Cap ; le terne du bronze ordinaire est insuffisant lorsqu'ils veulent approcher même des Gazelles.

Appariés, le mâle et la femelle se séparent rarement, et on les trouve presque toujours ensemble. Pris jeune, cet oiseau s'apprivoise facilement et devient même familier. Si on a soin de le bien nourrir, il ne fait aucun mal aux oiseaux de basse-cour ; dans le cas contraire, son appétit n'a aucune considération. Il n'est pas méchant et semble aimer la paix pour lui comme pour les autres ; car, s'il y a quelque bataille dans la basse-cour qu'il habite, on le voit aussitôt accourir pour séparer les combattants. Beaucoup de colons, du Cap de Bonne-Espérance, élèvent de ces oiseaux, autant pour maintenir la paix parmi les volailles de diverses espèces que pour détruire les reptiles et la vermine.

Nous avons dit que, comme presque tous les oiseaux de proie, un couple de Serpentaires ne souffre jamais aucun autre individu de la même espèce dans le canton qu'il a choisi. Mais, en revanche, les petits oiseaux, et principalement les diverses espèces de Tisserins, choisissent le voisinage de leur domicile pour y établir leurs nids, qu'ils suspendent même quelquefois autour de l'aire; il semblerait que ces petits oiseaux cherchent, en agissant ainsi, à se mettre sous la protection des maîtres du canton. Ils sont en effet bien inspirés, car les Serpents, qu'ils redoutent et dont ils seraient victimes partout ailleurs, ne peuvent les attaquer impunément autour du nid de leurs protecteurs. C'est à Jules Verreau, l'un de nos collaborateurs, que nous devons cette communication intéressante sur les habitudes des Tisserins et la bienveillance des Serpentaires à leur égard.

Ce doyen de nos voyageurs et ses frères ont possédé, pendant leur séjour au cap de Bonne-Espérance, un grand nombre de Serpentaires, et depuis bien des années ils ont proposé d'introduire cet oiseau dans nos colonies françaises. En 1826, ils décidèrent M. Freycinet à prendre plusieurs couples de Serpentaires pour les transporter à Cayenne, où il se rendait comme gouverneur. Pendant quelques années ils ont pu croire au succès de leur idée, mais bientôt ils ont appris que des colons peu intelligents avaient tué ces utiles oiseaux. Le docteur Lherminier, en 1832, avait aussi introduit le Serpentaire aux Antilles, notamment à la Guadeloupe, où le serpent trigonocéphale, si redoutable, est très-commun; mais cette importation n'a pas eu plus de succès, sans doute à cause de la même ignorance des services que peut rendre cet oiseau, si bien apprécié au Cap que chaque maison a, faut-il dire, le sien.

Nous résumerons l'histoire du Serpentaire en disant qu'il est caractérisé par un bec crochu et fort comme celui des Aigles, par un long tarse, par des plumes inégales qui forment, sur le derrière du cou, une sorte de huppe pendante qu'il peut hérisser

Fig. 24. — Serpentaire commun, *Gypogeranus serpentarius*.

à volonté, et enfin par une queue très-étagée dont les deux plumes centrales sont très-longues et traînent à terre pour peu que l'oiseau les tienne obliquement. L'œil est grisâtre; il est très-ouvert et garni d'un sourcil noir; l'arcade sourcilière elle-même est très-prononcée. Le bec est fendu jusque sous les yeux; la gorge est large et extensible, ainsi que la peau du cou. Le jabot est d'une ampleur considérable et peut contenir une quantité prodigieuse de nourriture. Le plumage du Serpentaire mâle adulte est gris bleuâtre sur la tête, le cou, la poitrine et généralement tout le manteau; cette teinte est nuancée de brun roux sur les couvertures des ailes; les grandes pennes sont noires. La gorge et la poitrine sont blanchâtres; le dessous de la queue est d'un blanc teinté de roussâtre; le bas-ventre est noir, mêlé de roux ou de blanc; enfin, les plumes des jambes sont d'un beau noir rayé imperceptiblement de brun. La base du bec et la peau nue des yeux sont d'un jaune plus orangé au-dessus de l'œil. Le bec est couleur de corne noirâtre, ainsi que les ongles, qui sont courts et émoussés. Les doigts, très-épais, sont, ainsi que le tarse, couverts de larges écailles d'un brun jaunâtre; les pennes de la queue sont, en partie, noires, et prennent toujours plus de gris à mesure qu'elles s'allongent; elles sont toutes terminées par une partie blanche; les deux médianes sont nuancées de brun vers l'extrémité, où elles portent une tache noire. Les taches terminales blanches disparaissent quelquefois par suite de frottement. La huppe, qui se relève à volonté, est généralement composée de dix plumes très-apparentes, implantées deux à deux, les plus courtes sur le haut du cou et les longues à sa partie moyenne. Ces dernières sont noires, surtout à leur bord externe; d'autres sont mélangées de gris et de noir; toutes ont des barbes étroites qui s'allongent un peu vers l'extrémité. La taille du Serpentaire varie entre un mètre et un mètre quinze ou vingt centimètres.

Nous ne sommes entrés dans ces détails de description que pour constater l'uniformité de la livrée, sauf l'intensité des couleurs, sur les individus du Sud et des régions orientales de l'Afrique. On propose, en effet, l'établissement de deux espèces, l'une que nous venons de décrire et qui est du sud de l'Afrique, tandis que l'autre est de l'orient du même continent. Cette dernière, nommée par Jules Verreaux Serpentaire oriental, présenterait des différences dans la disposition des plumes occipitales et dans la nuance plus claire du plumage.

Déjà M. Ogilby a distingué le Serpentaire de la Gambie de celui du Cap, d'après des caractères différentiels qu'on retrouve aussi chez les individus du Nil blanc et du Kordofan. En effet, chez ces derniers, les plumes de la huppe sont implantées de chaque côté de la tête et de la partie postérieure du cou, de manière que, s'écartant à droite et à gauche à la volonté de l'animal, elles forment une sorte d'éventail renversé, encadrant le cou jusqu'à plus de moitié de sa longueur; tandis que la plupart des individus du cap de Bonne-Espérance ou du sud de l'Afrique ont ces mêmes plumes placées tout autrement. Ce n'est plus une huppe dans le sens rigoureux du mot, mais une espèce de crinière simple, sur le prolongement de la nuque, et dont chaque plume se trouve régulièrement superposée à la partie médiane et postérieure du cou. Cette sorte de huppe cervicale est simple chez les individus du Sud et double chez ceux des régions orientales.

Si nous classons cet oiseau parmi les vulturidés et à leur suite, c'est que, partageant l'opinion de d'Orbigny, nous considérons le Serpentaire comme formant la transition la plus naturelle des Vulturidés aux Falconidés, qui vont suivre. Les Caracaras, qui dans la classification se trouvent en tête des Falconidés, ont de nombreux rapports d'organisation et de mœurs avec le Serpentaire; ils forment évidemment un genre voisin, caractérisé également par la forme du bec sans dentelure, par la nudité du tour des yeux, et même par la huppe, remplacée, chez certains Caracaras, par des plumes frisées, tandis que certains autres ont la faculté de relever à volonté les plumes de la partie postérieure de la tête. Un autre rapport se trouve encore dans la nudité du tarse; enfin le Serpentaire est plutôt omnivore que carnassier, et il est surtout marcheur. Il est, en un mot, l'analogue, en Afrique, des Caracaras américains, qui habitent également les terrains secs et arides, et la longueur proportionnelle du tarse ne peut être invoquée comme une objection sérieuse à ce rapprochement.

Fig. 25. — Faucon sacre *Falco sacer*, d'après Schlegel.

QUINZIÈME LEÇON

Falconidés.

2e Famille. — FALCONIDÉS.

Les falconidés se distinguent facilement des vulturidés par leurs formes moins lourdes. Leur tête et leur cou couverts de plumes, leur bec à bords festonnés ou dentelés, leurs serres nerveuses, développées et à ongles rétractiles, sont les caractères les plus saillants. Quelques-uns cependant ont encore la face et une partie de la gorge plus ou moins nues, et établissent le trait d'union qui relie la seconde famille à la première. Nous aurons souvent l'occasion de remarquer qu'en passant d'un type à un autre, c'est-à-dire d'un ordre ou d'une famille à une autre, la puissance créatrice rappelle dans la série nouvelle qu'elle commence quelques-uns des caractères de celle qu'elle vient de terminer.

Ainsi les Caracaras, conservant quelques-uns des caractères des Vautours, mangent des animaux déjà en putréfaction; les Aigles,

les Buses et tous les oiseaux de proie *ignobles* de G. Cuvier vivent un peu de tout. Ils mangent des animaux de toutes les classes et de tous les ordres, et, dans la détresse, ils ne dédaignent même pas les chairs corrompues; il n'en est plus de même des Faucons et de tous les oiseaux de proie *nobles*, qui, en liberté, ne s'arrêtent pas devant une proie morte.

Cette famille est très-nombreuse et comprend les grands genres suivants :

1° Caracara, *Polyborus*, πολυβόρος, polyphage.
2° Aigle, *Aquila*.
3° Pygargue, *Pontoaëtus*, πόντος, mer; ἀετός, aigle.
4° Spizaète, *Spizaetus*, σπίζα, épervier; ἀετός, aigle.
5° Buse, *Buteo*.
6° Milan, *Milvus*.
7° Faucon, *Falco*.
8° Épervier, *Accipiter*.
9° Busard, *Circus*.

Les noms latins sans étymologie sont les anciens noms de ces oiseaux.

L'indication de ces neuf genres, comprenant chacun des espèces plus ou moins nombreuses, permet de reconnaître qu'il serait difficile d'exposer d'une manière générale les mœurs et les habitudes d'oiseaux groupés dans une famille pour se conformer à la méthode, mais présentant, dans chaque genre, des instincts différents et en rapport avec les détails de leur organisation. C'est donc seulement en faisant l'histoire de chacun de ces genres que nous parlerons des instincts des espèces qu'ils comprennent. Cependant on peut dire que tous ces oiseaux sont chasseurs, carnassiers, et que, sauf de rares exceptions, ils préfèrent les proies vivantes aux proies mortes.

Le vol des falconidés, plus rapide que celui des vulturidés, est tantôt très-élevé, comme chez les Aigles, tantôt bas, comme chez les Busards, accéléré chez les Faucons, lent et majestueux chez les Buses. A l'exception des Caracaras, que leur genre de vie attache à la terre, les falconidés ne sont pas marcheurs. Ils s'avancent en sautant, sans développer complétement leurs doigts, sans doute pour ne pas émousser la pointe de leurs ongles crochus et rétractiles. La vue de ces oiseaux a une portée extraordinaire; pendant le vol le plus rapide on les voit souvent s'arrêter tout à coup pour fixer une proie très-éloignée d'eux, et fondre sur elle du haut des airs. Ce sont aussi les plus criards de tous les rapaces, les Caracaras surtout, et certaines espèces d'Aigles qui épouvantent tous les autres animaux; mais quelquefois ces bruyantes clameurs attirent de petits oiseaux qui se liguent contre eux, les poursuivent à coups de bec et les contraignent à fuir, compensant par leur nombre l'infériorité de leur force.

La ponte des falconidés est, en moyenne, de trois à quatre œufs, rarement de six. Leur plumage est un peu plus variable que celui des autres rapaces et présente des différences très-remarquables d'âge et de sexe. Souvent le jeune ne ressemble en aucune façon à l'adulte. Aussi ces différences extraordinaires de plumage et le temps que ces oiseaux mettent à prendre leur livrée d'adulte, les Aigles surtout, expliquent les erreurs ou les incertitudes des naturalistes. Pendant longtemps les divers âges de la même espèce ont été considérés comme des types spécifiques auxquels on a donné différents noms.

1er Genre. — CARACARA, *POLYBORUS*, Vieillot.

Noms tirés du cri de l'oiseau et de ses habitudes polyphages.

Nous croyons, avec d'Orbigny, qu'on peut distinguer du reste des falconidés des oiseaux que leurs mœurs analogues à celles des vulturidés et leurs principaux caractères doivent nécessairement réunir dans un même groupe, tels sont les Caracaras, que les auteurs ont pendant longtemps dispersés dans des genres tout à fait distincts.

Fig. 23. — Caracara ordinaire, *Polyborus brasiliensis*.

Nous caractériserons donc les Caracaras exclusivement propres à l'Amérique méridionale, ainsi qu'il suit : bec fortement comprimé, non courbé dès sa base, sans dentelure, mais présentant quelquefois un simple sinus ou feston; cire poilue, prolongée, communiquant avec une partie nue, plus ou moins large, qui entoure les yeux; dessus des orbites non saillant, comme chez les Aigles; tarses longs et nus, souvent entièrement, et plus ou moins régulièrement, écussonnés; doigts en général plus longs que chez les autres falconidés, le médian très-long comparativement aux latéraux, tous terminés par des ongles peu arqués, permettant une marche facile, et, le plus souvent, usés ou émoussés à leur extrémité; la troisième rémige la plus longue de toutes; les deuxième, quatrième et cinquième presque égales, et donnant à l'aile ouverte une forme tronquée et oblongue. Quelques espèces ont les plumes occipitales frisées; d'autres ont la faculté de les relever; enfin une dernière a deux caroncules ou barbillons sous la mandibule inférieure.

Moins sauvages que les autres falconidés, les Caracaras ont dû suivre l'espèce humaine dans ses migrations lointaines, aussi les trouve-t-on depuis les terres les plus australes jusqu'à la ligne, et depuis le niveau de la mer jusqu'aux sommets les plus élevés des Andes; mais tous ne sont pas de la même espèce, et chacune de ces espèces, bien qu'ayant de larges limites géographiques, n'en a pas moins sa zone spéciale. Le Caracara vit partout, depuis la zone glaciale, en passant par la zone tempérée, jusqu'à la zone brûlante des tropiques. C'est un oiseau commun surtout dans les savanes de la Plata, où il est connu sous le nom de *Carrancha*. On le rencontre fréquemment aussi dans les plaines de la Patagonie, et il se trouve en grand nombre dans le désert, entre les rivières Negro et Colorado, sur les points fréquentés par les voyageurs; il attend là les cadavres des animaux qui meurent de fatigue ou de soif. Enfin il habite aussi les forêts humides et impénétrables de la Patagonie occidentale et de la Terre-de-Feu. On ne le voit jamais s'élever sur les hautes sommités, où il est remplacé par le Caracara montagnard, qui, bien différent du premier, vit exclusivement dans les régions élevées, sèches et arides. Une autre espèce, le Caracara Chimango, vit souvent en compagnie du Caracara ordinaire, dont il a les habitudes et les instincts. Le Caracara Chimachima, au contraire, vit isolé, près des habitations voisines des forêts, ou dans les plaines chaudes intertropicales.

Fig. 27. — Caracara montagnard, *Polyborus montanus*.

Tous ces oiseaux semblent rechercher la présence de l'homme. Par leurs habitudes ils remplacent parfaitement nos Corneilles, nos Pies et nos Corbeaux, dont la nature a été prodigue pour tous les pays du monde, mais qu'elle a refusés à l'Amérique du Sud. Compagnon fidèle de l'Indien voyageur, le Caracara l'accompagne de la lisière d'un bois à celle d'un autre, sur le bord

Fig. 28. — Caracara Chimango, *Polyborus Chimango.*

des rivières ou dans les plaines, transportant son domicile accidentel partout où l'homme vient s'établir. Que le sauvage se fixe quelque part et se construise une cabane, le Caracara vient s'y percher, comme pour en prendre possession le premier; il s'en éloigne peu, prêt à profiter de débris de toutes sortes, et il campe dans le voisinage. Que l'homme vienne à former de vastes établissements agricoles et s'entoure d'un grand nombre d'animaux domestiques, l'avide assiduité du Caracara devient plus active, en raison de l'espoir mieux fondé qu'il conçoit de trouver dans une riche ferme une pâture encore mieux assurée. Stimulé par cet appât, l'intrépide oiseau ne craindra pas même de s'abattre au milieu des basses-cours, enlevant de jeunes Poulets et profitant de la négligence des habitants pour leur ravir le morceau de viande que, suivant l'usage du pays, ils font sécher au soleil ou toute autre partie de leur approvisionnement animal. Comme les Cathartes, les Caracaras pourvoient à l'incurie des villageois et des citadins, en dévorant les animaux morts et les immondices. Alors véritables Cathartes à serres prenantes ou modifiés en Vautours à forme d'Aigle, on les voit disputer avec acharnement la possession d'un lambeau de chair à leurs dégoûtants rivaux.

Les Caracaras sont plus ou moins familiers, selon les espèces; ainsi que les Chimangos, ils fréquentent constamment en nombre les *estamias* et les maisons qui servent de tueries. Si un animal meurt dans la plaine, le Catharte ouvre le banquet, et le Caracara ordinaire et le Chimango mangent les derniers débris de chair et nettoient très-proprement les os. Quoique ces oiseaux mangent souvent ainsi ensemble, ils sont loin de vivre en bonne intelligence : quand le Caracara est tranquillement perché sur une branche d'arbre ou qu'il pose par terre, le Chimango vient fréquemment voler autour de lui, et, dans ses évolutions, il cherche à le frapper de ses ailes; mais le Caracara reste indifférent à ces hostilités, et s'il paraît y faire attention, c'est seulement par un dérangement ou un balancement de la tête. Bien que les Caracaras s'assemblent fréquemment en grand nombre, ils ne forment pas de bandes; car, dans les lieux déserts, on les voit le plus souvent isolés ou par paires.

Le Caracara montagnard a le même genre de vie que les précédents, mais il n'habite que les montagnes cultivées et couche sur les rochers; tandis que le Caracara Chimachima, plus sauvage, se montre seulement par intervalle, pour dévorer des restes d'animaux ou pour attaquer de pauvres bêtes de somme blessées par leur bât, et qui ne peuvent se défendre qu'en se

Fig. 29. — Caracara Chimachima, *Polyborus Chimachima*.

roulant par terre. Tous ces oiseaux suivent et harcèlent les Chevaux et les Mulets blessés au garot ou à la croupe et abandonnés momentanément dans la campagne. Qu'on se figure un pauvre Cheval épuisé par la suppuration, les oreilles basses et le dos courbé, et l'oiseau planant au-dessus de la plaie, qu'il fixe d'un œil avide, et l'on aura une représentation fidèle de ce tableau qu'a si bien décrit le capitaine Head avec son esprit original et son exactitude. Cependant, malgré leur voracité, les Caracaras attaquent rarement un animal bien portant, et leurs habitudes nécrophages ont été constatées, non sans émotion, par les voyageurs qui, obligés de s'arrêter pour prendre du repos dans les plaines désolées de la Patagonie, ont pu voir, à leur réveil, sur chaque tertre environnant, un de ces croque-morts, les guettant d'un œil sinistre. Que des chasseurs se mettent en campagne avec leurs Chevaux et leurs Chiens, et bientôt une troupe de ces oiseaux affamés formera leur escorte.

Le jabot découvert du Caracara fait saillie sur sa gorge dès qu'il a mangé; c'est un oiseau indolent, familier, mais poltron. Son vol est lent et lourd : il prend rarement son essor. Deux fois cependant, M. Darwin en a vu un qui glissait à une grande hauteur dans le ciel avec beaucoup d'aisance; il court ou plutôt il sautille, mais avec moins de vitesse que quelques-uns de ses congénères. Sans être généralement bruyant, le Caracara l'est pourtant parfois; il a un cri rauque et particulier qu'on peut comparer au son guttural *g* espagnol suivi d'un double *rr;* quand il pousse ce cri, il élève la tête et la renverse sur le dos.

A ces observations nous pouvons ajouter, d'après d'Azara, que le Caracara mange les Vers, les Sauterelles, les Mollusques et les Grenouilles; qu'il détruit de jeunes Agneaux, comme les Cathartes, au moment où les Brebis viennent de mettre bas, et qu'il poursuit l'Urubu gorgé pour le forcer à vomir la charogne, dont il s'empare aussitôt. Enfin, quelquefois, cinq ou six de ces sales oiseaux se réunissent pour donner la chasse à des Hérons qui viennent de faire leur repas à la rivière, sans doute pour leur faire rendre la nourriture qu'ils ont prise.

Le Chimango est beaucoup plus petit que le Caracara ordinaire. C'est un véritable omnivore; et l'on assure qu'à Chiloë il fait beaucoup de tort aux plantations de pommes de terre, qu'il sait parfaitement trouver quand elles viennent d'être plantées; mais il préfère la chair, et il a généralement le dernier morceau d'un cadavre. On le voit souvent, dans la carcasse d'une Vache ou d'un Cheval, occupé, comme dans une cage, à déchirer les cartilages intercostaux.

Fig. 30. — Caracara funèbre, *Polyborus funebris*.

Une autre espèce, le Caracara de la Nouvelle-Zélande, est extrêmement commune aux îles Falkland, et ses habitudes sont à peu près les mêmes; cependant elles sont un peu modifiées par le séjour de cet oiseau sur les rochers du bord de la mer, où ils ont plus souvent l'occasion d'attaquer les animaux vivants et ceux qui sont blessés par les chasseurs. Les officiers du navire l'*Aventure*, qui ont passé un hiver aux îles Falkland, rapportent des exemples extraordinaires de la hardiesse et de la voracité de ces oiseaux. Ils saisirent un jour dans leurs serres un Chien qui était endormi près de son maître; et il n'était pas toujours facile aux chasseurs de les empêcher d'enlever sous leurs yeux les Oies et autres pièces de gibier qui tombaient à quelque distance. Ils attendent et enlèvent les Lapins à leur sortie du terrier. A bord même du navire, rapporte M. Darwin, ils commettaient continuellement quelque vol; et il fallait faire bonne garde pour les empêcher d'arracher le cuir du gréement, ou d'enlever la venaison suspendue à l'arrière. Ces oiseaux sont curieux, pillards, ils enlèvent tout ce qui n'excède pas leurs forces, ramassant tout ce qu'ils trouvent par terre. Ils entraînèrent un jour, à près d'une lieue, un grand chapeau noir verni, ainsi que deux de ces bolas dont nous avons déjà parlé, et qu'on emploie ici pour attraper le bétail. Une autre fois, ils enlevèrent un petit compas de Kater dans son étui de maroquin rouge, et l'on ne put jamais le retrouver. Ils sont en outre querelleurs, très-rageurs, et, quand ils manquent leurs coups, ils mordent l'herbe avec tous les signes de la colère; leurs habitudes sont loin d'être sociables. S'ils se réunissent sur la même proie, c'est pour se disputer à chaque instant le moindre lambeau. Leur vol est pesant et gauche, mais, à la différence du Caracara ordinaire, ils courent extrêmement vite. Malgré leur audacieuse familiarité, ils ne font pas leurs nids sur les rochers des deux grandes îles Falkland, mais seulement sur ceux des îlots qui les avoisinent. Les baleiniers prétendent que la chair de ces oiseaux est très-blanche et bonne à manger; nous en douterons jusqu'à plus ample information.

Généralement les habitants des pays où se trouvent des Cathartes et des Caracaras, supportent les premiers avec indifférence et font une guerre à outrance aux seconds, qui, plus légers et plus rusés, savent éviter les piéges et échapper aux poursuites sans devenir pour cela plus sauvages; car on les prendrait plutôt pour des oiseaux domestiques appartenant au propriétaire d'une ferme que pour des oiseaux de proie ordinairement défiants, et surtout peu habitués à vivre avec l'homme.

Ces oiseaux nichent quelquefois à terre, mais le plus souvent sur des buissons. Leurs œufs ont la forme ovalaire et arrondie des œufs de Faucon, et, les taches qui les couvrent sont d'un brun rougeâtre, et laissent à peine apercevoir le blanc de la coquille. L'œuf du Caracara ordinaire a les plus grands rapports avec celui du Faucon d'Islande, et, celui du Chimango, sauf ses dimensions un peu plus fortes, avec celui de notre Cresserelle. Les dimensions du premier sont de six centimètres sur cinq de diamètre; celles du second de quatre centimètres et demi sur trois et demi. Leur ponte est de trois ou quatre œufs, et varie suivant les espèces.

2e Genre. — AIGLE, *AQUILA*, Brisson.

La famille des véritables oiseaux de proie, les Falconidés, se divise en deux classes : les Nobles et les Ignobles. Cette distinction est empruntée, comme nous l'avons déjà dit, au langage de la fauconnerie.

L'aigle n'était point considéré par les anciens fauconniers comme un oiseau noble. Son caractère sauvage, féroce, destructeur et, après tout, assez lâche ne mérite point cet honneur. L'opinion publique, si injustement prévenue contre le Vautour, s'est, au contraire, montrée beaucoup trop partiale envers l'Aigle. On a prêté à ce dernier beaucoup de qualités qu'il n'a point. Certains naturalistes, qui avaient étudié la vie de ce rapace dans les livres ou dans les ménageries, nous ont également donné du roman pour de l'histoire. On a surnommé l'Aigle le roi des oiseaux. Si c'est un compliment qu'on a voulu lui faire, c'est un compliment dont les monarques doivent être peu flattés. Il est

Fig. 51. — Aigle impérial, *Aquila heliaca.*

probable qu'une certaine analogie de mœurs entre le Lion et l'Aigle, la grande force de ces animaux, leur vie solitaire, leurs habitudes guerroyantes, ont été, dans les âges de barbarie, l'origine d'un titre qui correspondait alors aux idées qu'on se faisait de la souveraineté. C'est, en effet, à ce point de vue que s'est placé Buffon pour faire la description du caractère de cet oiseau.

« L'Aigle, dit l'illustre écrivain, a plusieurs convenances physiques et morales avec le Lion. La force, et par conséquent l'empire sur les autres oiseaux, comme le Lion sur les quadrupèdes. La magnanimité : ils dédaignent également les petits animaux et méprisent leurs insultes; ce n'est qu'après avoir été longtemps provoqué par les cris importuns de la Corneille ou de la Pie que l'Aigle se détermine à les punir de mort; d'ailleurs il ne veut d'autre bien que celui qu'il conquiert, d'autre proie que celle qu'il prend lui-même. La tempérance : il ne mange presque jamais son gibier en entier, et il laisse, comme le Lion, les débris et les restes aux autres animaux. Quelque affamé qu'il soit, il ne se jette jamais sur les cadavres. Il est encore solitaire comme le Lion, habitant d'un désert dont il défend l'entrée et l'usage de la chasse à tous les autres oiseaux; car il est peut-être plus rare de voir deux paires d'Aigles dans la même portion de montagne que deux familles de Lions dans la même partie de forêt; ils se tiennent assez loin les uns des autres pour que l'espace qu'ils se sont départi leur fournissent une ample subsistance; ils ne comptent la valeur et l'étendue de leur royaume que par le produit de la chasse. L'Aigle a de plus les yeux étincelants et à peu près de la même couleur que ceux du Lion, les ongles de la même forme, l'haleine tout aussi forte, le cri également effrayant. Nés tous deux pour le combat et la proie, ils sont également féroces, également fiers et difficiles à réduire; on ne peut les apprivoiser qu'en les prenant tout petits. »

On verra tout à l'heure ce qu'il faut rabattre de ce tableau.

Commençons par bien caractériser ce genre, des plus remarquables dans l'ordre des rapaces par la vigueur des espèces qui le composent, par leur audace et par l'énergie de leurs appétits, comme par la grandeur de leur taille. Leur bec est puissant, fortement recourbé au sommet; leurs ailes sont pointues et aussi longues que la queue; celle-ci est carrée, égale ou étagée; leurs tarses sont complétement emplumés jusqu'à la naissance des doigts.

Les Aigles recherchent généralement une proie vivante, qu'ils emportent dans leurs aires, placées sur les rochers les plus inaccessibles; mais, pressés par la faim, il ne dédaignent pas la chair morte.

Ils vivent sur les plus hautes montagnes, et ne descendent qu'accidentellement dans les plaines; ils sont répandus sur toute la surface du globe, et une espèce habite la Nouvelle-Hollande et se fait distinguer des autres par sa queue étagée.

Il y a peu de chasseurs qui puissent se vanter d'avoir tué un de ces rois des oiseaux. L'Aigle de Jupiter ne se laisse pas tuer comme un simple volatile, lui que nous n'apercevons guère que par delà des nuages, traversant majestueusement les cieux. Au-dessus de l'Aigle ne peut voler aucun être vivant; entre lui et le soleil il n'y a rien, comme dit le spirituel et savant chasseur naturaliste, Ch. Boner, que cet *au delà* que nous appelons l'*espace*. C'est dans cette région qu'il se repose sur ses larges ailes dorées par les rayons qui les inondent. C'est de cette élévation prodigieuse, de ce désert sans limite, qu'il regarde notre planète, et qu'avec une puissance de vision presque surnaturelle il examine les mouvements de tout ce qui vit à plusieurs milliers de pieds plus bas. Rien n'échappe à cette perspicacité, qui ne saurait être égalée que par l'œil prophétique d'un devin. Comment donc s'étonner que les anciens aient fait de l'Aigle le ministre du Dieu suprême et armé ses serres des carreaux de la foudre? L'Aigle royal a été souvent aperçu plus haut que tel sommet de onze cents à douze cents pieds au-dessus de la mer. Les chasseurs de l'Oberland affirment que son essor surpasse celui du Gypaëte, qui ne le cède lui-même qu'au Condor. Son immense énergie musculaire lui permet de lutter contre les vents les plus impétueux et les plus violents. Ramond raconte que, quand il atteignit le sommet du mont Perdu, le point le plus élevé des Pyrénées, il ne vit aucune créature vivante, si ce n'est un Aigle qui passa au-dessus de sa tête, volant avec une rapidité extraordinaire contre un vent furieux qui soufflait du sud-ouest.

Fig. 52. — Aigle royal, *Aquila chrysaetos.*

On sait à quelle distance incroyable un Aigle royal peut découvrir sa proie; mais on a rarement été témoin d'un aussi grand déploiement de cette faculté que dans l'exemple cité par M. Saint-John. En parcourant la magnifique et déserte contrée entre Kileska et Inchnadamph, en Écosse, ce chasseur naturaliste vit un de ces oiseaux planer sur le versant de la montagne qui s'élève majestueusement aux yeux des voyageurs. L'Aigle se trouvait si haut dans les airs qu'on l'aurait pris pour un point noir, lorsque de cette hauteur prodigieuse il aperçut tout à coup une Gelinotte dans la bruyère. Trop éloigné pour fondre directement sur elle, il ferma presque entièrement les ailes et descendit, en décrivant une longue spirale, jusqu'à une certaine distance de terre. Pendant ce temps, la Gelinotte était probablement parvenue à s'éclipser, car l'Aigle s'arrêta quelques minutes à planer, tournant la tête de tous côtés comme s'il avait perdu de vue sa victime. Mais, découvrant subitement la pauvre bête, il s'élança les jambes tendues et ne faisant, en apparence, qu'effleurer les bruyères, il saisit la Gelinotte, avec laquelle il prit son vol vers la plus haute crête de la montagne. L'Aiglon, lui-même, a déjà la vue très-développée, car il reconnaît l'approche de son père et de sa mère, invisibles encore à l'homme qui les épie dans le voisinage de l'aire.

Au poids du corps de l'Aigle ajoutez, dit Ch. Boner, celui de la proie qu'il tient dans ses serres; rappelez-vous que cette proie est souvent enlevée à des distances considérables, du fond d'une vallée jusqu'à la cime d'un mont ; rappelez-vous que quelquefois l'Aigle franchit la chaîne alpestre qui sépare deux royaumes. Calculez ensuite la force musculaire que la nature a donnée à l'Aigle, quand cette proie est, par exemple, un jeune Chamois ou un Mouton, et vous aurez une idée de la vigueur et de la puissance de cet oiseau. Voyez de quel feu brille son regard même dans la cage, lorsqu'il n'est plus qu'un roi captif, et vous comprendrez ses instincts.

L'Aigle, par sa taille, par son appétit et par la puissance de ses armes, est un des mieux nommés parmi les *Rapaces*. Mais ceux qui n'ont vu ces terribles oiseaux que dans les cages de nos jardins zoologiques ne peuvent se former qu'une bien faible idée de ce qu'ils sont en liberté au milieu des rochers et des montagnes. « J'ai eu, dit le docteur J. Franklin, le bonheur de voir de près ces oiseaux dans leurs farouches retraites, et je n'oublierai jamais l'impression que produisit sur moi la fauve et brutale majesté de ces tyrans de l'air. La dernière fois que je rencontrai un Aigle, c'était en Auvergne. Je traversais alors la France, en revenant de l'Orient, par Marseille. Je venais d'escalader les hauteurs de cette volcanique province, et je me trouvais au milieu des noirs précipices creusés par les anciennes convulsions de la nature. Une cascade se précipitait avec un bruit de tonnerre. Au milieu des rugissements de l'eau, un cri court et perçant, qui semblait sortir des nuages, frappa mon oreille. En regardant dans la direction d'où était parti ce bruit, j'aperçus bientôt un petit point noir qui se mouvait rapidement vers moi. C'était un Aigle royal ou Aigle doré. L'oiseau venait évidemment des plaines qui s'étendent sous les chaînes de montagnes. Il semblait flotter, ou, pour mieux dire, faire voile dans l'océan d'un air relativement calme. De temps à autre cependant il frappait lentement de l'aile comme pour affermir son vol. Voyant qu'il approchait dans une ligne directe, nous nous cachâmes, mon guide et moi, derrière un rocher, et nous observâmes ses mouvements à l'aide d'une longue-vue. Lorsque nous avions commencé à l'apercevoir, il pouvait être à la distance d'un ou deux kilomètres; mais, en moins d'une minute, il se montra à la portée d'un coup de fusil. Après avoir regardé deux ou trois fois autour de lui, il laissa pendre ses serres, trembla légèrement et s'abattit sur un roc. Pendant un moment il promena encore çà et là ses yeux perçants et brillants, comme pour s'assurer qu'il n'avait rien à craindre, ensuite il fourra sa tête sous une de ses ailes éployées et rangea ses plumes avec le bec. Cela fait, il étendit le cou et regarda fixement le ciel du côté d'où il était venu, puis il poussa quelques cris rapides. Il resta là environ dix minutes, manifestant une grande inquiétude, foulant le granit avec ses serres crochues, toujours impatient, toujours agité, lorsque soudain il sembla voir ou entendre quelque chose. Tout à coup il s'éleva du rocher sur lequel il s'était posé, se lança dans l'air et flotta comme auparavant, en faisant entendre le même cri aigu. Regardant alors autour de nous pour connaître la cause de son émotion, nous vîmes approcher de lui sa femelle. Il vola à sa rencontre, et bientôt les deux oiseaux devinrent invisibles. C'était le grand Aigle doré ; espèce qui se rencontre accidentellement en Angleterre et en Écosse, mais plus souvent en Irlande. »

Les Aigles, surtout ceux de grande taille, ont été, en effet, pendant longtemps assez communs dans les parties désertes et montagneuses de l'Écosse. De jour en jour ils deviennent plus rares dans les Iles Britanniques. L'influence de l'homme a chassé ces brigands de l'air des hautes positions naturelles qu'ils occupaient dans les temps anciens. A une époque sans doute peu éloignée, et peut-être arrivée à l'heure où nous écrivons, ces superbes animaux auront disparu de la Grande-Bretagne. Il y a une vingtaine d'années, on voyait encore des Aigles sur les hauteurs de Mar et d'Athol, dans le Sutherland. Aujourd'hui, c'est presque uniquement dans les solitudes reculées des Highlands, dans quelques îles situées au nord-ouest des côtes de l'Écosse et dans les déserts du nord de l'Irlande qu'on rencontre parfois des Aigles ayant les proportions majestueuses que présentaient ces oiseaux dans les temps primitifs de l'Europe. Même dans ces montagnes, la civilisation a trouvé le moyen de détruire, du moins en partie, ces incommodes voisins qui par leurs ravages, menaçaient la sécurité de l'homme et des troupeaux. Les sociétés d'éleveurs en ont encouragé la destruction à l'aide de primes offertes aux chasseurs; et les gardes-chasse anglais ont achevé l'œuvre au moyen des piéges. Ces magnifiques oiseaux se rencontrent néanmoins encore dans toutes les parties montueuses de l'Europe. L'Aigle royal est celui qu'on y remarque le plus fréquemment, surtout au nord; il est plus commun et même sédentaire en Suisse, en France, dans les basses Alpes et sur les montagnes du Dauphiné;

plus rare dans les Pyrénées; mais il semble que, comparativement à ces localités, il abonde dans les Highlands d'Écosse.

Il bâtit son aire dans les cavités de rochers à pic et inaccessibles, sur quelque rebord de précipice, où l'Aiglon grandira à l'abri des animaux qui l'attaqueraient en l'absence du père et de la mère : un roc qui fait face au midi est celui qui leur convient le mieux, parce que cette situation conserve plus longtemps la chaleur de l'œuf quand la mère le quitte. Comme ces rocs inaccessibles ne se rencontrent pas aisément, une fois que l'Aigle s'est installé dans celui qui lui paraît le plus commode et le plus sûr, il y revient chaque année à l'époque de la ponte, et il y est bientôt remplacé s'il l'abandonne. Tel est le rocher de Rohrmoos, cité par M. Ch. Boner, et qui se trouve dans le domaine appartenant au prince Frédéric Waldburg-Wolfegg-Waldsée, à quarante kilomètres environ du lac de Constance. Ce rocher, occupé depuis un temps immémorial, l'était encore en mars 1861, quoique les occupants de l'année précédente eussent été tués. Quelquefois cependant, dans des localités encore plus désertes, l'Aigle place son aire sur des points moins inabordables

Construite avec des tiges et des racines de bruyère, la demeure de l'Aigle dure effectivement plusieurs années, et peut, à l'aide de quelques réparations légères, abriter plusieurs générations. C'est réellement un ouvrage assez considérable pour n'être fait qu'une fois, et assez solide pour durer longtemps. Ce nid est construit à peu près comme un plancher, avec de petites perches ou bâtons de cinq à six pieds de longueur, appuyés par les deux bouts et traversés ou entrelacés par des branches souples recouvertes de plusieurs lits de joncs et de bruyères. Ce plancher solide est large de plusieurs pieds et assez ferme, non-seulement pour soutenir l'Aigle, sa femelle et ses petits, mais pour supporter encore le poids d'une grande quantité de vivres. On a trouvé en Angleterre, dans le Derbyshire, un nid construit avec de grands bâtons; il reposait d'un côté sur le coin d'un rocher très-escarpé, et de l'autre sur deux bouleaux qui avaient eu la fantaisie de végéter dans cet endroit. Il contenait un Aiglon, un Lièvre mort et un Agneau.

Les œufs, dont la coquille est forte et de grande dimension, sont au nombre de deux, rarement trois ou quatre. Leur forme, à peu d'exceptions près, est généralement ovalaire; les bouts aussi obtus l'un que l'autre; leur coquille, d'un grain moins épais que celles Vautours, est blanche et légèrement bleuâtre dans sa transparence, et extérieurement poreuse, quoique unie, mate et sans reflet. La couleur de l'œuf de l'Aigle doré ou Aigle fauve, dont nous nous occupons principalement ici, est d'un blanc très-légèrement teinté de bleuâtre, et presque toujours maculé de nombreuses taches variant du brun violacé au brun jaunâtre, et de quelques autres taches d'un gris lilas, ressemblant le plus souvent, les unes et les autres, à des éclaboussures dirigées du gros bout vers le petit, et en partie clair-semées distinctement, ou réunies en larges plaques; parfois le blanc de la coquille paraît teinté de jaune sale et simplement moucheté par intervalles de teintes de cette couleur. Les diamètres sont de sept centimètres et demi à six centimètres sur cinq et demi. Quel que soit le nombre de ces œufs, il y a rarement plus de deux petits, et le plus souvent un seul, ce qui est déjà beaucoup, à cause des difficultés qu'éprouvent le père et la mère à trouver une nourriture suffisante.

Le mâle prend part aux travaux de l'aire et couve à son tour. Si même la femelle vient à périr, il se charge seul du soin des œufs ou des Aiglons. Pendant les huit ou dix premiers jours, le jeune Aiglon est nourri avec des morceaux tendres, comme les entrailles d'animaux, puis avec des chairs séparées de l'os, bientôt enfin on lui jette des carcasses entières, qu'il dépèce et dévore comme il peut. Le père et la mère restent à peine six ou huit secondes dans le nid chaque fois qu'ils y viennent, et deux jours s'écoulent souvent entre deux visites; l'Aiglon est ainsi exposé à jeûner s'il n'a reçu qu'une provision insuffisante. Mais une fois sortis du nid, les Aiglons sont en quelque sorte bannis par leurs parents, et doivent chercher eux-mêmes leur subsistance. Il ne faut pas croire, dit M. Ch. Boner, à qui nous devons ces nouvelles et minutieuses observations, que, parce que l'Aigle parcourt un vaste espace, il doive nécessairement trouver des aliments en abondance. La nature y a pourvu en rendant l'oiseau, même nouvellement éclos, et contrairement aux besoins impérieux des autres jeunes oiseaux, susceptible de jeûner des jours entiers, et jusqu'à une ou deux semaines, comme le font le Hibou et le Grand-Duc. Aussi l'Aigle se gorge-t-il, si le gibier abonde, et cinq à six livres de viande disparaissent en un seul repas, quand il a subi une longue abstinence.

Loin de justifier sa réputation de courage et de magnanimité, l'Aigle est un oiseau vorace, avide d'aliments impurs, et paresseux tant qu'il n'est pas harcelé par la faim. Quoiqu'il ait des ongles et un bec en état d'entamer une peau très-dure, il préfère conserver sa proie jusqu'à ce qu'elle soit corrompue; et malgré sa vigueur et son agilité sans pareilles, il aimera mieux dévorer une charogne que se mettre en chasse. Rencontre-t-il quelque carcasse de Mouton ou de Chien, il se gorgera comme un Vautour, jusqu'à ce qu'il ne puisse plus s'envoler. Des Aigles, surpris dans cet état d'engourdissement, ont été tués à coups de bâton. Quand il n'a pu choisir sa proie au milieu d'un troupeau, il attaque les Lièvres et les Tétras Ptarmigans. A la suite des inondations et des ouragans de neige, l'Aigle se met en quête des Brebis noyées ou étouffées. De loin en loin, il arrive qu'un Cerf blessé à mort vient expirer dans la solitude et lui fournit une provision durable. Il prend quelquefois, mais rarement, des Gelinottes au vol.

L'Aigle n'a pas les mêmes avantages que le Faucon pour saisir sa proie. Ce dernier n'attaquant en liberté que des oiseaux généralement plus petits que lui, ne rencontre aucune résistance. Il n'a point à se défier d'un danger personnel quand il chasse; il exécute tous ses mouvements avec la prestesse qui appartient à sa taille, et s'introduit dans des lieux relativement étroits, interdits à l'envergure de l'Aigle. L'Aigle n'enlève que des objets qu'il peut saisir dans son essor oblique. Il ne descend sur aucune partie du sol qu'avec la certitude de pouvoir remonter en décrivant la même courbe hardie. Il ne se hasardera pas à être cerné dans un passage resserré; en un mot, pour saisir un Agneau ou tout autre animal, il lui faut le même champ qu'à l'Hirondelle pour attraper les insectes qui volent sur une pièce d'eau. C'est ce qui protége maintes créatures contre un si formidable ennemi. Le moindre buisson devient un abri pour les oiseaux ou les petits animaux qu'il poursuit, car l'Aigle pourrait y engager ses serres, mais il manquerait d'espace pour développer ses ailes. Dans ce cas il aime mieux jeûner que se mettre dans l'embarras. Buffon cite un Aigle qui, pris dans un piége, vécut environ quarante jours sans aliments, et qui ne parut affaibli que vers les huit derniers jours; on le tua pour ne pas le laisser languir plus longtemps. Cette disposition à supporter facilement l'abstinence n'est d'ailleurs point restreinte à l'Aigle : tous les animaux de proie sont organisés de manière à supporter de longs jeûnes.

La vue perçante de l'Aigle embrasse en vain tout un canton; il rencontre souvent de nombreuses difficultés; le troupeau parmi lequel il semblerait n'avoir qu'à choisir une victime a aussi son instinct craintif, qui lui révèle l'approche de l'ennemi et le moyen de parer ses attaques. Les Moutons se serrent les uns contre les autres en troupe compacte, les Brebis autour de leurs Agneaux, et s'ils ont pu se réfugier sous un arbre, contre une haie ou sur le revers d'une colline, et qu'ils se sentent dans une position avantageuse, ils s'animent de courage et d'espérance. Dans ce cas l'Aigle ne songe nullement à attaquer, surtout si le troupeau est sous la garde d'un homme ou près de son habitation. Comme tous les animaux sauvages, l'Aigle craint l'homme, et, fidèle à sa tactique de surprise, il ne livre jamais le combat à un adversaire qui peut lui opposer une arme dont un coup rendrait la victoire même dangereuse. On a vu un Chamois, abrité par derrière, faire reculer un aigle avec ses cornes. Grellet, dans ses Mémoires, raconte qu'il découvrit un jour un Loup et un Aigle morts à côté l'un de l'autre. Le duel, dents contre serres, avait été funeste à l'oiseau comme au quadrupède.

Les montagnes de la Bavière abondent en Chamois, et l'Aigle leur fait fréquemment la chasse; il a recours, ou à peu près, aux manœuvres que nous avons vu pratiquer par le Gypaëte. L'occasion se présente souvent d'étudier ces manœuvres de chasse et les ruses de l'Aigle modifiées par les circonstances. Un Chamois adulte, raconte M. Boner, s'était aventuré sur la crête d'un rocher, comme cela arrive si souvent à ces animaux; il est bientôt aperçu par un Aigle, qui, ne pouvant, à cause de son immense envergure, descendre assez près du rocher pour y saisir sa proie, feint cependant de s'élancer sur elle, de manière à la faire reculer pas à pas jusqu'au bord du précipice; et là, simulant un dernier assaut, l'Aigle fait perdre pied au Chamois, qui tombe selon son calcul, et roule de saillie en saillie. Mais, au moment où l'Aigle croyait pouvoir le saisir avant qu'il se noyât dans un lac qui était au-dessous, il découvre deux bateliers qui, ayant suivi tous les mouvements stratégiques de l'oiseau, le forcent à battre lui-même en retraite et s'emparent du butin.

Le même chasseur a vu un Aigle, traquant un Lièvre dans un champ couvert de neige, précipiter son vol circulaire avec une telle rapidité que la pauvre bête ne pouvait fuir d'aucun côté sans être immédiatement distancée par son tyran, qui s'arrêtait soudain et semblait jouir de la terreur de sa craintive victime.

Quelque extraordinaires que paraissent les distances parcourues par l'Aigle, on s'en étonne moins lorsqu'on sait que chaque coup d'aile lui fait franchir un espace de soixante pieds en une seconde. Cette rapidité d'essor est un attribut de puissance qui frappe l'imagination, et cependant il y a quelque chose de plus imposant et de plus majestueux encore dans cette progression à travers les airs, c'est le calme de l'oiseau, ailes déployées comme les voiles d'un navire, et porté en avant par le simple acte de sa volonté. On ne peut s'expliquer comment il reste ainsi suspendu sans un seul mouvement apparent, et naviguant dans une direction parfaitement horizontale, sur près de deux kilomètres d'étendue. Au milieu du vol le plus rapide, l'Aigle s'arrête instantanément et descend, ailes repliées, d'une hauteur de trois ou quatre mille pieds, tombant ainsi en quelques secondes comme un corps inerte, puis tout à coup ses ailes s'ouvrent, forment un immense éventail, et l'oiseau se relève élégamment et sans effort, tenant dans ses serres l'objet qu'il a saisi trop rapidement pour qu'on ait pu s'apercevoir de ce temps de son mouvement.

On a vu des Aigles tuer leur victime en la frappant d'un coup d'aile, et sans la toucher avec leurs serres. Beaucoup de gens hésitent pourtant encore à croire que ces oiseaux aient une force suffisante pour enlever les enfants et les Moutons. Si cette accusation reposait seulement sur deux ou trois récits plus ou moins vagues, on pourrait encore douter; mais les faits sont, au contraire, très-nombreux et attestés par des témoins dignes de foi. Les naturalistes qui contestent sur ce point le récit des voyageurs, en parlent fort à leur aise. « J'avoue, dit le docteur Franklin, que les Aigles de leurs collections ne sont jamais venus les trouver au coin du feu, ni les alarmer sur le sort de leurs enfants; mais, si nos sceptiques académiciens avaient vécu dans les pays où ces oiseaux commettent toutes sortes de brigandages, ils modifieraient peut-être leur opinion. » L'évêque Héber raconte que pendant un de ses voyages dans les montagnes de l'Inde, il apprit qu'on se plaignait beaucoup des enlèvements d'enfants par les Aigles. Mais il n'est point nécessaire d'aller si loin pour trouver les traces de si cruels méfaits. Dans l'île de Syke, en Écosse, une femme avait laissé son enfant, pour un temps fort court, dans un champ : un Aigle emporta cet enfant dans ses serres, et traversa au vol toute la longueur d'un lac. Quelques gens de la campagne qui gardaient leurs troupeaux aperçurent l'oiseau déposer son fardeau sur un rocher, et, entendant les cris de l'enfant, ils se rendirent en toute hâte sur le lieu de la scène, où ils trouvèrent la victime saine et sauve.

En Suède, il y a une douzaine d'années, une femme travaillant dans un parc de brebis avait déposé son enfant sur le sol, à une petite distance; un Aigle s'abattit et enleva l'enfant. Pendant longtemps la malheureuse mère entendit la pauvre victime criant dans l'air; mais il n'y avait aucun moyen de lui porter secours. Bientôt les cris cessèrent; la mère devint immédiatement folle, et, au dire du docteur Franklin, elle vivait encore, il y a quelques années, dans une maison d'aliénés.

Au printemps de 1847, un Aigle, furieux de la perte de ses aiglons, avait enlevé un enfant de dix ans, dans la commune de Héry-sur-Alby (nous ne savons si ce nom est bien orthographié), dans le canton de Genève. Cet enfant fut déposé à environ six cents mètres de l'endroit où il avait été saisi. Il fut heureusement délivré par des bergers témoins du fait, et qui accoururent. L'enfant n'avait que quelques blessures faites par les serres.

A Tirst-Holm, l'une des îles Feroë, placée entre le nord de l'Écosse et l'Irlande, un Aigle enleva un enfant qui se trouvait à une petite distance de sa mère, et l'emporta dans son aire, placée sur la pointe d'un grand roc, si escarpé que les plus hardis n'avaient jamais osé le gravir. La courageuse mère trouva seule le moyen d'escalader ce rocher. Mais, hélas! il était trop tard : l'enfant était mort.

En Amérique, dans la paroisse de Saint-Ambroise, près de New-York, deux garçons, l'un âgé de sept ans, l'autre de cinq, étaient en train de faire la moisson, pendant que leurs parents dînaient. Un grand Aigle, fendant l'air à toutes ailes, essaya de saisir l'aîné, mais il manqua heureusement son coup, et s'abattit à petite distance; quelques instants après il recommença son attaque. Mais le jeune et courageux moissonneur se défendit bravement avec sa faucille, et au moment où l'Aigle fondit sur lui pour la seconde fois, il lui porta sur l'aile gauche un coup si vigoureux que cette aile fut entamée et que la pointe de l'instrument traversa les côtes et pénétra dans le corps du ravisseur, qui resta sur place. La faim seule peut expliquer une pareille audace. Les grands Aigles sont très-communs dans cette partie du nouveau monde; ils emportent souvent de grosses volailles et des pièces de bétail, mais c'est le seul exemple qu'on cite dans le pays, d'une attaque dirigée contre des enfants.

Enfin, le docteur Tschudi rapporte que dans un village des montagnes des Grisons, en Suisse, un Aigle fondit sur un enfant de deux ans et l'emporta. Aux cris de la victime, le père accourut et poursuivit le ravisseur sur les rochers. Comme le fardeau était lourd, l'Aigle, avait lâché sa proie, mais le pauvre enfant était mort, et il avait les yeux crevés. Le père désolé promit de se venger et guetta longtemps le meurtrier, qui rôdait continuellement dans le voisinage. Il réussit un jour à le prendre vivant dans un piége à renard. Dans sa colère et son empressement à s'en saisir, il se jeta sur lui si imprudemment, qu'avec son bec et la patte qui lui restait libre l'oiseau le blessa grièvement. Des voisins accourus à propos tuèrent l'Aigle à coups de bâton.

On voit, par ces nombreux exemples, et contrairement à l'opinion généralement accréditée dans la science, que si l'Aigle est capable de voler à une considérable distance avec un agneau ou un mouton dans ses serres; il peut parfaitement bien aussi enlever un enfant.

Une autre espèce, l'Aigle des montagnes ou Aigle à queue étagée, est pour l'hémisphère du Sud ce qu'est l'Aigle royal pour

Fig. 35. — Aigle à queue étagée, *Aquila fucosa*, d'après Gould.

le nôtre. C'est l'*Aquila fucosa* de Cuvier, le *Wol-dja* des aborigènes des montagnes et des plaines de l'Australie occidentale, l'Aigle-Faucon des colons. Il est répandu généralement sur toute la partie méridionale de l'Australie; on le rencontre en grand nombre à la terre de Van-Diémen et sur les grandes îles du détroit de Bass, et selon toute probabilité, on doit le trouver, au midi, aussi rapproché des tropiques que dans le nord on trouve l'Aigle royal rapproché du pôle. Doué d'une grande force et féroce à l'excès, il est le fléau des bergers et des éleveurs, qui lui font une guerre à mort et le poursuivent sans relâche. M. Gould en tua un qui pesait neuf livres et mesurait six pieds huit pouces d'envergure, mais ce naturaliste en a vu de plus grands. On peut se faire une idée de la force de cet oiseau par celui dont parle Collins : Il avait été pris par le capitaine Waterhouse, dans son expédition à Broken-Bay, et quoique attaché au fond du bateau et les jambes liées, il enfonça ses serres dans le pied de l'un des hommes de l'équipage. Pendant les dix jours que dura sa captivité il ne voulut accepter de nourriture que d'une seule personne. Les naturels le regardaient avec terreur et affirmaient, en l'examinant, qu'il était de force à enlever un Kangourou de moyenne taille. Le captif ne put supporter sa prison, et, un beau matin, on ne trouva plus que ses entraves, dont il avait su se débarrasser.

Cet Aigle se nourrit principalement de Kangourous de la petite espèce. Il a les mêmes habitudes et les mêmes instincts que l'Aigle royal, il attaque des Outardes, deux fois aussi grosses que lui; mais le Kangourou est sa nourriture de prédilection. C'est le capitaine Flinders qui découvrit cet Aigle en Australie. Ce voyageur se promenait un jour avec quelques-uns de ses officiers, quand un grand Aigle, à l'aspect farouche et aux ailes déployées, s'approcha tout d'un bond, puis, s'arrêtant court à une distance d'environ vingt mètres, il s'éleva dans un arbre. Bientôt après un oiseau de la même espèce se montra, et, volant au-dessus de la tête des promeneurs, il parut vouloir s'abattre sur eux ; mais il changea d'avis avant de les toucher. Le capitaine Flinders supposa que ces Aigles le prenaient, lui et ses compagnons, pour une bande de Kangourous qui, lorsqu'ils se tiennent sur leurs pattes de derrière, comme c'est leur habitude, ont, jusqu'à un certain point, la taille et la forme d'un homme. Une circonstance géographique donnait quelque vraisemblance à l'hypothèse du capitaine. C'est que la contrée était absolument déserte et sans aucune trace d'habitation, de sorte que ces Aigles pouvaient bien n'avoir encore jamais vu d'hommes. Mais à présent le mouton se promène où bondissait autrefois le Kangourou, et le terrible oiseau à queue étagée fait une énorme consommation d'agneaux. Il ne dédaigne cependant pas la charogne, car M. Gould, dans l'une de ses expéditions dans l'intérieur des plaines septentrionales de Liverpool (Australie), n'en vit pas moins de trente à quarante autour d'une carcasse de buffle. Quelques-uns, gorgés jusqu'au bec, étaient perchés sur les arbres voisins; le reste de la bande continuait le festin. Il ajoute même que cet Aigle suit les chasseurs de Kangourous des journées entières, pour profiter des débris que jettent ceux-ci lorsqu'ils vident leur gibier.

Il y a quelques exceptions à l'amour des Aigles pour les solitudes: on en rencontre quelquefois dans d'autres parties de la Grande-Bretagne moins sauvages que les déserts des Highlands. Le docteur J. Franklin rapporte qu'un gentléman lui a raconté avoir été visiter, en Écosse, un ami près de la maison duquel était un nid qui, pendant plusieurs étés, avait été habité par deux Aigles. Cette aire se trouvait placée sur une montagne rocheuse, à quelque distance d'un bloc de pierre d'environ six pieds carrés. Le maître de la maison et ses gens trouvaient sur ce bloc, pendant le temps que les deux Aigles avaient des petits, une provision de Coqs de bruyère, de Perdrix, de Lièvres, de Lapins, de Canards, de Bécasses, et, de temps à autre, des Chevreaux, des Faons et des Agneaux. Lorsque les Aiglons étaient assez forts pour sauter sur cette pierre, les Aigles apportaient des Lièvres et des Lapins vivants, et apprenaient à leurs petits à immoler les victimes. Mais de temps en temps les Lièvres, les Lapins, les Rats, n'étant pas suffisamment affaiblis par leurs blessures, parvenaient à s'échapper de la serre des Aiglons. Comme les Aigles avaient fait de la pierre de la montagne une sorte de garde-manger, toutes les fois que des visiteurs venaient à l'improviste, le maître de la maison avait coutume de recourir à cet *en cas*. Il envoyait ses domestiques pour savoir ce que ses voisins du rocher tenaient en réserve, et rarement ils revenaient sans gibier. Lorsque le gentleman ou ses gens enlevaient ces provisions, les Aigles n'étaient pas longtemps sans apporter d'autres vivres. Mais, lorsque le fruit de leur chasse ne leur était point enlevé, le père et la mère se promenaient çà et là aux environs, et semblaient jouer avec leurs petits, jusqu'à ce que les provisions fussent tout à fait épuisées. Pendant tout le temps que la femelle couvait, le mâle apportait seul de copieuses provisions sur le bloc. Ces deux Aigles faisaient bon ménage, soignaient bien leurs petits jusqu'au moment où ils pouvaient prendre leur volée. Dès lors les Aiglons devaient quitter non-seulement leur berceau, mais la contrée, et on ne les revoyait plus. Ces exigences brutales se retrouvent, comme nous l'avons déjà dit, chez tous les carnassiers. Il leur faut un domaine assez vaste pour suffire à leur appétit, et qu'ils exploitent sans concurrence.

Ce fait d'approvisionnement facile aux dépens des Aigles n'est pas unique. On cite encore un pauvre habitant du comté de Karry, en Angleterre, qui pourvut abondamment à la subsistance de sa famille pendant un été entier, en prenant dans le nid d'un Aigle royal le gibier qu'y apportaient le père et la mère; et, pour prolonger la durée des soins des parents et de l'approvisionnement au delà du terme ordinaire, il guetta le moment où les Aigles étaient en chasse, coupa les plumes des ailes des Aiglons, et retarda ainsi beaucoup leur départ.

Un fait assez curieux de l'histoire des Aigles et en rapport avec leurs instincts chasseurs, ferait croire que ces oiseaux n'exercent pas leur industrie dans le voisinage de leur aire et qu'ils préfèrent marauder au loin. Aux îles Shiant, groupe de rochers situés entre les Hébrides, les habitants assurent que les Aigles, qui sont assez nombreux, surtout dans la saison de l'incubation, s'abstiennent de nourrir leurs petits avec les animaux appartenant à l'île dans laquelle ils ont fixé leur domicile. Ils les apportent invariablement des îles voisines, et souvent d'une distance de plusieurs kilomètres.

Chez les Romains, l'Aigle marchait à la tête des armées; mais il ne faut point perdre de vue le témoignage de Pline, le naturaliste : « L'Aigle, dit-il, fut substitué aux autres enseignes par Caïus Marius. Ce n'était pas d'abord l'oiseau de la nation, c'était celui de la dictature. »

Le caractère intraitable, le poids de l'Aigle et sa force, dont il est toujours prêt à abuser, ne permettent guère de l'employer à la chasse. Les anciens fauconniers de l'Occident ne s'en servaient pas; ce n'est qu'en Russie et dans les pays orientaux qu'il a été possible de le dresser. Nous voyons en effet que les Tartares prennent de jeunes Aiglons et les dressent à la chasse du Lièvre, du Renard, de l'Antilope et même du Loup. Il se peut, néanmoins, que l'oiseau employé par eux et désigné par les voyageurs sous le nom d'Aigle, ne soit réellement pas un Aigle, mais une grande espèce de Faucon. On cite surtout une tribu des Kirguis comme affectionnant ce genre de chasse. Le Kirguis, monté à cheval, place sur le devant de la selle l'oiseau de proie, dont la tête est couverte d'un capuchon. Dès que le chasseur aperçoit l'animal qu'il se propose d'atteindre, il découvre la tête de l'oiseau, qui s'élance tout à coup sur sa proie, l'étreint dans ses fortes serres et ne lâche prise que lorsque son maître vient la lui enlever. Cette espèce d'Aigle, qui est appelée *Barkout* par les Kirguis, est tellement estimée de ces peuples, qu'ils font volontiers le sacrifice d'un de leurs Chevaux et de leurs prisonniers pour posséder un de ces oiseaux chasseurs.

Un professeur allemand, Reisner, publia, il y a une trentaine d'années, une brochure sur l'emploi qu'on pourrait faire de l'Aigle pour diriger les ballons. Il précise le nombre de ces oiseaux à atteler suivant la proportion de l'aérostat, et indique la manière de harnacher, d'instruire et de guider ces coursiers de l'air. Cette excentricité peut être ajoutée à celle de Santiago Cardenas, qui, dans le même but, proposait aussi d'atteler des Condors.

Quoique l'Aigle soit d'un mauvais naturel, on a des exemples de sa soumission. En 1807, un Aigle d'une grande beauté était conservé à la ménagerie du Muséum de Paris, et il portait à l'une de ses pattes un anneau d'argent. Il avait été pris au milieu de la forêt de Fontainebleau, dans une trappe à Renard, dont le ressort lui brisa une patte. Sa guérison fut longue et le traitement pénible. Il fallut recourir à une opération douloureuse; l'Aigle la supporta avec une grande patience. Pendant cette opération, sa tête seule était libre; mais il ne chercha nullement à s'opposer par des coups de bec au pansement de sa blessure, dont il fallut extraire plusieurs esquilles. Il n'essaya pas non plus de déranger l'appareil qu'exigeait la fracture. Enveloppé dans un linge et couché sur le flanc, il passa toute la nuit sur la paille, sans faire le moindre mouvement. Le lendemain, lorsque la consolidation de l'appareil permit de démailloter le blessé, il se plaça de lui-même sur un perchoir, où il resta toute la journée, appuyé sur sa bonne patte, sans faire aucune tentative pour s'échapper, quoique les fenêtres fussent ouvertes. Cependant il refusa toute nourriture jusqu'au treizième jour de sa captivité. Ce jour-là, on lui présenta un Lapin, qu'il tua d'un coup de bec et qu'il mangea. Pendant vingt et un jours, il ne bougea pas de son perchoir. Le vingt-deuxième jour il commença à essayer le membre blessé, sans déranger en rien l'appareil, et il reprit peu à peu l'usage de sa patte. Cet oiseau passa trois mois dans la chambre du garde aux soins duquel il était confié. Aussitôt que le feu était allumé, il arrivait se chauffer et se laissait caresser. A l'heure du coucher, il remontait sur son perchoir et se plaçait aussi près que possible du lit de son camarade de chambre; mais, aussitôt que la lumière était éteinte, il s'éloignait à l'autre extrémité du perchoir. La confiance qu'il avait dans sa force semblait bannir chez lui toute défiance. Il est impossible de montrer plus de courage, plus de résignation, on pourrait dire plus de raison, que n'en montra cet Aigle pendant la longue période de sa maladie. Avant de venir au Jardin des Plantes, il avait appartenu à l'impératrice Joséphine. On l'avait habitué à vivre avec un jeune Coq anglais, qui finit malheureusement victime d'un accès de colère de son compagnon. Ce fait et plusieurs autres prouvent qu'il n'est pas impossible d'apprivoiser l'Aigle.

Le village d'Eblingen, près du lac de Brientz, dans l'Oberland bernois, est renommé pour ses nids d'Aigle. A une lieue à peu près de ce pays, dans une partie sauvage et dénudée des montagnes, il est un endroit que les Aigles affectionnent tout particulièrement. Perchés sur des pics inaccessibles, ils dominent et inspectent la grande vallée des Lacs. Les chasseurs Eblingenois leur font une guerre perpétuelle et les attirent dans leur voisinage en accrochant aux arbres des animaux morts, et surtout des Chats à demi grillés. Cela se passe en été, et comme alors l'Aigle n'est pas au dépourvu et qu'il peut choisir des mets plus friands, il dédaigne souvent la curée. En hiver, les chasseurs mettent leurs appâts à terre et les y attachent avec des pieux. L'Aigle ne peut pas s'enlever de terre aussi rapidement qu'il le ferait d'un perchoir élevé, et, quand une fois il est attablé, il y reste souvent des heures entières. Les amorces sont placées de manière à être vues du village à l'aide de lorgnettes. Les chasseurs, pour qui ce genre d'exercice est une passion, font continuellement le guet à leurs fenêtres. Quand ils voient un Aigle à la curée, ils partent, et, bien qu'ils aient une bonne lieue à faire à travers les rocs et les broussailles avant d'arriver à portée de fusil de l'oiseau, ce dernier leur échappe rarement. Les environs si éminemment pittoresques d'Eblingen offrent partout aux yeux du touriste le spectacle dégoûtant de ces charognes, qui se balancent aux branches des arbres : ici c'est un Chevreau putréfié, là c'est une tête de Cheval infecte, plus loin c'est un Chat à moitié rongé.

Il est extrêmement difficile de parvenir à l'aire d'un Aigle et de se procurer des œufs de cet oiseau ou des Aiglons. C'est, en général, en profitant de l'absence des Aigles occupés à la chasse que les dénicheurs, souvent en exposant leur vie, se font descendre, à l'aide de cordes, jusqu'à l'aire. Guidés tantôt par l'espoir du gain, tantôt par le désir de voir le couple abandonner une région qu'il dévaste chaque jour, ils ont la précaution de se munir de pistolets ou de bâtons ferrés, pour le cas où le père et la mère viendraient les attaquer en les surprenant pendant l'enlèvement de leurs petits. M. Bailly, conservateur du Muséum d'histoire naturelle de Savoie, a eu occasion de voir, à Saint-Michel-des-Déserts, un homme de trente ans qui s'était ainsi laissé surprendre par le père et la mère de deux Aiglons. Il a assuré qu'il aurait infailliblement péri des coups de bec et de poitrine que le mâle et sa femelle essayaient de lui porter à la tête, en plongeant alternativement sur lui, s'il n'avait eu soin de s'armer d'un bâton ferré à la pointe, avec lequel il put se défendre.

L'escarpement inaccessible des lieux où l'Aigle place son aire, la hauteur de son vol, la puissance de sa vision, la prudence qui le tient loin des habitations, expliquent comment il est si rare, aujourd'hui surtout, qu'un chasseur ait la bonne fortune de tuer un si formidable oiseau. Un Bavarois, Joseph Solacher, est cité pour en avoir tué trois, et le hasard seul lui procura le troisième. Mais le grand tueur d'Aigles de ce siècle est le comte Max d'Arco, qui en a tué dix, dont quatre dans le voisinage de leur aire, et les autres qu'il avait attendu à l'affût, en exposant un Chevreau ou un Chamois comme appât. Le journal de cet intrépide chasseur est très-intéressant, et il peint beaucoup mieux les mœurs des Aigles que la plupart des livres spéciaux; malheureusement nous ne pouvons le reproduire, à cause de son étendue.

La durée de la vie d'un Aigle est évaluée à plus de cent ans par un grand nombre de naturalistes; et Klein cite l'exemple d'un Aigle qui vécut en captivité, à Vienne, pendant cent quatre ans.

On compte douze espèces d'Aigles réparties dans les diverses contrées du globe, dont deux seules, cosmopolites, se retrouvent dans l'Amérique septentrionale : c'est, d'une part, notre Aigle doré ou royal, de l'autre, l'Aigle impérial.

Fig. 54. — Pygargue leucocéphale. *Haliaetus leucocephalus.*

SEIZIÈME LEÇON

Suite des Falconidés.

3e GENRE. — PYGARGUE, OU AIGLE PÊCHEUR, *HALIÆTUS*, Savigny.

Comme caractères zoologiques, les Pygargues diffèrent à peine des véritables Aigles, mais leur préférence pour le Poisson et leurs habitudes les distinguent assez pour justifier l'établissement d'un genre distinct dans lequel nous plaçons aussi le Balbusard fluviatile.

Ces oiseaux ne sont cependant pas exclusivement ichthyophages, ils font quelquefois aussi, et suivant les localités, la chasse aux oiseaux d'eau et à d'autres animaux mammifères, qu'ils savent surprendre avec une grande habileté, et ils sont bien loin de négliger les chairs mortes et même corrompues. Ils sont remarquables par la portée extraordinaire de leur vue et par la vigueur de leurs serres. Du haut des airs, ils distinguent le Poisson qui nage près de la surface de l'eau, s'élancent avec la rapidité de la flèche, plongent et saisissent leur proie, qu'ils enlèvent dans leurs serres aiguës et éminemment rétractiles; conditions indispensables pour étreindre des Poissons, qui échappent si facilement à la pression. Leur habileté n'est pas toujours à leur profit, car au moment où, fiers de leur succès, ils emportent leur glissante proie, survient un Aigle qui épiait leurs manœuvres, et qui, leur donnant la chasse, les force à plus de vitesse. Ils lâchent alors le Poisson, qui, avant d'avoir touché l'eau, devient

Fig. 35. — Pygargue Orfraie. *Haliætus Albicilla*.

la proie du plus fort. La longueur et la rétractilité de leurs serres peuvent aussi quelquefois leur être défavorables, quand, poursuivis, ils ne peuvent dégager assez promptement leurs ongles. Un Aigle pêcheur, dit le docteur Franklin, s'empara, à quelque distance de lui, d'un gros Poisson, trop lourd pour être facilement enlevé; le ravisseur flottait sur sa victime, qui faisait résistance, et, à l'aide de ses ailes, il la dirigea vers le rivage. En abordant, le premier soin de l'oiseau, en cette occurrence, est de dégager ses serres en déchirant la chair dans laquelle elles sont empêtrées; mais cette fois il ne fut pas assez prompt : des pêcheurs suivaient sa manœuvre pour lui dérober sa victime, et, à leur grande surprise, ils prirent le Pygargue et sa proie.

Othon Fabricius, qui a eu souvent l'occasion d'observer le Pygargue à tête blanche au Groënland, dit qu'il n'est pas rare d'en voir dont les ongles sont tellement entrés et contractés dans la peau cependant bien dure et bien glissante d'un Phoque, qu'ils ne peuvent se dégager, et qu'ils sont entraînés au fond de la mer.

Les Pygargues font une grande consommation de Poissons; ils en mangent cinq ou six livres par jour, mais ils en prennent beaucoup plus. Ils semblent savoir que la pêche est incertaine, éventuelle; aussi font-ils des provisions, surtout quand ils ont une famille à nourrir. Cette surabondance est mise en réserve à peu de distance de leur aire. Les Indiens du nord de l'Amérique connaissent si bien ce détail de mœurs, qu'une aire est appelée, dans leur langage familier, une office, et ils visitent souvent cette poissonnerie toujours bien pourvue, au moins durant la saison des couvées.

Les caractères du genre Pygargue sont : un bec élevé à sa base, recourbé à la pointe, robuste dans toutes ses parties, plus court, relativement à son épaisseur, que celui des Aigles, et plus comprimé sur les côtés, à bords mandibulaires légèrement festonnés; des narines lunulées, ouvertes obliquement sur le bord de la cire; des ailes allongées et aiguës, à troisième, quatrième et cinquième rémiges, les plus longues atteignant généralement l'extrémité ou la moitié seulement de la queue, qui est ample et arrondie; des tarses épais, de la longueur du doigt médian, revêtus de plumes, seulement dans leur moitié supérieure, le reste nu et garni d'écailles.

Ce genre comprend plusieurs espèces; tout ce que nous dirons des mœurs de la plus remarquable, le Pygargue à tête blanche, s'applique à peu près à toutes les autres.

Si de belles proportions, dit Macgillivray, la force et la rapacité, constituent la noblesse chez les oiseaux de proie, le Pygargue à tête blanche est un noble oiseau, terme qu'emploient généralement les ornithologistes, lorsqu'ils font la description de quelqu'un des membres de la nombreuse famille des Faucons; mais si le courage et la hardiesse sont l'apanage inséparable de la noblesse, cet oiseau a bien peu de droits à ce titre. Ses mœurs tiennent à la fois de celles du Vautour, du Corbeau et de la Mouette. Son genre de vie paraît, en effet, varier suivant les lieux qu'il habite dans l'un et l'autre continent. Il se nourrit en général de bestiaux morts; aussi le voit-on souvent passer avec rapidité le long des montagnes, pour se repaître des cadavres qui s'y trouvent. D'autres fois on le voit planer au-dessus des récifs baignés par la mer, pour enlever, soit les Poissons qui s'approchent de la rive, soit les oiseaux aquatiques qui vivent au milieu des plantes marines. Lorsqu'il n'a pu, dans ces parages, se procurer une nourriture suffisante, il enlève la volaille des basses-cours, et quelquefois de jeunes Agneaux dans les parcs des bergeries; et, s'il est très-pressé par la faim, on le voit attaquer des Biches et des Moutons. M. le professeur Nordmann, d'Odessa, dit que, sur plus de douze individus qu'il a ouverts, il n'a jamais trouvé un Poisson dans leur estomac, mais constamment des débris de petits mammifères et d'oiseaux; quelquefois, mais plus rarement, des restes de Lézards.

Pendant le repos, le port de cet oiseau n'a rien de remarquable; mais, quand il s'anime, son attitude prend une certaine fierté : de ses yeux jaillissent de vives étincelles; alors il rapproche la tête des épaules et dresse une touffe de plumes aiguës qu'il a derrière le cou. Pour s'élever de terre, il porte le corps en avant; puis, à l'aide de quelques battements d'ailes, il prend son essor en décrivant d'immenses spirales. Son vol est majestueux. Quand les ailes sont complétement développées, elles forment un angle obtus avec la partie postérieure du corps. Dans cette position, l'air seul semble le soutenir et le faire voguer, tant les mouvements de la queue et des ailes sont peu sensibles. Dès qu'il aperçoit sa proie, et pour exprimer sans doute sa satisfaction, il pousse des cris assez semblables au hurlement d'un Chien, et que l'on peut traduire par les syllabes suivantes : *koulouk*, *koulouk*, *koulouk*, *klouk*, *klouk*. Il se précipite, et en un clin d'œil il s'est emparé de sa victime, qu'il transporte triomphant dans son aire.

Cet oiseau, qu'on ne voit que très-exceptionnellement sur les côtes de France, se montre rarement aussi en Angleterre; il fréquente cependant les Hébrides et l'Écosse, près du lac d'Assynt, entouré de montagnes à chaque instant coupées par une suite de petites vallées, dont chacune a, faut-il dire, son lac peuplé de Truites. Cette disposition locale semble être faite exprès pour lui; jamais personne ne vient l'y troubler, car les bergers n'approchent point de ces parties rocheuses et accidentées, où ils courraient à chaque instant le risque de perdre de vue leurs troupeaux, qui, d'ailleurs, n'y trouveraient qu'une dure et épaisse bruyère. Les grands versants herbeux sont bien préférables; non-seulement les Moutons y trouvent une nourriture saine et abondante, mais l'homme y veille facilement sur eux. Le chasseur de Tétras évite aussi ce district; il y perdrait ses Chiens, comme le berger ses Moutons. Le Pygargue peut donc y vivre sans aucun dérangement. Rien n'est plus curieux à voir que la chasse qu'il fait aux Poissons : il ne s'attache qu'aux grosses pièces; et c'est avec ses serres qu'il les enlève; son coup est toujours sûr; il effleure de l'aile la surface de l'eau et harponne sa victime avec une merveilleuse dextérité.

Si quelque être humain vient explorer le lac, l'oiseau demeure sur son roc isolé, à l'abri de tout danger comme de toute inquiétude, puisqu'on ne peut s'approcher de son nid qu'à la nage. Il plane au-dessus de l'eau, à une distance considérable, comme le Faucon Cresserelle plane sur une Souris, quelquefois sans remuer les ailes, quelquefois décrivant des courbes, tournant la tête et regardant l'eau. Aperçoit-il une Truite, aussitôt il ferme les ailes, tombe en ligne droite, comme un oiseau mort, plonge souvent sous l'eau ou paraît parfois la toucher à peine; mais toujours il reprend son essor tenant un Poisson dans ses fortes serres, disposées de manière à ne pas laisser échapper sa glissante capture. Parfois il s'arrête brusquement au milieu de sa chute précipitée, peut-être parce que le Poisson, changeant de position, échappe à son atteinte; il recommence alors à planer, comme suspendu au milieu des airs, et attend que sa proie reparaisse. Tous les pêcheurs à la Mouche savent avec quelle promptitude la Truite s'élance d'une profondeur de plusieurs pieds pour saisir l'appât presque avant qu'il ait touché l'eau. Le Pygargue, qui plane à découvert, doit donc être doué d'une rapidité et d'une adresse incomparables pour s'emparer de ce Poisson, dont il est si friand.

Nous avons dit que l'Aigle s'emparait quelquefois du produit de la pêche du Pygargue, mais ce dernier agit de la même façon avec d'autres oiseaux pêcheurs plus faibles que lui. C'est ce que Wilson a observé et nous apprend dans son *Histoire des Oiseaux d'Amérique*. « Perché sur la plus haute branche de quelque arbre gigantesque, d'où la vue s'étend au loin sur la côte de l'Océan, le Pygargue, dit-il, a l'air de contempler tranquillement les mouvements de toute la gent emplumée qui poursuit au-dessous de lui le cours de son active existence : c'est la blanche Mouette qui se balance mollement dans l'espace; c'est le Bécasseau qui trotte rapidement sur le sable; c'est une bande de Canards qui descend le cours de l'eau; c'est la Grue silencieuse qui, l'œil au guet, se promène sur la grève; c'est le Corbeau criard, et toute cette multitude ailée qui vit par l'infinie bonté de la généreuse nature. Au-dessus d'eux plane un autre oiseau qui attire soudain toute mon attention. A la large courbure de ses ailes, à son immobilité dans l'air, j'ai reconnu un Balbuzard qui vient de fixer son choix sur quelque pauvre victime des ondes. Le Pygargue l'a aperçu plus tôt que moi; il se balance sur sa branche, les ailes entr'ouvertes, attendant le résultat. Rapide comme la flèche, l'objet de son attention se précipite et disparaît sous l'eau, qui rejaillit. A ce moment le Pygargue allonge le cou et manifeste son impatience. Le Balbuzard reparaît en se débattant avec sa proie, et monte dans les airs en poussant un cri de triomphe; c'est le signal du départ du Pygargue; il s'élance et donne la chasse au pêcheur, qui cherche à fuir, mais sur lequel il gagne bien vite. Chacun fait force d'ailes; ce sont des évolutions aériennes d'une sublime élégance. Le Pygargue, dont rien n'embarrasse le vol, avance rapidement, il va toucher son adversaire, quand ce dernier jette un cri perçant, cri de désespoir sans doute, et n'a d'autre parti à prendre que de se débarrasser de son fardeau. Le Pygargue change alors subitement de direction, saisit le poisson dans ses serres, avant qu'il ait eu le temps d'arriver à l'eau, et regagne tranquillement sa demeure. »

Souvent les Pygargues donnent aussi la chasse aux Vautours, et les forcent à dégorger le contenu de leur jabot pour s'en repaître. Audubon en cite un exemple. Il explorait le pays, en chasseur, près de la ville de Natchez, sur le Mississipi, lorsqu'il aperçut plusieurs Cathartes qui dévoraient le cadavre et les entrailles d'un cheval. Un Pygargue survint : tous les Vautours alarmés prirent leur vol, et l'un d'eux avec une portion d'intestin à moitié avalée et l'autre moitié pendante hors du bec. Le Pygargue se mit à sa poursuite; le fuyard s'efforçait en vain de débarrasser son estomac, quand le Pygargue l'atteignit, saisit le bout pendant de plus d'un mètre, et entraîna ainsi le Catharte, jusqu'à ce que, gênés tous deux par leurs efforts opposés, ils tombèrent sur le sol, où la lutte ne fut pas de longue durée.

Audubon raconte encore la lutte d'un Cygne avec un Pygargue, sur les rives du Mississipi. Le Pygargue était sur la dernière branche du plus haut des arbres du rivage, et dominant l'espace; il était attentif à chaque bruit lointain. De temps à autre son regard s'abaissait vers la terre; rien ne pouvait lui échapper, pas même le pas le plus léger d'un faon. Sa femelle, perchée sur le rivage opposé du large fleuve, faisait entendre parfois un cri. A ce signal bien connu, le mâle ouvrait en partie ses ailes immenses, inclinait légèrement son corps en avant, et lui répondait par un autre cri comparable à l'éclat de rire d'un maniaque; puis il reprenait son attitude droite, et de nouveau tout redevenait silence. Canards de toute espèce, Sarcelles, Macreuses et autres passaient devant lui en troupes rapides et descendaient le fleuve; mais le Pygargue ne daignait y faire aucune attention. Tout à coup, comme le son rauque du clairon, la voix d'un Cygne a retenti, distante encore, mais se rapprochant. Un cri perçant traverse le fleuve : c'est celui de la Pygargue, non moins attentive, non moins alerte que le mâle. Celui-ci secoue violemment tout son corps, arrange un instant son plumage, comme un athlète qui se prépare au combat. Maintenant le blanc voyageur est en vue; son long cou de neige est tendu en avant, ses yeux, vigilants comme ceux de son ennemi, fouillent l'espace, mais c'est en vain: ses larges ailes semblent supporter difficilement le poids de son corps, bien qu'elles battent l'air incessamment; il paraît fatigué dans ses mouvements; ses jambes sont étendues sous sa queue pour en seconder les mouvements. Il approche, et son sort est décidé. Au moment où le Cygne va passer au niveau de l'arbre qui cache le Pygargue, celui-ci s'élance en poussant un cri formidable; le Cygne l'entend, et il résonne plus sinistre à son oreille que la détonation d'un fusil.

C'est le moment d'apprécier la puissance dont le Pygargue dispose; il glisse dans l'air comme l'étoile qui tombe, et, rapide comme l'éclair, il fond sur sa tremblante victime, qui, dans l'agonie du désespoir, essaye diverses évolutions pour échapper à l'étreinte de ses serres cruelles. Le Cygne monte, fait des feintes et voudrait bien plonger dans le courant; mais le Pygargue l'en empêche; il sait depuis longtemps que, par cette manœuvre instinctive, il pourrait lui échapper, et il le force à rester sur ses ailes, en cherchant à le frapper au ventre. Bientôt tout espoir de salut s'évanouit; déjà le Cygne se sent affaibli, un reste de vigueur s'éteint devant l'énergie de son ennemi. Il tente cependant encore un suprême effort pour fuir. Mais le Pygargue acharné le frappe en dessous, au bord de l'aile, le presse avec une puissance irrésistible et le précipite obliquement sur le rivage. On peut alors juger de la férocité du Pygargue; en effet, il semble triompher sur sa proie : de ses serres puissantes il étreint le corps du Cygne, le pétrit et plonge son bec acéré dans les chairs et les entrailles qu'il déchire, et il rugit, c'est le mot, en savourant les dernières convulsions de sa victime. La Pygargue, restée attentive à chaque mouvement du mâle, ne l'a cependant pas secondé dans l'attaque, parce qu'elle comptait autant sur la force du vainqueur que sur la faiblesse du vaincu. Elle vole à la curée, et prend sa part de chair et de sang.

Quelquefois, lorsque des Pygargues, mâle et femelle, en chasse ont découvert une bande de Canards, d'Oies ou de Cygnes, nageant à distance de la rive, et qu'ils veulent s'emparer de l'un d'eux, ils ont recours à une manœuvre assez intelligente et qui exige certaine combinaison. Ils savent parfaitement que les oiseaux d'eau ont l'instinct de plonger à leur approche et d'éviter ainsi leurs atteintes. Aussi commencent-ils par s'élever dans deux directions opposées, au-dessus de la rivière ou du lac sur lequel ils ont aperçu l'objet qu'ils convoitent. Parvenus à une certaine hauteur, l'un d'eux descend à toute vitesse vers la proie; mais celle-ci, comprenant les intentions de l'ennemi, plonge au moment où il arrive sur elle; le Pygargue alors se relève et rencontre en chemin sa femelle, qui glisse à son tour vers le pauvre oiseau, juste au moment où il revenait à la surface pour respirer, et qui plonge de nouveau, afin d'échapper aux serres de ce second assaillant. Le premier Pygargue se balance à la place même que l'autre vient de quitter, se précipite un seconde fois, force la victime à plonger encore; et, la pressant ainsi tour à tour par des attaques promptes et répétées, ils ont bientôt fatigué le malheureux palmipède, qui tâche de gagner le rivage, dans l'espoir de s'y cacher parmi les grandes herbes. Mais aucun effort ne peut le sauver, car les Pygargues sont là, suivant chacun de ses mouvements; et, au moment où il approche du bord, l'un d'eux fond sur lui, le tue, et ils le dévorent en commun.

Le Pygargue n'attaque pas l'homme; cependant on cite plusieurs faits qui prouvent qu'en certaines circonstances il trouve assez de courage pour faire résistance et devenir agresseur. Macgillivray cite deux combats de ce genre. Dans l'île de Lewis, un chasseur était monté sur un rocher dans l'intention de tirer des Pygargues qui y avaient établi leur aire. Il fut aussitôt assailli par deux de ces oiseaux, qui le frappèrent si vigoureusement de leurs ailes que le chasseur, étourdi et dans l'impossibilité de se servir de son arme, fut obligé de prendre la fuite.

Dans la même île, un couple de Pygargues construisait tous les ans un nid sur les pics élevés qui entourent le loch de Suainebhad. Une pauvre femme ayant un jour, par hasard, mené paître sa vache sur les bords de ce marais, fut attaquée par les deux oiseaux avec tant d'impétuosité que, malgré ses cris et ses efforts, elle fut obligée de fuir, après avoir eu le visage et les épaules horriblement déchirés par les serres de ces audacieux rapaces.

En général, cependant, ces oiseaux sont peu courageux ; ils se bornent à voler autour de la personne qui s'approche de leur aire, et à pousser leurs cris ordinaires en agitant vivement leurs ailes. Il est rare qu'ils attaquent des animaux qui peuvent leur opposer quelque résistance. Le même ornithologiste a néanmoins vu un Pygargue que l'on tenait enfermé dans une grande chambre, au-dessous de l'ancienne bibliothèque de l'Université d'Édimbourg, attaquer avec impétuosité un enfant qui était entré dans cette chambre, et il fallut le concours de plusieurs personnes pour le délivrer. Macgillivray lui-même fut assailli, peu de temps après, par le même oiseau et dans les mêmes circonstances ; mais il le repoussa avec sa canne.

Malgré l'audace habituelle du Pygargue, il perd quelquefois contenance et fuit devant des oiseaux beaucoup plus faibles que lui. Le fait suivant est cité par Levaillant, qui faisait alors ses débuts comme chasseur et comme naturaliste. J'ai été témoin, dit-il, dans la plaine de Genevilliers, aux environs de Paris, d'une lutte bien inégale qui eut lieu entre une dizaine de Draines et un Aigle Pygargue. Ce dernier, complétement étourdi, s'était réfugié dans une remise, où il restait blotti dans un buisson. Attiré par les cris réitérés et l'agitation continuelle de ces Grives, dont toute la manœuvre m'annonçait quelque chose d'extraordinaire, je m'avançai, et fus surpris de voir qu'elles avaient affaire à un Pygargue. N'ayant point d'armes sur moi, attendu que j'étais sur ce qu'on appelait les *Plaisirs du roi*, et ne pouvant résister à une aussi belle occasion de me procurer un oiseau qui manquait à ma collection, je courus chez moi, ma demeure étant à Asnières, près de l'endroit dont je parle. Là je me munis d'un pistolet chargé à gros plomb (un fusil m'aurait trop exposé), et, regagnant la plaine, j'arrive dans la remise qui renfermait l'objet de mes désirs : je vois mon Pygargue toujours aux prises avec les Draines, qui n'avaient point lâché pied. Alors, bravant l'oreille attentive des gardes et les atroces lois sur la chasse, le cœur palpitant de joie et d'inquiétude, j'approche l'oiseau à dix pas, et de mon coup bien ajusté je l'abats sur place. Aussitôt, enterrant mon arme et cachant mon Pygargue dans les broussailles, je sors de l'enceinte qui recélait mon trésor. L'œil attentif, je regarde autour de moi; tous les hommes que je vis errants dans la plaine ou sur les chemins me paraissaient croisés de la fatale bandoulière bordée de fleurs de lis... Mais, pour cette fois, la vigilance des gardes fut en défaut. Ne voyant donc rien qui pût me causer quelque inquiétude, je m'empare de ma proie et gagne furtivement ma demeure, où, fier de ma conquête, j'appelle tous mes voisins pour être témoins de mon triomphe. Quoiqu'il y eût loin de cette victoire à celles que je remportai par la suite, notamment lorsque je tuai ma première Girafe; je me rappelle pourtant qu'elle ne me causa pas moins de plaisir. C'est ainsi que dans la vie tout est relatif; un Pygargue, tué dans les environs de Paris, était un objet tout aussi intéressant pour moi et peut-être même plus extraordinaire qu'une Girafe abattue dans les déserts de l'Afrique : l'un était un géant parmi les oiseaux d'Europe, comme la Girafe l'est parmi les quadrupèdes de son pays.

Jamais on ne voit les Pygargues aller de compagnie, s'ils ne sont accouplés. Parmi les jeunes de l'année précédente, la femelle est escortée de deux mâles, qui se montrent très-empressés autour d'elle; mais aussitôt que la construction du nid se prépare, un combat décide du sort des deux rivaux. Les deux combattants, suspendus au-dessus de l'abîme, s'entre-choquent, s'enlèvent réciproquement les plumes, se déchirent de leurs serres : chacun, alternativement renversé sur le dos, reçoit le choc de son adversaire, qui fond sur lui ailes déployées. Cette lutte dure rarement plus de vingt minutes, car l'acharnement est si vif, que les forces des combattants sont bientôt épuisées : le vaincu cède la place et va cacher dans la solitude la honte de sa défaite; tandis que le vainqueur, fier de son triomphe, le bec et les serres souillés de sang, savoure à longs traits les douceurs de la victoire. Tels sont les préludes des amours de cet oiseau. L'attachement du mâle et de la femelle semble continuer jusqu'à ce que l'un des deux meure ou soit tué. Ils chassent pour se nourrir l'un et l'autre et mangent généralement ensemble. Ils ne supportent aucun autre couple dans le canton qu'ils ont adopté. La pariade a lieu de très-bonne heure; elle commence au mois de décembre, en Amérique du moins. A cette période de l'année, le long du Mississipi ou sur les rives de quelque lac, dans l'intérieur des forêts, on observe le mâle et la femelle manifestant une grande agitation, volant en tous sens, faisant entendre un assez bruyant caquetage, se posant sur les branches mortes de l'arbre au faîte duquel ils préparent leur nid ou le réparent en échangeant des caresses. Dès les premiers jours de janvier commence l'incubation. L'emplacement du nid varie comme les localités et la nourriture qu'elles peuvent fournir. En Amérique, où se rencontrent encore d'immenses forêts vierges, ces oiseaux l'établissent presque toujours sur un grand arbre dépouillé de branches et à une hauteur considérable, mais non pas toujours sur un arbre mort. On n'en voit jamais sur les rochers. L'aire se compose de baguettes longues de trois à cinq pieds, de plaques de gazon, de racines sèches et de mousse. Quand il est terminé, il a bien près de deux mètres de diamètre; et l'accumulation des matériaux est telle qu'il a souvent deux mètres de hauteur, surtout lorsqu'il a été occupé plusieurs années de suite et reçu quelque augmentation à chaque ponte. On l'aperçoit donc facilement de loin sur la fourche d'un arbre nu. Les œufs, au nombre de deux à quatre, plus souvent de deux ou de trois, sont arrondis également aux deux bouts, de forme ovalaire, à coquille d'un blanc bleuâtre, sans aucune tache : leur grand diamètre est de sept centimètres et demi, et leur petit de cinq à six centimètres.

Le Pygargue laisse d'autres petits oiseaux construire leur nid dans les bâtons qui forment la base de l'aire, et ces derniers ne paraissent nullement inquiets du voisinage.

En Europe, et en Écosse particulièrement, ces aires sont presque toujours établies sur les rochers, et exceptionnellement sur des arbres, parce qu'ils n'en trouvent sans doute pas toujours qui leur conviennent. Les Pygargues choisissent les roches les plus écartées, les plus abruptes et couvertes par quelque saillie qui les abrite. A leur naissance, les petits sont revêtus d'un duvet cotonneux, et leur bec et leurs jambes paraissent d'une longueur disproportionnée. Leur premier plumage est d'une teinte grisâtre mêlée de nuances plus brunes de divers tons; ils ont toutes leurs plumes avant que le père et la mère les poussent hors du nid. Audubon raconte qu'il prit un jour trois petits Pygargues dont le développement était assez avancé pour laisser supposer qu'ils étaient en état de prendre leur vol. Mais ce ne fut pas sans peine qu'il s'en empara, car il fallut abattre l'arbre qui portait le nid, et les petits se sauvèrent à pattes, si vite d'abord qu'on ne pouvait les suivre; ils furent cependant bientôt fatigués, et on les lia sans résistance. A la vue de plusieurs hommes, le père et la mère n'osèrent pas approcher à portée de fusil. Cependant l'affection du Pygargue pour ses petits est très-vive, mais c'est surtout quand ils sont encore tout jeunes. Il leur apporte chaque jour d'abondantes provisions, qui consistent en poissons, Lapins, Écureuils, Agneaux, Marcassins, Opossums et Sarigues. Un colon de Norfolk, aux États-Unis, en défrichant un bois, trouva, sur un grand sapin mort, un nid de Pygargue contenant des petits. On mit le feu à l'arbre pour ne pas prendre la peine de l'abattre, la flamme s'éleva en peu de temps jusqu'à plus de la moitié du tronc. La Pygargue, tourmentée, tourna autour du feu et s'en approcha au point de brûler une partie de ses plumes; elle revint plusieurs fois à la charge, et brava la mort pour secourir sa jeune famille.

Une fois capables de voler et de pourvoir à leur nourriture, les petits s'éloignent d'abord pendant le jour et reviennent le soir au nid, ou au moins sur les branches de l'arbre qui le supporte. Cela dure quelques semaines, après lesquelles ils s'éloignent définitivement.

Les jeunes Pygargues commencent à chercher une compagne dès le printemps suivant; mais ils ne s'accouplent pas toujours avec un oiseau du même âge : car Audubon a maintes fois observé qu'un Pygargue d'un plumage encore brun s'associait avec un autre ayant la teinte que donnent quelques années de plus, avec la tête et la queue parfaitement blanches. Il tira même un jour un de ces couples, dont l'individu brun, le plus jeune, se trouva être la femelle. Il faut à ces oiseaux, quand on les garde en captivité, quatre ans au moins avant d'avoir leur beau plumage. Audubon a vu deux individus dont le blanc de la tête ne parut qu'à la sixième année.

Ces oiseaux sont si attachés aux cantons où ils ont fait une première fois leur nid, qu'ils passent rarement la nuit à une longue distance, et qu'ils y reviennent les années suivantes.

Pendant leur sommeil ils font entendre une sorte de ronflement sifflant, qui se perçoit à plus de cinq cents pas quand l'atmosphère est calme Cependant leur sommeil est si léger, qu'il suffit, pour les réveiller, du bruit d'une branche morte écrasée sous le pied du chasseur. Si on tente de les enfumer en allumant des broussailles sous l'arbre qui leur sert de perchoir nocturne, ils partent et s'envolent sans le moindre son de voix, mais ils reviennent le lendemain au même gîte. Ils se montrent rarement dans les régions très-montagneuses, et préfèrent les plages de la mer, les rives des grands lacs et les bords des fleuves. Les voyageurs s'accordent à dire qu'ils sont très-communs aux États-Unis, et qu'ils surveillent activement les nids de Ramiers et de Tourterelles pour s'emparer des jeunes au moment où ils font le premier essai de leurs ailes.

Les Pygargues ne se laissent pas facilement approcher, si l'on porte un fusil, et l'on ne parvient à les tirer que par surprise; ils se défient moins du chasseur en bateau ou à cheval; et l'on dit qu'en temps de neige leur vue les sert moins bien qu'en tout autre temps.

Si un Pygargue est blessé, il cherche à s'échapper par de longs sauts répétés, et si on ne le poursuit pas de près, il parvient bientôt à se cacher. Tombe-t-il sur l'eau, il agite fortement les ailes, et parvient souvent ainsi à gagner le rivage, quand la distance n'est pas de plus de quarante ou cinquante mètres. Il se défend à la manière des autres Aigles et des Faucons, en se renversant en arrière pour frapper avec fureur de ses serres tous les objets à sa portée, le bec ouvert, la tête tournant sans cesse pour épier les mouvements de l'ennemi, et les yeux semblant prêts à sortir de leurs orbites.

Le Pygargue à tête blanche a le vol vigoureux, généralement uniforme, et il le prolonge à son gré. Il a la faculté de monter par un vol circulaire, sans un seul battement d'ailes, sans même un seul mouvement apparent de la queue. C'est de cette manière qu'il s'élève jusqu'à perte de vue. Parfois il s'élève seulement à quelques mètres du sol, et part rapidement en ligne droite. Souvent aussi, parvenu à une certaine hauteur, il ferme un peu ses ailes et semble glisser vers la terre, puis tout à coup, et comme changeant d'idée, ou déçu dans quelque espoir, il s'arrête soudain et reprend son premier essor. Quand il descend ainsi, les ailes repliées, la vitesse de son vol produit comme l'effet d'un coup de vent qui traverserait les branches d'un arbre, et l'œil peut à peine le suivre. C'est à Audubon, cet habile observateur, que nous devons la plus grande partie de ces détails.

Fig. 56. — Balbuzard fluviatile. *Haliætus fluviatilis.*

A la suite des Pygargues, et dans le même groupe qu'eux, nous plaçons le Balbuzard, connu aussi dans quelques localités sous le nom de Tappe-à-Bremmes, à cause de ses habitudes. Quoique plus voisin des Aigles sous certains rapports d'organisation, il est loin d'en avoir le port, la fierté, la force et le courage.

Les lieux que le Balbuzard fréquente de préférence ne sont pas les rivages de la mer, mais bien les terres basses et voisines des étangs et des rivières. Tantôt perchés sur des branches basses et très-rapprochées de l'eau, tantôt sur de grosses pierres, il attend sa proie, particulièrement le poisson, qu'il saisit dans ses serres, à fleur d'eau ou en plongeant ; souvent aussi c'est du haut des airs qu'il le guette. Mais cette proie, dont la pesanteur rend le vol de l'oiseau plus lent et plus pénible, n'est pas toujours son partage ; et nous avons vu comment, dans certaines localités, le Pygargue s'y prend pour la lui ravir. C'est ainsi qu'arbitre souverain des grands comme des petits événements, le droit du plus fort, dit Dumont-Sainte-Croix, régit tout dans l'univers, au haut des airs comme sur la terre et sous les eaux. Mais, de même que le corsaire auquel un ennemi enlève sa prise à la vue du port, entreprend une nouvelle croisière dans l'espoir d'être plus heureux, le Balbuzard recommence son exercice, et, maître d'une nouvelle proie, il parvient enfin à la soustraire à la voracité du Pygargue, surtout lorsqu'elle est moins pesante. Ces pêches et ces combats durent jusqu'au retour du poisson des fleuves à la mer; alors le Pygargue se retire dans les montagnes, où il chasse le gibier, et le Balbuzard se rend sur les bords de l'Océan, où il n'a plus de tribut à payer. Il niche, en général, dans les crevasses des rochers les plus élevés ou sur de grands arbres ; la ponte est de deux ou quatre œufs de forme ovalaire un peu allongée.

La couleur de l'œuf du Balbuzard d'Europe, le même que celui de la Caroline, au lieu d'être d'un blanc uniforme comme celui des Pygargues, est d'un blanc légèrement bleuâtre, élégamment moucheté de taches assez larges d'un brun de bistre plus ou moins violacé, entremêlées de quelques autres taches plus rares, d'un gris bleuâtre très-vaporeux. Celui du Balbuzard à tête blanche de la Nouvelle-Calédonie et de l'Australie a les plus grands rapports de forme et de coloration avec le précédent, quant à la distribution des taches ; seulement le blanc est comme teinté de rosé, et les taches sont d'un beau brun-violet, entremêlées de taches d'un gris-lilas brillant. Le grand diamètre de l'un à l'autre varie de cinquante-neuf à soixante-cinq millimètres, et le petit, de quarante-quatre à quarante-neuf.

Un caractère particulier aux Balbuzards est d'avoir les doigts pourvus, en dessous, de pelotes rugueuses ; chacune de ces rugosités ou granulations se terminant en une saillie cornée plus ou moins pointue ou épineuse.

Le Balbuzard se prend facilement au piége, et voici de quelle manière. On enfonce au bord ou au milieu des eaux ou des étangs de grands et forts poteaux qui dépassent de trois ou quatre pieds la surface de l'eau, et l'on y adapte un piége. L'oiseau, qui a besoin de se poser, soit pour observer le poisson qu'il veut prendre, soit, mieux encore pour déposer celui qu'il a pris, ne manque jamais de profiter de ces points de station. C'est ainsi que nous en avons vu prendre fréquemment sur les étangs d'Ermenonville et notamment sur ceux encore plus étendus de Mortefontaine. On ne manquait jamais d'en prendre cinq ou six chaque année, à leur passage; le passage d'automne est celui qui en fournissait le plus. C'est par la patte qu'ils se font prendre ; bien souvent elle se brise, mais fort souvent aussi elle résiste et l'oiseau n'a qu'une déchirure insignifiante et peut être conservé vivant. Nous nous en sommes un jour procuré un qu'un des gardes avait pris ainsi au mois de septembre.

Le Balbuzard se trouve dans toutes les parties de notre continent. Il est assez commun en Allemagne et surtout en Suisse. On en tue souvent en Champagne, en Bourgogne, dans les Vosges et dans le midi de la France. On remarque qu'il est de passage, en automne, dans quelques départements du nord-est.

4ᵉ Genre. — SPIZAETE ou AIGLE AUTOUR. *SPIZAETUS*, Vieillot.

Les Spizaëtes peuvent rivaliser avec les Aigles, car ils sont les tyrans de tous les petits quadrupèdes et de tous les oiseaux; ce sont de vrais despotes, qui abusent de leurs serres, de leur bec et de leur agilité pour faire la guerre à tout ce qui les environne et immoler tout ce qui les approche.

Fig. 57. — Spizaète tyran. *Spizaetus tyrannus*.

Les Spizaëtes peuvent être considérés comme des Aigles destinés à vivre dans les forêts; aussi leur queue est-elle plus longue que celle des précédents, qui vivent sur les rochers. Cette longueur de la queue, qui dépasse toujours les ailes, rapproche ces oiseaux des Autours et des Éperviers. Mais ils ont trop de points de contact et de caractères communs avec les Aigles pour les en éloigner autant.

Les caractères distinctifs des Spizaëtes sont : queue longue et arrondie; ailes recouvrant au plus le premier tiers de la queue; bec presque droit, convexe et crochu à la pointe, comprimé sur les côtés, à bords festonnés et tranchants; commissure du bec d'une grande ampleur; beaucoup d'entre eux ont les plumes occipitales allongées, pouvant se redresser et former une huppe; tarses forts, robustes, plus ou moins emplumés jusqu'à la naissance des doigts, comme chez les vrais Spizaëtes, ou seulement jusqu'au-dessous du genou, comme chez les Harpies, les Circaëtes et les Urubitingas.

Quel que soit le continent qu'ils habitent, les mœurs et les habitudes de tous ces oiseaux sont les mêmes. Tous vivent généralement de gibier de toutes sortes, qu'ils chassent et tuent eux-mêmes. Ce n'est qu'exceptionnellement qu'on les voit s'abattre sur les cadavres des mammifères, d'amphibies ou de poissons. Tous vont également par paire.

Le nid ou aire d'une des plus grandes espèces du continent africain, le Griffard, *Spizaetus bellicosus*, établi à la cime des plus grands arbres, et plus rarement sur des rochers escarpés et inaccessibles, est si solide, qu'un homme peut s'y tenir sans crainte de l'enfoncer. Il est composé d'abord de plusieurs perches, plus ou moins longues, suivant la distance des enfourchures des branches sur lesquelles elles doivent porter. Ces dernières traverses sont enlacées en tous sens par des branches flexibles qui les lient fortement ensemble et servent de fondement à l'édifice, surmonté d'une assez grande quantité de menu bois, de mousse, de feuilles sèches, de bruyère et même de feuilles de roseaux, s'il s'en trouve dans les environs. Ce plancher est recouvert d'une couche de petites brindilles sèches, quelquefois de plumes et de laine; et c'est sur ce dernier lit que la femelle dépose ses œufs. Cette aire, ainsi construite, peut avoir quatre ou cinq pieds de diamètre et deux pieds d'épaisseur; sa forme est irrégulière;

Fig. 58. — Spizaète Griffard. *Spizaetus bellicosus.*

elle dure indéfiniment et probablement pendant toute la vie du couple, quand aucun accident ne l'oblige à s'éloigner d'un premier établissement. Les débris considérables d'ossements de toutes sortes d'animaux corrodés par le temps, et qu'on rencontre accumulés au pied de l'arbre portant un de ses nids, ainsi que les diverses couches de la surface extérieure du nid lui-même, permettent de voir combien de fois il a été réparé pour les besoins d'une nouvelle ponte. Ce n'est que dans le cas où la localité n'offre point d'arbre convenable au Griffard pour construire son aire qu'il la place sur des rochers. Pendant que la femelle couve, le mâle veille aux besoins communs, lui apporte sa nourriture et chasse pour toute la famille, jusqu'à ce que les petits puissent rester seuls dans l'aire sans courir de danger; car, devenus plus grands, ils exigent des provisions si considérables, que les vieux, suffisant à peine à leur voracité, sont alors obligés de chasser ensemble, afin de satisfaire un appétit aussi extraordinaire que l'est celui des jeunes. Les provisions qu'ils font alors sont telles que des Hottentots assurent avoir vécu, pendant près de deux mois, de ce qu'ils dérobaient chaque jour à deux Griffards, dont le nid était dans leur voisinage.

Levaillant en a conservé pendant quelque temps un vivant, auquel il avait cassé le bout de l'aile en le tirant. Il resta trois jours sans vouloir rien manger, malgré tout ce qu'on put lui offrir; mais aussitôt qu'il fut habitué à prendre sa nourriture, on ne pouvait plus le rassasier; il devenait furieux à la vue d'un morceau de viande, en avalait d'un coup des lambeaux de près d'une livre et n'en refusait jamais, quoique son jabot fût si plein qu'il était forcé d'en dégorger une partie; mais il ne tardait jamais à reprendre ce qu'il avait rendu. Toute espèce de chair était de son goût, même celle d'autres oiseaux de proie; et il s'accommoda fort bien des débris d'un autre Griffard que ce voyageur avait dépouillé.

Lorsque ces oiseaux sont perchés, on les entend de très-loin pousser des cris aigus et perçants, mêlés, de moment à autre, de tons rauques et lugubres, et ils volent à une si prodigieuse hauteur, que souvent on les entend sans qu'il soit possible de les voir. Les Gazelles et les Lièvres sont la proie ordinaire du Griffard. Il fond sur les premières et les tue parfaitement. Mais c'est surtout dans sa haine pour les autres grands oiseaux de rapine qu'il fait admirer son courage : il les poursuit dès qu'il les aperçoit; font-ils résistance, il les combat impitoyablement, les oblige à fuir, et n'en souffre aucun dans le canton qu'il a choisi. Il arrive souvent que des bandes de Vautours et de Corbeaux se réunissent et cherchent à saisir le moment favorable pour s'emparer de l'animal que vient d'abattre le Griffard; mais la contenance intrépide et fière de cet oiseau, posé sur sa proie, suffit pour les tenir à l'écart.

D'autres espèces, plus petites, se contentent de menu gibier, comme les Lièvres, les Canards et les Perdrix ou Francolins. Ainsi le Huppard, *Spizaetus occipitalis*, se met aussi à la poursuite de quelques Corbeaux, oiseaux auxquels il fait une guerre opiniâtre quand ils s'approchent de son nid. C'est surtout après le grand Corbeau appelé Corbivau qu'il paraît le plus acharné, parce que, mieux armé et plus hardi, il ose souvent attaquer le Spizaëte pour se saisir de sa proie; s'ils sont nombreux, ils cherchent même à s'emparer de son aire pour manger les œufs ou les petits, et souvent toute la couvée devient la proie de ces Corbeaux voleurs; mais ce n'est jamais qu'accablé par le nombre, et après une défense opiniâtre qui a coûté la vie à plus d'un Corbivau, que le malheureux couple se voit réduit à laisser enlever et dévorer ses petits, souvent trop faibles encore pour se défendre autrement que par des cris.

Ceux d'entre les Spizaëtes destinés, comme le Blanchard, *Spizaetus coronatus*, à faire la chasse aux oiseaux, ont été doués d'une grande légèreté de vol; une très-longue queue leur sert admirablement bien pour se diriger et suivre les changements de direction qu'exécutent si vivement et si fréquemment les oiseaux qui cherchent à éviter leurs serres ; écarts brusques qui, presque toujours, les sauvent des atteintes de tout autre oiseau de rapine, mais qui deviennent inutiles avec les Spizaëtes.

C'est à la poursuite des Ramiers que l'on peut admirer l'adresse du Blanchard; il semble chasser de préférence un oiseau dont le vol est le plus rapide et le plus varié; et c'est surtout de celui que Levaillant a nommé *Rameron* qu'il fait sa proie ordinaire. On voit, en Europe, des Faucons, des Hobereaux, des Autours, des Éperviers, poursuivre nos Ramiers; mais on les voit peu réussir dans cette chasse, même en se jetant dans les volées entières de ces oiseaux. Leurs moyens sont, à la vérité, différents : ces oiseaux poursuivent à tire-d'aile leur proie, et cherchent à l'aborder, soit par-dessus, soit de côté, afin de s'en saisir; le Blanchard, au contraire, mesure son vol, le domine et ne hasarde rien. Le Rameron s'élève au-dessus des grands arbres, et semble s'amuser en volant d'une manière singulière et qui lui est toute spéciale : c'est alors que le Blanchard part de l'endroit où il était en embuscade; et s'il peut arriver sous le Rameron avant que celui-ci ait eu le temps de se précipiter dans le feuillage pour se cacher, c'en est fait de lui : tous ses détours, tous ses mouvements brusques et réitérés deviennent inutiles; son ennemi pare à tout, et semble chercher plutôt à le lasser qu'à le poursuivre. Toujours au-dessous de lui, son unique soin est de l'empêcher de gagner les arbres; et plus tôt le Rameron s'y précipite, plus tôt il est pris; parce que le Blanchard, parcourant pendant le même temps la ligne la plus courte, se trouve toujours au passage, et saisit sa proie au moment où souvent elle croit lui échapper. Ce n'est que lorsque le Rameron bloqué se voit forcé de gagner la plaine que le Blanchard vole droit sur lui, et le prend en un instant, parce qu'alors il est bientôt fatigué; mais il est fort rare qu'il ose quitter le bois, attendu que son unique ressource est d'arriver dans le plus épais des arbres, où les mouvements du Blanchard se trouvent embarrassés.

Levaillant a eu l'occasion d'observer un couple de Blanchards qui était établi près de son camp, dans les bois du délicieux pays d'Anteniquoi. Il les a examinés pendant plus de trois semaines avant de les tuer. Assis au pied d'un arbre, il passait des matinées entières à observer tous leurs mouvements et toutes leurs ruses. Comme, dans ce temps, ils étaient occupés à couver, il était sûr de les retrouver chaque jour dans les mêmes lieux. Quand l'un d'eux s'était saisi d'une proie quelconque, tous les Corbeaux des environs arrivaient par troupes innombrables, criant autour de lui et cherchant à avoir leur part du butin; mais le Spizaëte paraissait mépriser ces pillards, qui, n'osant approcher, se contentaient de se jeter sur les débris qui tombaient de l'arbre où le Blanchard dévorait paisiblement sa proie. Quand il se présentait dans le canton un oiseau de rapine quelconque, le Blanchard mâle le poursuivait à toute outrance, jusqu'à ce qu'il fût hors de son domaine. Les plus petits oiseaux seuls pouvaient tous impunément approcher du nid, et là ils se trouvaient même en sûreté contre les attaques des oiseaux de proie d'un ordre inférieur.

L'Aguya, ce Spizaëte de l'Amérique méridionale, malgré la variété de sa nourriture, puisqu'il mange même des poissons, a la même passion que le Blanchard d'Afrique pour les Pigeons. Seulement, ces oiseaux n'ayant plus les mêmes habitudes que le Rameron, puisqu'ils passent une grande partie de la journée sur le sol, il se donne moins de peine pour les chasser. Il se précipite sur une troupe qui couvre la terre quelquefois sur plus de dix mille mètres carrés, et s'empare aisément d'un de ces Ramiers, ou bien il fond sur la volée et saisit sa victime au vol.

La Harpie ou Aigle destructeur de l'Amérique du Sud est le plus féroce et le plus redoutable des Spizaëtes. Elle n'attaque jamais les oiseaux; les animaux dont elle se nourrit sont surtout l'Unau et l'Aï, les Sarigues, les Agoutis, les jeunes Faons, et, préférablement à tout, les Singes. C'est dans les forêts inondées des contrées intertropicales de l'Amérique du Sud qu'elle se

Fig. 39. — Harpie. *Spizaetus harpya*.

rencontre et qu'elle fait sa principale résidence, surtout dans celles de ces forêts situées sur le bord des fleuves. Le matin elle vole ordinairement, en tournoyant, le long des rives; mais, soit au vol et du haut des airs, soit au repos et à travers les branches des arbres, la Harpie observe ses victimes, les suit du regard, et cherche à les surprendre au milieu de leurs ébats, surtout si c'est une troupe de Singes, dont les cris ont attiré son attention; puis, malgré les efforts de ces quadrumanes et leur agilité, elle saisit l'un d'eux, le tue immédiatement en lui brisant le crâne à coups de bec, le dépèce et le dévore.

On rapporte que ces redoutables oiseaux de proie ne craignent pas d'attaquer même les hommes. On assure, en effet, avoir trouvé parmi les débris de leurs repas des crânes humains ouverts à coups de bec. Hernandez affirme que les Harpies attaquent, non-seulement les hommes, mais les animaux carnassiers que la nature a le mieux armés. Il est certain que leur vigueur, leur audace et leur courage sont extraordinaires.

La Harpie a un mètre cinquante de longueur de l'extrémité du bec à celle de la queue; son bec est long de près de sept centimètres, et fort épais; les ongles des doigts médians sont un peu plus gros et beaucoup plus longs que le doigt d'un homme. Il est certain que, attaquée et blessée par l'homme, la Harpie ne craint pas de se défendre en se ruant sur lui. D'Orbigny nous fournit un exemple de l'audace et de la vigueur de ce Spizaëte.

Dans une reconnaissance géographique, ce savant voyageur naviguait sur le Rio-Securi, l'une des nombreuses rivières, inconnues jusque-là, qui, descendant de la Cordillière du Cochalamba, en Bolivie, viennent grossir les eaux du Rio-Mamori, l'un des affluents de l'Amazone. La pirogue était conduite par trois sauvages Yuracarès, grands admirateurs de la Harpie; et, justement, on en aperçut une perchée sur les branches basses d'un arbre. D'Orbigny voulait débarquer pour la tirer; mais le terrain était fangeux, et les Indiens, plus alertes, sautèrent les premiers à terre avec leur arc et leurs flèches, la tirèrent et la blessèrent avant qu'il eût pu descendre; elle s'envola, quoique percée d'une flèche, et alla se reposer à peu de distance. Les Indiens la tirèrent encore : elle tomba enfin; ils l'étourdirent en lui donnant des coups sur la tête, se partagèrent sur le lieu même toutes les plumes des ailes, de la queue et de la tête, qu'ils estiment beaucoup, et commencèrent même à la dépouiller de son duvet; ils la rapportèrent ainsi toute mutilée, ce qui contraria d'autant plus d'Orbigny que c'était un sujet d'une taille extraordinaire. Regardé comme mort, l'oiseau fut placé dans la pirogue, en face de notre voyageur, qui ne remarqua pas que, revenu de son étourdissement, il reprenait peu à peu, et ne s'en aperçut que lorsque, furieuse et voulant sans doute se venger, la Harpie s'élança violemment sur lui, ne pouvant, par bonheur, se servir avec avantage que d'une seule serre : elle lui traversa l'avant-bras de part en part, dans l'espace interosseux, et lui déchira le bras; il fallut le secours des Indiens pour lui faire lâcher prise. Au milieu de forêts sauvages, loin de tous soins intelligents et sous l'influence d'une chaleur torride, d'Orbigny eut longtemps la crainte de perdre le bras et même la vie.

Plus d'un motif porte les Indiens Yuracarès à rechercher avec tant de soins les dépouilles de la Harpie et à en faire usage : car, du nord au sud du nouveau continent, ce sont toujours les mêmes superstitions pour l'oiseau symbole de la force et du courage, qu'il s'agisse du Condor, de l'Aigle ou de la Harpie. D'abord, c'est un grand honneur pour eux de posséder cette espèce vivante à l'état de captivité, et celui qui est assez heureux pour en avoir une est regardé comme un homme privilégié. D'Orbigny a été à même d'en examiner deux à l'état domestique. Pour se les procurer, les Indiens cherchent à découvrir la retraite que la Harpie se ménage sur le sommet d'un très-grand arbre, au bord d'une rivière; ils épient l'instant le plus favorable pour s'emparer des jeunes, les transportent dans leurs cabanes, et les femmes mettent le plus grand zèle à les soigner et à les nourrir. Devenus adultes, le martyre des Harpies commence : deux fois par an leur propriétaire leur arrache les grandes plumes de la queue et des ailes pour empenner ses flèches; et il leur enlève le duvet pour s'en parer dans les grandes occasions. Les Indiens font, pour ainsi dire, ce qu'ils veulent de cet oiseau, malgré sa force et son audace. C'est en quelque sorte pour eux un trésor; et, s'ils sont obligés de changer de campement, les femmes sont chargées, l'une après l'autre, de porter l'oiseau.

Les plumes de Harpie sont de beaucoup préférées à toutes les autres pour garnir les flèches; et l'Indien qui n'a pas été assez heureux pour tuer un de ces oiseaux ou pour se procurer des plumes par échange ne passe pas pour un habile chasseur, et reste dans les conditions les plus humbles. Le duvet leur sert seulement dans les grandes occasions, et voici comment ils l'emploient : ils se versent de l'huile de coco sur les cheveux, qu'ils couvrent alors de duvet blanc; ils ont ainsi une perruque légère et blanche qui est d'un effet très-singulier. D'Orbigny les a vus parés ainsi, dans une visite que lui firent les Indiens des environs du lieu où il avait établi ses tentes, comme au premier homme blanc qu'ils eussent vu sur les rives du Rio-Securi. Il remarqua aussi qu'ils suspendaient à leur cou les ongles de l'oiseau, comme un trophée dont ils étaient fiers.

En général, les vrais Spizaëtes perchent à la cime des plus grands arbres, dans les campagnes, vers la lisière des bois, pour y attendre une proie au passage; ils dédaignent les oiseaux, quoiqu'ils en soient assaillis et qu'ils soient étourdis de leurs cris. Pourtant la Harpie couronnée sait faire une chasse assidue aux Tinamous, ces Perdrix de l'Amérique du Sud. Leur vol est étendu, mais lent : pour saisir une proie, ils semblent quelquefois se laisser tomber du haut des arbres, mais, plus habituellement, ils s'élèvent en battant mollement les ailes jusqu'à ce qu'ils soient parvenus à une grande hauteur, et ils tournoient jusqu'à ce qu'ils aient découvert une victime; alors ils s'abattent presque perpendiculairement, les ailes pliées et sans bruit. Il est rare que l'animal sur lequel ils fondent fasse aucun mouvement : la frayeur le retient; mais, s'il s'enfuit, soit au vol, soit à la course, les Spizaëtes le suivent et s'en emparent aussitôt.

Nous avons dit que la Harpie était facilement apprivoisée par les Indiens. Il n'est pas rare d'en voir en captivité dans diverses ménageries. Le Jardin zoologique de Londres et celui du Muséum de Paris en ont longtemps possédé de magnifiques individus. Voici le résultat des observations faites par un naturaliste sur l'un de ces oiseaux captifs : « Nous l'avons vu souvent en repos, perché sur son bâton, droit, immobile comme une statue, et complétement insensible aux mouvements, aux cris, aux menaces, au bruit que l'on faisait devant lui pour essayer de l'intimider. On ne pouvait le déterminer à changer son attitude fière et presque méprisante, ni troubler les regards calmes, mais hardis et pénétrants qu'il fixait sur nous; nous l'avons vu aussi s'acharner sur les pauvres animaux qu'on livrait à son avidité; ses serres disparaissaient complétement dans leur corps; son bec était empourpré de sang. A notre approche, il étendait en frémissant ses ailes, comme pour couvrir et cacher sa proie, et son œil irrité exprimait le défi et la menace. Dans toute son attitude il y avait une volonté impérieuse, une puissance qui, à travers les grilles mêmes, inspirait un sentiment d'admiration et de crainte.

Parmi les autres Spizaëtes à tarses nus, les uns, tels que le Jean-le-Blanc, *Spizaetus gallicus*, ne vivent que sur la lisière des bois ou dans les taillis des montagnes; les autres, tels que le Bacha d'Afrique, *Spizaetus Bacha*, ne se trouvent que dans les pays de montagnes et sur les rochers stériles et brûlés.

Le Jean-le-Blanc, véritable Aigle par la coupe des ailes, par le vol et par les mœurs, s'établit sur les rochers hérissés de buissons, dans les bois environnant l'eau, les champs, les marais et les habitations rustiques. Il trouve en abondance, dans ces lieux, la nourriture qui lui convient le mieux, surtout les oiseaux de basse-cour, les Mulots, les Taupes, les Rats, les reptiles de toute sorte, notamment les Couleuvres, dont il est très-friand, caractère qu'il a de commun avec l'Urubitinga. Dans le nord de l'Europe, le Jean-le-Blanc fait la chasse aux Coqs de bruyère, aux Perdrix et aux Lièvres. Enfin, d'après les observations de M. Gerbe, il se nourrit aussi d'insectes.

Fig. 50. — Jean-le-Blanc (*Spizaëtus gallicus*).

Le nid du Jean-le-Blanc est construit tantôt sur les plus hauts sapins ou sur les chênes, tantôt dans des anfractuosités de rochers, ou simplement sur les plus gros buissons épineux qui y croissent, quelquefois près de terre et dans des positions que l'on atteint souvent sans grandes difficultés. La ponte est de deux œufs, et fort souvent se borne à un seul. Cet œuf est de forme presque toujours exactement ovalaire, les deux extrémités étant égales; la coquille est à grain semblable à celui de l'œuf de l'Aigle doré ou royal, d'un blanc légèrement teinté de bleuâtre plus sensible dans sa transparence, et extérieurement poreuse et unie, quoique sans reflet; d'une couleur blanche et généralement sans taches, mais fort rarement ondée par places d'une nuance légèrement jaunâtre, dégénérant quelquefois en taches plus rembrunies assez marquées. Le grand diamètre est de sept centimètres et demi, et le petit de cinq et demi à six centimètres.

Tous les nids que M. Bouteille a eu l'occasion d'examiner en Savoie, pendant l'incubation ou après l'éclosion, comme tous ceux qu'il a reçus, ne renfermaient qu'un seul œuf ou un seul petit. Pendant que la femelle couve, on voit chaque jour le mâle lui apporter dans ses serres des reptiles, et surtout des Couleuvres. Après l'éducation des petits, c'est-à-dire vers la fin de juillet, le mâle, la femelle et le jeune se séparent pour se choisir chacun un poste, afin d'y vivre jusqu'à l'époque de leur départ. Cependant, s'ils s'y voient en danger, ils l'abandonnent pour quelques jours; puis ils s'y montrent de nouveau, mais avec plus de défiance, car on les observe dès lors presque continuellement perchés sur quelque point culminant, d'où ils voient venir de loin les chasseurs. S'ils sont dérangés, ils se répandent dans les champs, autour des marais et des bois, qu'ils n'abandonnent que pour venir planer aux environs des habitations et tâcher, quand tout est tranquille, d'enlever quelque proie. M. Bouteille en a observé de vieux qui parcouraient d'un vol bas, mais bruyant, les broussailles et les roches où se trouvent alors répandues les nichées de Tétras, de Bartavelles et de Perdrix, dont ils font une grande consommation.

Le Jean-le-Blanc fait entendre un sifflement aigu et désagréable. Il le pousse plus fréquemment en captivité qu'en liberté, et presque chaque fois qu'on l'approche. Sa vue lui permet de découvrir de très-haut les plus petits reptiles comme les plus petits mammifères, sur lesquels il fond perpendiculairement. C'est principalement le matin ou le soir, une ou deux heures avant le coucher du soleil, qu'il se livre à la chasse. Il entreprend de temps à autre quelques excursions qu'il prolonge pendant tout le jour, puis il revient, à l'approche de la nuit, à son poste habituel, et se retire pour dormir sur un arbre très-touffu ou dans une fente de rocher. Pris jeune dans le nid et élevé en domesticité, il devient familier. Buffon en a eu un vivant. Il avait été pris jeune au mois d'août 1768, et il paraissait, au mois de janvier 1769, avoir acquis toutes ses dimensions. Cet oiseau a été, de sa part, l'objet des observations suivantes, qui viendront compléter ce que nous en avons déjà dit : Il voyait très-clair pendant le jour, et ne craignait pas la plus forte lumière; car il tournait volontiers les yeux du côté du plus grand jour, et même vis-à-vis le soleil. Il courait assez vite lorsqu'on l'effrayait, et s'aidait de ses ailes en courant. Quand on l'admettait dans la chambre, il cherchait à approcher du feu; mais cependant il n'était pas sensible au froid, puisqu'on l'a fait coucher pendant plusieurs nuits à l'air, dans un temps de gelée, sans qu'il en ait paru incommodé. On le nourrissait avec de la viande crue et saignante; mais, en le faisant jeûner, il mangeait aussi de la viande cuite : il déchirait avec son bec la chair qu'on lui présentait, et il en avalait d'assez gros morceaux. Il ne buvait jamais quand on était auprès de lui, ni même tant qu'il apercevait quelqu'un; mais, en se mettant dans un lieu couvert, on l'a vu boire, et prendre pour cela plus de précaution qu'un acte aussi simple ne paraît en exiger. On laissait à sa portée un vase rempli d'eau : il commençait par regarder de tous côtés fixement et longtemps, comme pour s'assurer s'il était seul; ensuite il s'approchait du vase et regardait encore autour de lui; enfin, après bien des hésitations, il plongeait son bec jusqu'aux yeux et à plusieurs reprises dans l'eau. Il y a apparence que les autres oiseaux de proie se cachent de même pour boire. Cela tient vraisemblablement à ce que ces oiseaux ne peuvent prendre le liquide qu'en enfonçant leur tête jusqu'au delà de l'ouverture du bec et jusqu'aux yeux; ce qu'ils ne font jamais, tant qu'ils ont quelque motif de crainte. Cependant ce Jean-le-Blanc ne montrait de défiance que pour boire, car, pour tout le reste, il paraissait indifférent et même assez stupide. Il n'était point méchant, et se laissait toucher sans s'irriter; il avait même une petite expression de contentement : *co-co*, lorsqu'on lui donnait à manger; mais il n'a paru s'attacher à personne.

Lorsque le Jean-le-Blanc est assailli par des oiseaux taquins et criards, comme les Pies, il n'oppose à leurs attaques et à leurs criailleries qu'une parfaite quiétude.

Cet oiseau, du temps de Belon, c'est-à-dire vers la moitié du seizième siècle, était très-commun en France; ce naturaliste en donne une description aussi exacte que naïve : « Les habitants des villages le connoissent, dit-il, à leur grand dommage, et le nomment *Jean-le-Blanc*, car il mange les volailles plus hardiment que le Milan; il assaut les Poules des villages et prend les oiseaux et connins; car aussi est-il hardi; il fait grande destruction des Perdrix et mange les petits oiseaux, car il vole à la dérobée le long des haies et de l'orée des forêts, somme qu'il n'y a païsan qui ne le connoisse. Quiconque le regarde voler advise en lui la semblance d'un Héron en l'air; car il bat des ailes et ne s'élève pas en amont, comme plusieurs autres oiseaux de proie, mais vole le plus souvent bas contre terre, et principalement soir et matin. »

Le Spizaëte Bacha ne fréquente que les montagnes stériles

et brûlées du pays le plus reculé des Grands-Namaquois, seule partie de l'Afrique méridionale où Levaillant l'ait rencontré, et où il est même peu commun. Il est moins rare dans l'Asie océanienne. Cet oiseau, qui paraît assez se rapprocher des Buses, perche toujours sur le sommet de quelque roche escarpée, d'où il peut guetter et découvrir plus facilement un petit quadrupède très-abondant sur toutes les montagnes de ce pays aride, le Daman ou Clip-dos des colons du Cap; c'est sa chasse habituelle et sa nourriture de prédilection. Levaillant a vu un Bacha, sur la pointe d'une roche, patienter pendant trois heures pour surprendre un Daman. Son immobilité était si complète, qu'on aurait pu croire que c'était un fragment de roche à forme d'oiseau. C'est de cette embuscade que, saisissant l'instant favorable, il se précipite sur l'animal au moment où il sort de son trou; s'il a manqué son coup, on le voit retourner tristement à son poste; et là, comme s'il était confus de sa maladresse, il laisse échapper plusieurs cris lamentables : ces tristes accents semblent peindre ses regrets et sa colère; mais, un instant après, quittant cette première embuscade, il va loin de là s'établir dans un poste, où il se fixe avec la même patience et la même immobilité, jusqu'au moment où, plus heureux ou moins maladroit, il a réussi à se saisir d'un de ces animaux. La victime jette habituellement des cris affreux, qui répandent tellement l'effroi parmi les Damans du voisinage, qu'on les voit alors se précipiter dans leurs vastes souterrains pour n'en sortir de la journée. Lorsque Levaillant était lui-même à la chasse du Daman, dans ces cantons stériles où, manquant de vivres, on était obligé de les tuer pour s'en nourrir, si par hasard un Bacha se saisissait d'un Daman dans les environs, il était inutile d'en chercher d'autres, et il fallait se résigner à attendre pendant trois ou quatre heures avant d'en voir un seul. Aussitôt que le Daman est saisi, l'oiseau l'emporte vivant sur une plate-forme voisine, et là il semble jouir du plaisir de lui déchirer les entrailles. Le pauvre Daman est déjà à demi dévoré qu'on entend encore ses cris de douleur.

Le Spizaëte Urubitinga d'Amérique a, à peu de chose près, les mêmes mœurs et les mêmes habitudes que les précédents;

Fig. 41. — Spizaëte Urubitinga, *Spizaetus longipes.*

seulement, à la différence du Bacha, c'est dans les pays plats entrecoupés de forêts, de marais étendus ou d'eaux stagnantes et de petites plaines qu'il se rencontre. Il perche sur le plus haut des arbres morts ou sur les branches inférieures des gros arbres, et se nourrit principalement de reptiles, de petits mammifères et d'oiseaux. Il s'apprivoise assez bien. D'Azara en a possédé plusieurs vivants. Il en avait pris une fois un adulte, qu'il lâcha dans son logement, où ce rapace demeura huit jours sans prendre de nourriture; mais, l'ayant mis dans la cour, il mangea de la viande, des Rats et des oiseaux; si quelqu'un le regardait, il cessait aussitôt son repas. Il eut aussi l'occasion d'en acheter un tout jeune, car il avait encore beaucoup de duvet blanc. Ses premières plumes, d'abord foncées, prirent insensiblement une teinte plus claire, et des taches parurent sur sa poitrine; à huit mois il avait pris sa livrée. On le nourrissait avec de la chair crue, et quand il commença à voler, il visita d'abord toutes les cours qui étaient contiguës, ensuite il s'éloigna tant, qu'une fois on le rapporta d'une lieue et une autre fois de trois. Ces absences étaient journalières; mais il ne manquait pas de venir tous les jours de grand matin dans la cuisine prendre sa ration, et il repartait après l'avoir mangée. Ce manége dura pendant un an, jusqu'à ce qu'on l'eut demandé à d'Azara. Il se laissait prendre aisément, sans distinguer les gens de la maison des étrangers, et sans marquer ni affection ni préférence, se montrant constamment indifférent et stupide. Si quelqu'un l'approchait pendant qu'il était occupé à manger, il étendait les ailes, jetait un cri aigu, et cachait sa proie en la couvrant. Jamais il n'offensait ni ne fuyait personne, et jamais il n'attaquait les volailles; cependant l'oiseau adulte que d'Azara avait pris avant celui-ci ne laissait pas de les poursuivre lorsqu'il était affamé.

D'Orbigny a été aussi à portée de voir l'Urubitinga à l'état domestique, venant tous les jours prendre sa nourriture, et passant le reste de la journée à voler sur les maisons et sur les arbres environnants.

DIX-SEPTIÈME LEÇON

Suite des Falconidés.

5e Genre. — BUSE, *BUTEO*, Vieillot.

Les Buses ont la tête large et grosse, le corps trapu, le bec court, recourbé dès sa base et arrondi en dessus. Elles ont, suivant les espèces, l'espace entre l'œil et la commissure du bec garni de poils rares, ou quelquefois couvert de plumes serrées et coupées en écailles; les bords des mandibules légèrement flexueux; les ailes de longueur variable, aussi longues, ou plus longues que la queue; les tarses courts ou médiocres, nus et réticulés, emplumés à la moitié de la partie supérieure, ou seulement au-dessous du genou, ou même jusqu'auprès des doigts.

Elles sont loin d'avoir le port fier et élancé des Aigles, le courage ou la force musculaire des Faucons, et encore moins le vol élégant des Milans. En liberté comme en domesticité, elles sont indolentes et voraces; elles conservent un air de stupidité plus caractéristique chez l'espèce commune que chez les autres, et qui paraît provenir de la sensibilité de ses yeux que blesse le grand jour. Leur nourriture se compose de menu gibier, de volailles, de Serpents, d'insectes, de baies et principalement de petits mammifères rongeurs, tels que les Campagnols. Elles habitent les bois, les taillis, les prairies marécageuses et les terres plantées d'arbres, sur lesquels elles se reposent pendant des heures entières pour attendre leur proie, qu'elles saisissent à terre par surprise et jamais à tire-d'aile. Elles ont cependant une ouïe très-fine, une grande patience et une ténacité des plus opiniâtres; aussi leur caractère est-il rebelle à l'éducation, et jamais les fauconniers n'ont pu les dresser pour la chasse.

Les Buses sont les rapaces les plus difficiles à décrire exactement, à cause des variétés sans nombre auxquelles elles sont généralement sujettes pendant les différentes périodes de leur vie. Il est assez rare de se procurer deux Buses de la même espèce parfaitement semblables, à moins qu'elles soient absolument du même âge et du même climat. Elles se trouvent dans toutes les parties du monde. Les plus connues parmi celles d'Europe sont la Buse ordinaire, la Buse pattue et la Buse bondrée, dont les auteurs ont fait trois genres distincts; la plus remarquable aussi des espèces africaines est la Buse rounoir ou Jackal, qu'a fait connaître Levaillant.

Pour nicher, la Buse commune, qui est cosmopolite, s'établit dès la fin de mars en Europe, dans les bois qui couvrent le pied et la pente des montagnes, ou dans les taillis qui croissent au milieu des rochers, ou enfin dans les grands bois et les forêts en plaine. Dès le moment où la pariade se forme, le mâle jette des cris rauques, entremêlés de quelques sons aigus chaque fois qu'il revoit sa compagne et chaque fois qu'il prend son vol avec elle. Ils construisent en commun leur nid sur l'un des plus hauts chênes ou sur l'un des sapins les plus élevés du bois qu'ils ont choisi, ou bien encore dans la fente d'un rocher garni de broussailles, ou même au milieu d'une touffe d'herbe ou d'un épais buisson. Formé en dehors avec des bûchettes, en dedans avec

Fig. 42. — Buse commune, *Buteo vulgaris*.

des racines, des herbages et des débris de branches, ce nid reçoit, en mai, deux ou trois œufs, dont la description exige quelques détails. Ces œufs représentent généralement un ovale presque parfait, plus ou moins renflé vers le centre, et ayant rarement l'un des deux bouts sensiblement plus aigu que l'autre. La coquille est d'un grain assez fin, légèrement bleuâtre dans son épaisseur, et extérieurement peu poreuse, unie, mate et presque sans aucun reflet, à couleur d'un blanc très-faiblement bleuâtre, fort souvent unie et sans la moindre tache : c'est alors l'œuf le dernier pondu d'une couvée. Quelquefois l'œuf est maculé de

16.

quelques taches rares d'un brun de rouille très-léger, et d'autres d'un gris lilas ressemblant à des gouttes tombées du sommet de l'œuf vers sa base et augmentant graduellement de densité dans le même sens. Tantôt il est légèrement rosé vers le gros bout, clair-semé de nombreux petits points d'un brun rougeâtre et de quelques gouttes plus rares d'un gris lilas vaporeux, se perdant insensiblement dans le fond blanc de la coquille, et plus fréquentes au gros bout qu'à la pointe.

Parfois les mêmes caractères sont beaucoup plus faibles et bien moins prononcés : c'est alors l'œuf de la Buse changeante *Buteo mutans* de Vieillot, variété rejetée comme espèce par les ornithologistes. On remarque aussi que l'œuf est légèrement ondé de brunâtre et maculé, dans le premier tiers de sa longueur, de taches rares d'un brun rougeâtre, qui se rapprochent graduellement les unes des autres en descendant vers la base, où elles finissent par ne plus figurer qu'une seule teinte uniformément brune. Il est enfin plus ou moins régulièrement et uniformément maculé de taches d'un brun légèrement rougeâtre en forme de gouttes, partant du sommet vers la base, verticalement au grand axe, et augmentant dans ce sens en nombre et en densité, au point de donner à cette dernière portion l'apparence d'une teinte uniformément brune : c'est alors l'œuf de la Buse à poitrine barrée *Buteo fasciatus* de Vieillot, variété également rejetée comme espèce. Le grand diamètre varie de cinq centimètres deux millimètres à cinq centimètres huit millimètres, et le petit diamètre de quatre centimètres deux millimètres à quatre centimètres sept millimètres. Les œufs de toutes les espèces de Buses d'Afrique, de l'Inde ou d'Amérique, se ressemblent presque tous. Nous en exceptons ceux des Bondrées, dont nous parlerons à part

Dès les premiers jours d'octobre, et particulièrement à l'époque des premières gelées blanches, la Buse commune abandonne les forêts des montagnes et s'abat dans la plaine autour des bois, des champs, des marais, des lacs et des rivières. Si l'on en voit deux ou trois dans une même localité, il est toujours facile de remarquer, par la distance qui les sépare l'une de l'autre, que chacune a son petit canton, dont elle ne s'éloigne qu'à la nuit tombante, ou quand elle n'y trouve pas à vivre, ou enfin quand elle y est menacée. Elle se montre toujours paresseuse, même lorsqu'elle se dispose à chasser. Pour cela, elle se place sur un tronc découvert ou sur une branche sèche et isolée; quelquefois elle reste à terre, ou sur une pierre, ou une borne servant de limite. Elle attend ensuite patiemment pendant des heures entières qu'un Rat, qu'un reptile, qu'un volatile passe ou s'arrête devant elle, pour se jeter dessus et le dévorer. Faute de petits oiseaux, de reptiles et de très-petits mammifères, elle se repaît d'insectes, surtout de Sauterelles et de Grillons, quelquefois de Grenouilles, de Crapauds, de poissons morts et d'immondices. Elle ne saisit sa proie qu'à terre, où elle la mange, à moins qu'elle ne s'aperçoive de l'approche d'un autre rapace ou de quelque autre ennemi : dans ce cas, elle l'emporte ailleurs. Néanmoins elle chasse aussi en planant dans les airs, mais toujours d'un vol bas, à cause de la sensibilité de ses yeux, et arrive sur sa proie en suivant une ligne tantôt oblique, tantôt perpendiculaire ou horizontale.

Il est des saisons, néanmoins, où les Buses se réunissent. Nous avons eu fréquemment occasion de les observer par bandes dans certaines contrées incultes et accidentées de la Champagne, vers le milieu de l'automne et peu avant le coucher du soleil, occupées à chasser de petits oiseaux, tels que Pitpits et Alouettes. Après les avoir rabattus au vol vers la terre et les avoir en quelque sorte fascinés, elles se disposent circulairement, en vrais rabateurs, sur les différentes roches ou aspérités des environs, puis, rétrécissant progressivement leur cercle, elles finissent par s'emparer d'un bon nombre de victimes.

Dans les temps de neige ou après une gelée blanche, la Buse vient s'embusquer, surtout le matin, jusque sur les arbres des vergers et sur ceux les plus voisins des villages, pour y guetter les volailles. Si elle est pressée par la faim, elle se montre plus audacieuse que d'habitude; elle enlève, en plein jour, les Poules qu'elle découvre autour des maisons, le long des sentiers et des haies. Quand elle est chassée des environs des fermes et des hameaux, elle se réfugie pendant le reste de la mauvaise saison dans les prairies, dans les marécages, où les chasseurs la rencontrent, pendant la plus grande partie du jour, blottie sur un tronc de saule ou de peuplier, au sommet d'un buisson ou d'une motte de terre. Si un cadavre gît dans la proximité de son poste habituel, on l'y découvre mêlée avec les Corbeaux, qui parfois se réunissent pour la chasser, afin de rester seuls en possession du cadavre. Chaque soir, au coucher du soleil, elle se retire dans un des bois les plus voisins de son canton de jour, et passe la nuit sur la cime d'un chêne ou d'un sapin touffu. Le lendemain, dès que le jour commence à paraître, elle est déjà en station dans les champs, dans les prairies marécageuses qu'elle occupait la veille.

C'est toujours sans peine que l'on parvient à l'élever et à la rendre familière; mais elle conserve, même en liberté, dans son port et sur sa physionomie, un air de stupidité passé en proverbe. Buffon, à l'appui de ses réflexions sur l'instinct ou l'éducabilité des oiseaux, cite le fait suivant, qui lui a été communiqué en 1779 par l'abbé Fontaine de Saint-Pierre de Belesme : « On m'apporta, dit l'abbé, une Buse prise au piége : elle était d'abord extrêmement farouche, et même cruelle; j'entrepris de l'apprivoiser, et j'en vins à bout en la laissant jeûner et la contraignant à venir prendre sa nourriture dans ma main; je parvins, par ce moyen, à la rendre très-familière, et, après l'avoir tenue enfermée pendant environ six semaines, je commençai à lui laisser un peu de liberté, avec la précaution de lui lier ensemble les deux fouets de l'aile; dans cet état, elle se promenait dans mon jardin, et revenait quand je l'appelais pour prendre sa nourriture. Au bout de quelque temps, lorsque je me crus assuré de sa fidélité, je lui ôtai ses liens, je lui attachai un grelot d'un pouce et demi de diamètre au-dessus de la serre, ainsi qu'une plaque de cuivre sur laquelle mon nom était gravé. Après cette précaution, je lui donnai toute liberté, et elle ne fut pas longtemps sans en abuser, car elle prit son essor et son vol jusque dans la forêt de Belesme. Je la crus perdue; mais quatre heures après je la vis fondre dans ma salle, qui était ouverte, poursuivie par cinq autres Buses qui lui avaient donné la chasse, et qui l'avaient contrainte à venir chercher son asile. Depuis ce temps, elle m'a toujours gardé fidélité, venant tous les soirs coucher sur ma fenêtre; elle devint si familière avec moi, qu'elle paraissait avoir un singulier plaisir dans ma compagnie; elle assistait à tous mes dîners sans y manquer, se mettant sur un coin de la table, et me caressait souvent avec sa tête et son bec en jetant un petit cri aigu, qu'elle savait pourtant quelquefois adoucir. Il est vrai que j'avais seul ce privilége; un jour je me promenais à cheval, elle me suivit à plus de deux lieues, en planant. Elle n'aimait ni les Chiens ni les Chats; elle ne les redoutait aucunement; elle a eu souvent, vis-à-vis de ceux-ci, de rudes combats à soutenir; elle en sortait toujours victorieuse; j'avais quatre Chats très-forts que je faisais assembler dans mon jardin en présence de ma Buse, je leur jetais un morceau de chair crue; le Chat qui était le plus prompt s'en saisissait, les autres couraient après, mais l'oiseau fondait sur le Chat qui avait le morceau, et, avec son bec, elle lui pinçait les oreilles, et, avec ses serres, lui pétrissait les reins d'une telle force, que le Chat était obligé de lâcher sa proie; souvent un autre Chat s'en emparait dans le même instant, mais il éprouvait aussitôt le même sort, jusqu'à ce qu'enfin la Buse, qui avait toujours l'avantage, s'en saisissait pour ne pas la céder; car elle savait si bien se défendre, que, quand elle se voyait assaillie par les quatre Chats à la fois, elle prenait son vol avec sa proie dans les serres, et annonçait par son cri le gain de la victoire; enfin, les Chats, dégoûtés d'être dupes, ont refusé de se prêter au combat.

« Cette Buse avait une aversion singulière; elle n'avait jamais voulu souffrir de bonnets rouges sur la tête d'aucun paysan; elle avait l'art de les leur enlever si adroitement, qu'ils se trouvaient tête nue sans savoir qui leur avait enlevé le bonnet; elle enlevait aussi les perruques sans faire aucun mal, et portait ces bonnets et ces perruques sur l'arbre le plus élevé d'un parc voisin, qui était le dépôt ordinaire de tous ses larcins. Elle ne souffrait aucun autre oiseau de proie dans le canton; elle les attaquait avec beaucoup de hardiesse, et les mettait en fuite; elle ne faisait aucun mal dans ma basse-cour; les volailles, qui dans le commencement, la redoutaient, s'accoutumèrent insensiblement à elle : les Poulets et les petits Canards n'ont jamais éprouvé de sa part la moindre insulte; elle se baignait au milieu de ces derniers: mais, ce qu'il y a de singulier, c'est qu'elle n'avait pas cette même modération chez les voisins. Je fus obligé de faire publier que je payerais les dommages qu'elle pourrait leur causer; cependant elle fut fusillée bien des fois, et a reçu plus de quinze coups de fusil sans avoir aucune fracture; mais un jour il arriva que, planant dès le grand matin au bord de la forêt, elle osa attaquer un Renard. Le garde du canton, la voyant sur les épaules du Renard, leur tira deux coups de fusil; le Renard fut tué, et ma Buse eut le gros os de l'aile cassé; malgré cette fracture, elle parvint à se soustraire aux yeux du garde, et fut perdue pendant sept jours. Cet homme, s'étant aperçu par le bruit du grelot que c'était mon oiseau, vint le lendemain m'en avertir. J'envoyai faire des recherches sur les lieux, mais elles furent inutiles, et ce ne fut qu'au bout de sept jours qu'il reparut. J'avais coutume d'appeler ma Buse tous les soirs par un coup de sifflet, auquel elle ne répondit pas pendant six jours; mais, le septième, j'entendis dans le lointain un petit cri que je crus être le sien. Je donnai alors un second coup de sifflet, et j'entendis le même cri; j'allai du côté où je l'avais entendu, et je trouvai enfin ma pauvre Buse qui avait l'aile cassée, et qui avait fait plus d'une demi-lieue à pied pour regagner son asile, dont elle n'était pour lors éloignée que de cent vingt pas; quoiqu'elle fût extrêmement exténuée, elle me fit cependant beaucoup de caresses. Elle fut près de six semaines à se refaire et à se guérir de ses blessures, après quoi elle recommença à voler comme auparavant et à suivre ses anciennes allures pendant environ un an, puis elle disparut pour toujours. Je fus bien persuadé qu'elle fut tuée par méprise, car elle ne m'aurait pas volontairement abandonné. »

Non-seulement la Buse est domesticable au point qu'on vient de le voir, mais on est parvenu à lui faire couver tantôt des œufs de Poule, tantôt même des œufs d'Oie, et à les lui faire éclore. M. Yarrel raconte qu'on a réussi à faire éclore des Poulets sous une Buse, dans la ville d'Uxbridge. La Buse dont il est question manifestait le besoin qu'elle éprouvait de faire un nid, en ramassant et tordant ensemble tous les brins de bois sur lesquels elle pouvait mettre le bec ou les griffes. Le maître de la maison eut pitié d'elle; il lui fournit des brindilles et tous les accessoires qui lui étaient nécessaires : l'oiseau solitaire se mit alors sérieusement à la besogne et acheva son nid. On mit sous elle deux œufs de Poule, elle les couva bien et éleva les jeunes Poussins comme une bonne mère. Pour indiquer son désir de couver, elle faisait des trous dans le jardin et brisait ou déchirait tout ce qui se trouvait à sa portée. Chaque année régulièrement elle couvait et faisait éclore des Poulets; en 1851, sa couvée se composait de dix petits. Une fois, son maître, voulant lui épargner ce qu'il croyait être *l'ennui* de couver, plaça sous elle une couvée de Poussins fraîchement éclos; mais elle les tua tous. Le brave homme ne connaissait pas cette loi de l'économie animale, qui fait que l'application des œufs à la poitrine enflammée de l'oiseau est comme un baume qui lui rend son travail d'amour deux fois cher. La Buse traita ces Poussins tout venus comme des intrus; mais jamais bonne Poule de ferme ne fut plus soigneuse des Poussins éclos par ses soins; seulement, quand on lui apportait de la viande et qu'elle la déchirait pour la distribuer à sa famille adoptive, elle paraissait mortifiée de voir qu'après quelques becquetées données dans cette viande, ses Poussins l'abandonnaient pour aller courir après le grain qu'on leur jetait.

Ces incubations par substitution d'espèces ne sont cependant pas toujours heureuses, et tournent parfois au drame. Un ornithologiste qui habite près de la forêt de Fontainebleau a raconté à H. Berthoud le fait suivant, qui ressemble à une histoire faite à plaisir. Cet ornithologiste avait remarqué, à cinq ou six mètres d'un petit étang, le nid d'une Buse au plus touffu des rameaux d'un chêne. L'oiseau de proie, chaque soir, au moment où paraissait le crépuscule, se mettait en chasse avec sa femelle, s'élevait dans les airs, y virait ou y planait, et se laissait tomber tout à coup sur les Mulots, les Couleuvres et les autres petits animaux, qui profitaient eux-mêmes de la chute du jour pour sortir de leur refuge et se procurer leur souper. Bientôt le mâle se montra seul; la femelle ne l'accompagnait que rarement et se hâtait de retourner à son arbre. L'observateur en conclut qu'elle avait pondu et qu'elle commençait à couver. Tout à coup une pensée bizarre lui passa par l'esprit : il prit quatre œufs d'Oie, les enveloppa soigneusement de son mouchoir, arma ses jambes de ces crochets de fer dont les bûcherons se servent pour grimper aux arbres, et se mit à escalader bravement le chêne jusqu'à la hauteur du nid des Buses, qui se trouvaient en ce moment toutes les deux entraînées par la chasse d'une bande de Moineaux à trois ou quatre cents mètres de là. Il prit les œufs, douillettement placés sur une couche de laine et de plumes, et y substitua les œufs d'Oie qu'il avait apportés, puis il se hâta de regagner la terre. Il était temps : les deux Buses, gorgées de butin, revenaient à tire-d'aile.

Rentré dans sa basse-cour, il plaça les œufs de Buse dans le coin du poulailler, où une Oie avait pondu les œufs qui maintenant se trouvaient dans le nid des Buses. Il monta sur le toit de sa maison, disposé en observatoire, et, à l'aide d'un télescope qui s'y trouve à demeure, il dirigea sa vue vers le chêne des Buses. Les deux oiseaux parurent d'abord s'apercevoir qu'on avait touché à leur nid. Ils tournoyèrent avec inquiétude pendant quelques secondes avant d'y entrer; la femelle y pénétra d'abord, retourna deux ou trois fois avec son bec les œufs de l'Oie, finit par se coucher dessus et recommença à couver. Il en fut de même dans la basse-cour. L'Oie se mit consciencieusement à sa besogne, et couva sans soupçonner la substitution d'œufs dont elle était victime. L'incubation se fit convenablement, et un beau jour les oisillons sortirent de l'œuf.

Dès le matin de ce jour, le mâle veillait sur une branche voisine, la Buse femelle s'abattit sur l'étang, y prit dans ses serres quelques Têtards de Grenouilles, et les apporta à ses soi-disant petits, qui les arrachèrent à la Buse, les froissèrent dans le nid, et, en peu d'instants, engloutirent cette nourriture, appropriée par hasard à leur nature. Soir et matin, la Buse continua le même manége. L'étang s'étendait pour ainsi dire au pied du chêne, et foisonnait de Têtards et de petites Grenouilles; il suffisait à la nourrice de baisser son bec ou d'ouvrir ses serres pour en ramasser en grand nombre. Tout allait donc au mieux, quand, à deux ou trois jours de là, les oisillons commencèrent à éprouver une agitation qui causait à leur mère supposée autant de surprise que d'angoisses; ils se penchaient sur le bord du nid et poussaient des cris mélancoliques en remuant les ailes et en tendant le col vers l'étang. Le plus fort de ces oisons n'y tint plus : il s'élança, ouvrit les ailes en guise de parachute, et tomba un peu étourdi dans les hautes herbes. Il ne lui fallut pas longtemps pour se remettre. Il se releva bientôt, courut à l'étang et s'y mit à barboter avec un bonheur sans pareil, en appelant ses frères par des cris de joie.

En voyant cette manœuvre, la Buse s'élança à tire-d'aile et voulut arrêter l'imprudent, qui nageait avec plus de volupté que jamais. Il virait de droite et de gauche; il naviguait, la queue au vent et les ailes à demi étendues, sans tenir compte de sa nourrice, qui rasait l'eau, jetait des cris d'alarme et suppliait le nageur de revenir à terre. Une fois même elle voulut employer l'autorité, et se rua sur le désobéissant élève pour le saisir dans ses serres, l'enlever et le ramener au nid; mais l'oison plongea, disparut sous l'eau, et ne revint se montrer qu'à deux pas de l'endroit où il avait plongé. La Buse, consternée, retourna à son nid. Hélas! elle y trouva la sédition. Les frères du fugitif avaient entendu les cris qu'il poussait en se baignant : ces cris avaient puissamment éveillé leur instinct : rassemblés sur le bord du nid, ils cancanaient d'une manière bien humiliante et bien affligeante pour les oreilles de l'oiseau de proie. Enfin l'instinct l'emporta sur la peur: ils s'élancèrent tous les trois, arrivèrent à terre, et coururent rejoindre leur frère dans l'étang. Alors la douleur de la Buse ne connut plus de bornes, et elle se rua à la poursuite des fugitifs. Elle battait l'eau de ses longues ailes, jetait des cris dont l'observateur se sentait ému, tant ils exprimaient de désespoir et de tendresse maternelle. A la fin, et après des supplications de plus d'une heure, ses pattes s'embarrassèrent au milieu des herbes de l'étang. Brisée par la fatigue, elle s'empêtra de plus en plus dans ces herbes et dans la vase, et elle finit par rester immobile et inanimée à côté des oisillons, qui se mirent insoucieusement à becqueter les plumes de celle qui venait de se noyer par amour pour eux.

Un peu avant cette époque, l'Oie à laquelle on avait confié dans la basse-cour les œufs de la Buse les couvait avec sollicitude et comme s'ils eussent été pondus par elle. Un beau matin, pendant que le naturaliste examinait de sa fenêtre les volailles qui s'ébattaient sur le fumier, autour d'une petite mare, il vit la couveuse sortir du nid. Il alla immédiatement visiter le nid avec l'espoir de constater cette étrange éclosion. En effet, quatre petites Buses, couvertes d'un duvet blanchâtre, ouvraient leurs larges becs jaunes, et poussaient des cris significatifs de bon appétit. L'Oie, en entendant ces cris inconnus pour elle, avait quitté le nid, et cependant, plongée à demi dans la mare, elle appelait les nouveau-nés et les conviait à venir avec elle. Naturellement les jeunes Buses ne bougeaient point, et ne comprenaient rien aux appels de la couveuse. Impatientée, l'Oie quitta la mare, s'approcha de la nichée et finit par soulever les oisillons à l'aide de son bec. Ils se prirent à crier de plus belle, mais sans se disposer à la suivre. Aussitôt, d'un coup d'aile elle poussa les petites Buses hors du nid, les flaira une à une, les tourna, les retourna dans tous les sens, et les examina avec une attention mêlée de surprise, et quand elle fut bien convaincue que les petits qu'elle avait couvés n'appartenaient pas à son espèce et qu'elle se trouvait victime d'une supercherie, elle se rua sur eux, les frappa à coups de bec, les écrasa sous ses pattes palmées, les saisit l'un après l'autre, alla les porter dans la mare, où elle acheva de les tuer, et elle finit par les manger.

Les Buses sont attirées près de nos habitations et dans les plaines cultivées autant par les Souris, les Taupes, les Rats et les autres animaux proscrits par l'agriculteur que par le gibier, qu'elles ne dédaignent cependant pas. Depuis longtemps Levaillant a pris leur défense et demandé protection pour elles. Nous ne partageons pas ses idées protectrices, car, à n'en pas douter, si les Buses font moins de tort au menu gibier que l'Épervier et d'autres oiseaux de proie diurnes, elles ne sont pas à épargner, comme les Chouettes et tous les rapaces nocturnes, qui ne se nourrissent presque exclusivement que de vermine.

C'est d'après les idées émises par Levaillant que la Buse Jackal trouve toute sûreté auprès des colons du cap de Bonne-Espérance, qui lui ont donné le nom de *Rotte-ranger* ou preneur de Rats. On trouve cette Buse autour de presque toutes les habitations : elle y est familière et pour ainsi dire domestique; elle passe le jour dans les terres labourées, où elle se tient perchée, comme la nôtre, sur la motte la plus élevée ou sur quelque buisson, s'il s'en trouve dans le champ, et c'est de là qu'elle guette tous les petits quadrupèdes qui lui servent de pâture. A l'approche de la nuit, elle revient se percher auprès de la maison, sur les arbres ou sur les haies qui entourent le parc où l'on enferme les bestiaux.

La Buse commune est très-rare en Angleterre; M. Waterton en parle comme d'une race éteinte dans le Yorkshire, et voici ce que le R. P. Lubbock en dit dans sa *Faune de Norfolk* : « De nos jours, la Buse est devenue un oiseau fort rare. Les vieux recueils d'histoire naturelle la représentent comme le plus commun des Faucons. Il n'en est plus ainsi; sa taille et sa paresse la signalent à l'observation, et par conséquent à la destruction. Il est certain que les Buses étaient autrefois très-nombreuses dans les grands bois de chênes de Sussex; plusieurs vieillards de ce district m'ont assuré qu'ils se rappelaient parfaitement « le *Puttok* » la Buse, surnom que, dans l'ouest du *Weald*, les gens du peuple, qui ont conservé presque intactes la simplicité et les formes du langage de leurs ancêtres saxons, se donnent ironiquement entre eux. »

La Buse bondrée, tout en ayant les mêmes habitudes et la même nourriture que les espèces précédentes, a un goût spécial et très-prononcé pour les Guêpes. Il est à remarquer que la nature a pris un soin tout particulier de mettre cet oiseau à l'abri

Fig. 43. — Buse bondrée, *Buteo apivorus*.

du danger que ce goût pouvait lui offrir. En effet, chez les autres Buses, l'espace compris entre la commissure du bec et l'œil est garni seulement de quelques poils rares, tandis que la Bondrée a ces mêmes parties couvertes de plumes courtes, écailleuses et très-serrées, qui les mettent à l'abri des piqûres de ces insectes. On voit la Bondrée si occupée à manger ces Mouches, qu'elle se laisse facilement approcher et surprendre. Lorsqu'elle se détermine à fuir, elle franchit rapidement en courant un espace de dix à quinze mètres, prend son vol en silence avec une répugnance visible, rasant la terre comme la Buse ordinaire, et ne s'éloigne pas beaucoup. En Angleterre, comme partout ailleurs, la Bondrée est assez rare, moins cependant que la Buse commune ou le Milan. Elle semble avoir échappé à la guerre d'extermination déclarée depuis si longtemps dans ce pays à tous les oiseaux de proie.

Les œufs de la Bondrée, au nombre de trois ou quatre, se distinguent des œufs de toutes les autres Buses. Ils sont généralement recouverts en entier d'une épaisse couche de brun, variant du bistre au brun rouge, paraissant comme effacé par place, laissant à peine apercevoir le fond blanc de la coquille; parfois, mais très-rarement, maculés de points brun bistré en forme de couronne sur un fond d'un beau blanc mat. Plus petits que ceux de la Buse commune, ils mesurent : de grand diamètre quarante-huit à cinquante-huit millimètres, et de petit quarante à quarante-quatre millimètres.

6e Genre. — MILAN, *MILVUS*, Cuvier.

Les Milans ne sont armés que de serres peu robustes, et leur bec, sans grande puissance, ne leur permet point de se mesurer même avec des espèces plus petites, mais mieux protégées par les armes que leur a données la nature. Ce bec est donc faible, incliné dès la base, à bords entiers, et garni d'une cire nue, sur laquelle s'ouvrent des narines obliques et elliptiques. Leurs tarses sont courts, minces, scutellés, et plus robustes chez les vrais Milans que chez ceux dont on a fait le genre *Naucler*. Leurs ailes sont très-longues, et leurs troisième et quatrième rémiges sont les plus longues de toutes. La queue, deltoïdale, est formée de douze rectrices; elle est ample, plus ou moins profondément fourchue ou étagée. Leur corps est oblong, teint de diverses couleurs, rentrant toujours dans les tons bruns, noirs, gris et blancs. Leur tête est arrondie; leur cou médiocre; leur langue charnue, épaisse et entière.

Fig. 44. — Milan royal, *Milvus regalis*.

Le vol des Milans est très-élevé, d'une grande puissance, facile et très-soutenu. De tout temps, dit Buffon, on a comparé l'homme grossièrement impudent au Milan, et la femme tristement bête à la Buse. Quoique ces oiseaux se ressemblent par le naturel, par les dimensions du corps, par la forme du bec et par plusieurs autres traits de leur organisation, il est néanmoins facile de distinguer le Milan, non-seulement des Buses, mais de tous les oiseaux de proie, par un seul caractère bien apparent : sa queue est fouchue; les pennes médianes, étant beaucoup plus courtes que les autres, laissent paraître un intervalle qui s'aperçoit de loin et a fait donner à ces oiseaux le surnom d'*Aigles à queue fourchue.* Il a aussi les ailes proportionnellement plus longues que les Buses, et le vol bien plus aisé : aussi passe-t-il sa vie dans l'air. Il ne se repose presque jamais, et parcourt chaque jour des espaces immenses. Ce grand mouvement n'est pas toujours exercice de chasse, ni même de découvertes, car il ne poursuit pas sa proie; mais il semble que le vol soit son état naturel, sa situation favorite. Il est magnifique dans les airs; ses ailes longues et étroites paraissent immobiles; c'est la queue qui semble diriger toutes ses évolutions, et elle agit sans cesse; il s'élève sans effort, s'abaisse comme s'il glissait sur un plan incliné; il précipite son vol, le ralentit, s'arrête et reste suspendu ou fixé à la même place pendant des heures entières, sans qu'on puisse apercevoir le moindre mouvement de ses ailes.

On remarque en effet les Milans plus souvent dans les airs que posés à terre. C'est de l'espace parfois immense qui les sépare du sol qu'ils découvrent leur proie, sur laquelle ils se précipitent d'aplomb. Ils ne la poursuivent pas à tire-d'aile, comme les Faucons, mais ils la cherchent à terre ou sur l'eau, en planant et en traversant les airs de diverses façons. Les Levreaux, les Rats, les Tétras, les Perdrix, les reptiles de divers genres et les poissons qui nagent à la surface de l'eau, forment la base de leur nourriture. Ils fondent sur eux en traçant une ligne verticale et avec une extrême vitesse, les emportent dans leurs serres, et vont s'en repaître sur l'extrémité d'un arbre ou d'une roche.

L'habitude de recourir parfois aux cadavres, et le soin qu'ils ont d'éviter la rencontre des autres rapaces, même ceux d'une faible taille, en montant dans des régions supérieures à celles que ces derniers parcourent, n'auraient cependant jamais dû, ainsi que le fait observer M. Bouteille, les faire regarder comme des oiseaux lâches. Il y aurait, en effet, de la témérité de leur part à s'exposer aux assauts que les autres falconidés, plus avantageusement organisés qu'eux pour la lutte, leur livreraient en toute occasion. Cette réputation ne leur a été faite que sur la foi de Buffon et d'un de ses correspondants, qui lui écrivait ceci : « Les Milans sont des animaux tout à fait lâches : je les ai vus poursuivre à deux un oiseau de proie, pour lui dérober ce qu'il tenait, plutôt que de fondre sur lui, et encore ne purent-ils y réussir. Les Corbeaux les insultent et les chassent. Ils sont aussi voraces, aussi gourmands que lâches : je les ai vus prendre, à la surface de l'eau, de petits poissons morts et à demi corrompus; j'en ai vu emporter des Couleuvres dans leurs serres, d'autres se poser sur des cadavres de Chevaux et de Bœufs; j'en ai vu fondre sur des tripailles que des femmes lavaient le long d'un petit ruisseau, et les enlever presque à côté d'elles. Je m'avisai de présenter une fois un Pigeonneau à un jeune Milan que des enfants élevaient dans la maison que j'habitais; il l'avala tout entier avec les plumes. » Tous ces faits sont vrais, mais ils ne demandent qu'à être expliqués ou commentés; et les observations des voyageurs suffiront pour réhabiliter les Milans.

On rencontre plusieurs espèces de Milans en Europe, en Asie, en Afrique et dans l'Australie; on en rencontre également en Amérique, mais avec quelques modifications, dont nous parlerons. Le Milan parasite, une des espèces africaines, n'a pas, malgré l'assertion de Levaillant, plus de hardiesse que le Milan d'Europe ou Milan royal. La présence des hommes ne l'empêche pas plus que celui-ci de fondre sur les jeunes oiseaux domestiques : il n'y a point d'habitation dans le sud de l'Afrique qui n'ait sa visite à certaine heure du jour. Dans ses voyages, lorsque Levaillant était campé, il en arrivait toujours plusieurs qui se posaient sur les chariots, d'où ils enlevaient souvent quelques morceaux de viande. Chassés par les Hottentots qui l'accompagnaient et le servaient, ils revenaient à l'instant avec une voracité et une audace très-incommodes. Les coups de fusil n'éloignaient point ces parasites; ils reparaissaient quoique blessés, invinciblement attirés par la chair qu'ils voyaient préparer, et qu'il arrachaient pour ainsi dire des mains. Sur les bords des rivières, on voit ce Milan s'abattre du haut des airs et plonger dans l'eau, comme le Milan royal, pour en tirer un poisson, nourriture dont ils sont tous deux très-friands. Le Parasite chasse d'ailleurs toute sorte de gibier. Les restes des grands quadrupèdes étaient fort de son goût, et il se rabattait aussi sur les charognes, dont il disputait, même courageusement et avec succès, les lambeaux aux Corbeaux, ses plus cruels ennemis. Ces derniers fuient en vain avec leur proie, le Milan parasite s'acharne à les poursuivre, et les force à la lui abandonner. Il se bat courageusement aussi avec les Buses et les autres oiseaux de proie ou plus faibles ou moins audacieux; et, dans ces combats, il est bien servi par l'habileté de son vol et par la légèreté de ses mouvements, qui l'élèvent, au besoin, à des hauteurs prodigieuses, d'où on l'entend pousser un cri perçant, mais rare.

Quand ces oiseaux ont aperçu un camp, on est sûr de les voir revenir tous les jours, à la même heure, et chaque visite en augmente le nombre. Étant campé à la rivière Gamtoos, où il resta fort longtemps, Levaillant en remarqua un qui venait fidèlement le visiter tous les jours à onze heures du matin et à quatre heures de l'après-midi : il était très-certain que c'était toujours le même, car il lui manquait quatre ou cinq des pennes moyennes d'une aile, ce qui produisait un vide facile à remarquer. Le passage de ces oiseaux dans le même canton, et toujours à peu près à la même heure, a été constaté par ce naturaliste dans le cours de ses voyages; il paraît même que c'est une

Fig. 45. — Milan noir, *Milvus niger*.

habitude particulière aux Milans d'Afrique et à ceux d'Europe, car il a remarqué chez ces derniers la même habitude de passer à certaines heures sur les mêmes points, et jamais il n'a manqué

parasite, dont la teinte est plus foncée, et dont les taches, plus larges et plus accusées, se montrent plus nombreuses, tantôt au sommet, tantôt à la base; diamètre : cinquante-deux millimètres sur quarante-deux. Mais la forme peut varier et présente quelquefois un ovale allongé de cinquante-cinq millimètres de graad diamètre sur quatre centimètres de petit.

Si, en couvant, la femelle voit le mâle planer dans le voisinage, elle le réclame par de petits cris perçants et terminés par quelques sons langoureux. Celui-ci cède bien vite à l'invitation; il donne un coup d'aile, plonge en décrivant une ligne perpendiculaire, et s'arrête sur le bord du nid, auprès de sa compagne. En voyant dévaster leur aire, surtout quand il y a des petits, le mâle et la femelle poussent des cris qui sont plus forts et plus aigus que les cris ordinaires; ils s'élèvent en dessinant avec rapidité des cercles au-dessus du ravisseur, et fondent à chaque instant, l'un après l'autre, avec la célérité du trait, jusque devant leur ennemi, comme s'ils voulaient essayer de le frapper. M. Bouteille fut, en 1844, témoin de ce fait aux environs de Hautecombe, en Savoie, et quelques jours après il fit prendre, dans les mêmes lieux, une autre nichée par un jeune homme de seize ans. Cet intrépide dénicheur, en entendant à son approche les plaintes et les menaces du père et de la mère, ne perdit pas courage: il déposa sur le roc son chapeau, qui le gênait, et se couvrit seulement la tête de son mouchoir. Le mâle fondit avec impétuosité sur le chapeau, et, malgré les efforts que fit le dénicheur, aussi étonné que vexé, il l'emporta dans les airs et le laissa tomber quelques instants après dans le lac du Bourget.

C'est de ce fait et d'autres analogues que le savant ornithologiste a pris occasion de défendre le Milan de l'imputation de lâcheté, qui lui est depuis si longtemps et si légèrement adressée.

Le fait est que, de tout temps, à tort ou à raison, on a rayé les Milans de la liste des oiseaux nobles. Cette réputation tient à cette circonstance, fondée ou non, que le Milan servait aux plaisirs des princes, qui lui faisaient donner la chasse par des Faucons ou des Éperviers. On voyait, en effet, avec surprise, sinon avec plaisir, cet oiseau, doué de toutes les facultés qui devraient lui donner du courage, ne manquant ni d'armes, ni de force, ni de

Fig. 46. — Milan à queue fourchue, *Milvus furcatus*.

légèreté, refuser de combattre et fuir devant l'Épervier, beaucoup plus petit que lui, toujours en tournoyant et s'élevant, comme pour se cacher dans les nues, jusqu'à ce que celui-ci l'atteigne, le rabatte à coups d'ailes, de serres et de bec, et le ramène à terre moins blessé que battu, et plus vaincu par la peur que par la force de son ennemi. On voit néanmoins souvent le Milan noir poursuivre à outrance des Corbeaux, des Éperviers et des Cresserelles, lorsqu'ils viennent chercher leur vie auprès de son nid.

De même que les Buses, les Milans ont leurs espèces insectivores à queue plus allongée et plus fourchue ou en ciseaux, comme dit d'Azara, et à ailes plus aiguës. Ils arrivent chaque jour, à la même heure, dans le canton qu'ils ont adopté, et ils en repartent aussi à heure fixe. Et, quoiqu'ils n'attaquent aucun oiseau ni mammifère, ils savent fort bien se défendre. Ces Milans se nourrissent presque exclusivement d'insectes, de Mantes, et surtout de Sauterelles.

Le Milan est tout aussi éducable que la Buse. Il plairait assez à l'état domestique, s'il ne poussait pas si fréquemment des cris plaintifs, qui fatiguent les personnes à portée de l'entendre. Il se tait, quand on l'enferme avec d'autres rapaces plus dangereux que lui, et sait se tenir à l'abri de leurs attaques en se postant au-dessus d'eux et sur le juchoir le plus élevé. C'est aussi en s'élevant très-haut et au-dessus des Faucons, qui lui livrent un combat quand ils le rencontrent dans l'air, qu'il parvient quelquefois à s'en débarrasser. Il faut bien se garder néanmoins de le renfermer avec des Faucons et des Autours, car ce seraient des querelles incessantes. Il se montre, dans ce cas, au moins très-courtois ou très-prudent : il laisse les autres oiseaux manger avant lui, et ne descend de son perchoir que lorsque ses compagnons de captivité sont repus. Quand on est parvenu à l'apprivoiser, on peut le laisser en liberté, car il se montre assez fidèle à la maison qui le nourrit. Nous possédons, depuis quatre ans, un Milan noir, qui nous a été envoyé jeune des environs de Chambéry. Il lui est arrivé plusieurs fois de faire des absences de deux et trois jours, après lesquelles il revenait en planant gracieusement ou le matin ou le soir, et le plus ordinairement le matin; ou bien il se dirigeait sur le mur d'enceinte qui entoure nos ruines de Nogent-le-Rotrou, et y passait toute la journée, ne descendant que pour manger. Nous devons avouer cependant que, depuis une certaine absence un peu trop prolongée, nous avons pris le parti de lui couper l'aile. On le nourrit de toutes sortes de viandes crues, de petits oiseaux et de petits mammifères vivants ou morts. Il pousse toujours ce petit cri peu agréable commun aux jeunes dans le nid, lorsqu'il voit de loin apporter sa pitance. Mais il se montre le plus ordinairement bon prince avec les Chats qui viennent lécher, quand ils ne peuvent le prendre, ce qu'il tient sous son bec ou sous ses serres. Il est vrai que, dans ce cas, il prend la précaution pour se garantir de ces voleurs, de couvrir sa proie de ses ailes en hérissant toutes les plumes de sa tête et de son cou; mais il ne se montre pas plus méchant pour cela. Il aime beaucoup à se baigner, et c'est avec un frémissement de plaisir qu'il se jette, les pattes les premières, dans l'eau fraîche, pourvu que la profondeur du liquide lui permette de n'y enfoncer que jusqu'aux plumes du ventre : ce qui ne l'empêche pas de chercher à se mouiller tout le dessus du corps.

Tout l'ensemble des habitudes des Milans semble démontrer que, méthodiquement parlant, ils seraient peut-être plus convenablement placés à la suite des Pygargues et des Balbuzards qu'à la suite des Buses. Ainsi, c'est lorsqu'il sont parvenus, dans leur vol élégant, à une hauteur considérable, qu'ils découvrent sans peine leur proie terrestre ou aquatique. Leur vol est bas; cependant, lorsqu'ils suivent le cours des rivières ou qu'ils planent au-dessus des lacs, ils saisissent très-habilement les poissons, en décrivant une ligne perpendiculaire ou oblique, selon la distance de laquelle ils s'élancent, et selon la position de leur proie, et ils l'enlèvent avec une dextérité remarquable dans leurs serres.

Fig. 47. — Tiercelet hagard de Faucon d'Islande.

DIX-HUITIÈME LEÇON

Suite des Falconidés.

7e Genre. — FAUCON, *FALCO*, Linné.

Les Faucons, réduits à un certain nombre d'espèces, se trouvent former un genre caractérisé par un bec robuste, conique, recourbé vers la base, muni d'une très-forte dent, quelquefois double, sur le bord de la mandibule supérieure, tandis que l'inférieure est échancrée à la pointe. Les narines sont arrondies et ouvertes sur le bord de la cire, qui est à peu près nue. Leurs tarses sont robustes, emplumés jusqu'au tiers supérieur et réticulés. Leur queue est longue et arrondie. Les ongles sont robustes et falciformes; les ailes ont leur deuxième rémige la plus longue; la première et la troisième sont échancrées en dedans.

Ils sont répandus dans toutes les régions du monde et forment divers petits groupes nommés : Gerfauts, Faucons, Hobereaux, Cresserelles, Émerillons et Iéracides, ces derniers sans dent mandibulaire. Ce sont les meilleurs voiliers de tous les falconidés et les ravisseurs par excellence; ne dévorant leur proie que palpitante; ne chassant jamais qu'au vol; suivant même, pendant leurs migrations, les bandes de certains oiseaux voyageurs, au milieu desquels ils choisissent chaque jour leur victime, se mettant ainsi à leur poursuite ou, pour mieux dire, les accompagnant comme plusieurs cétacés ou certains gros poissons accompagnent les innombrables bandes émigrantes de Harengs, etc. Leur vol, soutenu et rapide, se plie à toutes les exigences des diverses circonstances dans lesquelles ils se trouvent. Peu d'oiseaux résistent au Faucon commun. M. S. John en a vu qui enlevaient d'un seul coup la tête d'une Gelinotte ou d'un Pigeon aussi facilement et aussi nettement qu'aurait pu le faire un couteau des mieux affilés. Ce Faucon chasse et poursuit le plus souvent sa proie à tire-d'aile, ou bien il tombe verticalement sur elle, et la frappe d'un violent coup de poitrine pour l'assommer ou pour la culbuter devant lui; il la saisit avec ses serres puissantes presque en même temps qu'il la frappe; et, quand elle n'est pas trop lourde, il l'emporte pour la dépecer dans les bois ou sur les rochers.

Tous les caractères du Faucon en font un oiseau admirablement conformé pour la guerre. Quand il apparaît dans les airs, les petits animaux sans défense se retirent frappés de terreur, et les autres oiseaux se cachent en cherchant un refuge dans les fourrés ou près des habitations. C'est leur tyran qui passe.

Comme tous les oiseaux de proie de race belliqueuse, les Faucons ont une existence solitaire. Ils nichent indifféremment, et suivant les localités, disons aussi suivant les espèces, dans les fentes des falaises au bord de la mer, dans les creux des rochers, dans les trous des mines et des masures, même dans le haut des vieilles tours et des clochers, ou bien sur les arbres : bien rarement, lorsqu'ils s'établissent dans des ruines ou sur des rochers, préparent-ils un lit pour y déposer leurs œufs, dont le nombre varie de trois à six.

L'unité des caractères organiques qui rend les Faucons si remarquables se retrouve d'une manière constante et toute particulière dans la forme et la coloration de leurs œufs. Cette uniformité est telle, qu'à moins de les prendre au nid il y a presque impossibilité de les distinguer spécifiquement autrement que par leurs dimensions, qui sont proportionnelles à la taille de chacune des espèces. Ces œufs sont généralement d'une forme ovalaire parfaite, à coquille d'un grain ordinairement assez serré, recouverte d'un brun variant du bistre au brun rouge et au brun de Sienne, réparti uniformément sur la coquille, tantôt par une série continue de grivelures, tantôt par larges taches; dans tous les cas laissant très-rarement apercevoir le blanc de la coquille. Tels sont ceux des Faucons Gerfaut et d'Islande, mesurant 57 à 60 millimètres sur 44 à 47; des Faucons Pèlerin, Lanier et Iéracide ou Bérigore, mesurant de 50 à 55 millimètres sur 38 à 41; des Crécerelle, Crécerellette, Hobereau, Rupicole, Rupicoloïde, Concolore ou Éléonore et Émerillon, mesurant de 34 à 44 millimètres sur 29 à 34.

Le Faucon commun ou Pèlerin se produit dans nos plus hautes falaises de Normandie et dans celles de la Grande-Bretagne. Il cherche pour cela, dans un endroit élevé, soit une excavation, soit une anfractuosité qui lui offre une surface plane suffisante ; voile son aire, à laquelle il reviendra fidèlement chaque année: c'est là que la femelle dépose ses œufs, au nombre de quatre. M. Hardy, de Dieppe, qui, depuis plus de vingt ans, étudie et observe ces oiseaux, a fait monter à plusieurs aires : elles étaient semblables; si donc, comme l'ont indiqué Temminck dans son *Manuel* et M. de Sélys-Longchamps dans la *Faune de Belgique*, ces oiseaux nichent quelquefois sur les arbres, c'est apparemment qu'ils y trouvent un nid tout fait; peut-être un nid de Corbeau, comme il arrive même au Jean-le-Blanc dans le nord de l'Europe. Il y a vingt ou vingt-cinq ans, M. Gerbe a eu l'occasion d'observer un Faucon pèlerin qui était venu s'établir en septembre sur les tours de la cathédrale de Paris. Pendant plus d'un mois qu'il y demeura, il prenait tous les jours quelques-uns de ces Pigeons que l'on voit voltiger çà et là au-dessus des maisons. Lorsqu'il apercevait une bande de ces oiseaux, il quittait son observatoire, rasait les toits ou gagnait le haut des airs, puis fondait sur la bande, et s'attachait à un seul individu qu'il poursuivait avec une audace inouïe, quelquefois à travers les rues des quartiers les plus populeux. Rarement il retournait à son poste sans emporter dans ses serres une proie qu'il dépeçait tranquillement et sans paraître affecté des cris que poussaient contre lui les enfants. Il chassait le plus habituellement le soir, entre quatre et cinq heures, quelquefois dans la matinée; le reste de la journée était consacré au repos. Les amateurs aux dépens de qui vivait ce Faucon finirent par ne plus laisser sortir leurs Pigeons, ce qui probablement contribua à le décider au départ. « Encore aujourd'hui (1860), dit le docteur Franklin, peu de personnes se doutent du grand nombre de Faucons qui existent dans la ville de Londres. On peut en voir souvent sur la tour de Saint-Paul. Il y a quelques années, un couple de ces oiseaux établit, pendant plusieurs printemps consécutifs, son nid et éleva sa couvée, en parfaite sécurité, entre les ailes du dragon doré qui forme la girouette d'une église dans Cheapside. Les mille personnes qui vont et viennent dans ce quartier de la ville pouvaient aisément les apercevoir volant çà et là ou faisant des cercles au sommet de la flèche en dépit du mouvement continuel et criard de la girouette, qui tourne à chaque impulsion de vent. » (Voy. *Fauconnerie*, fig. 14.)

Bien que tout oiseau d'une taille médiocre n'ait pas de plus formidable ennemi, c'est surtout de la Gelinotte et du Ptarmigan que le Faucon pèlerin aime à faire sa proie. « Il n'est guère de chasseur en Écosse et en Irlande, dit le savant auteur dans ses *Notes sur le gibier ailé*, qui ne se rappelle avoir vu quelque oiseau, blessé par son plomb, saisi et emporté par le Pèlerin. Moi-même, un soir, après une journée brûlante et malheureuse, je

Fig 48. — Faucon pèlerin, *Falco peregrinus*.

rentrais éreinté, lorsqu'un vieux Coq de bruyère se leva devant moi. Pris en défaut, j'eus à peine le temps de tirer à portée; je le touchai pourtant, et quelques plumes flottèrent çà et là; puis, remarquant que son vol devenait plus difficile, je le suivais du regard pour reconnaître l'endroit de sa chute, lorsqu'une ombre qui passa à mes pieds me fit lever la tête. Je vis un Pèlerin poursuivre le blessé à tire-d'aile et gagner rapidement sur lui.

Le pauvre Coq s'efforçait d'atteindre une épaisse bruyère sur le versant de la montagne; il n'en eut pas le temps; le Faucon le joignit et mit fin à sa course. Peu tenté d'aller si loin disputer cette proie à mon heureux rival, je repris mon chemin, trouvant mon fusil trop lourd et mon carnier trop léger. »

« Un jour, ajoute-t-il, que je me promenais au confluent du Birr et du Brosna, sur les confins des comtés du Roi et de Tipperary, je remarquai au haut d'un arbre un Faucon immobile attendant la fortune. Je m'arrêtai pour observer sa manœuvre; déjà deux Canards et une sarcelle avaient passé près de lui; deux ou trois Canards siffleurs vinrent inopinément à leur tour lui jeter leur défi. Je commençais à croire son estomac garni lorsque j'aperçus cinq à six Canards sauvages et autant de Canards siffleurs venant de directions différentes et cinglant tous, en droite ligne, vers la rivière sur laquelle ils comptaient s'abattre à une trentaine de mètres du Faucon; mais l'exécution de ce projet n'entrait point dans les comptes de notre oiseau chasseur. Il prit tout à coup son vol et leur coupa la retraite. Pendant quelques secondes, il sembla hésiter sur le choix de sa victime; l'un des Canards, ayant devancé ses compagnons, signa lui-même son arrêt. Se voyant poursuivi, il employa toute son énergie à s'élever par de larges spirales pour conserver l'amont sur son adversaire. Ses compagnons profitèrent de cette diversion pour aller se jeter sous l'abri protecteur des roseaux de la rive. Presque au même instant, le Faucon s'élança sur sa proie; mais, manquant son coup, il se trouva subitement à une distance considérable au-dessous d'elle, et il me parut un instant douteux qu'il pût regagner l'avantage que sa maladresse venait de lui faire perdre. Tandis qu'il cherchait à se rapprocher du canard, qui, de son côté, tentait de s'élever davantage, les deux oiseaux, dans leur vol circulaire, semblaient souvent se diriger en sens contraire. Toutefois la grande vigueur et la plus grande rapidité de manœuvre du Pèlerin me firent prévoir le résultat final de cette chasse acharnée. Le Canard était alors loin de son élément favori, et chaque évolution diminuait la distance qui le séparait de son ennemi; de plus, ses efforts pour s'élever paraissaient s'affaiblir; enfin, portant sa queue au vent et comptant pour échapper sur la rapidité de son vol, il se dirigea vers le marais de Kelleen, suivi de près par le Faucon. Je compris que je n'avais point un moment à perdre si je voulais assister au dénoûment. Je me hâtai de gravir la berge, et j'arrivai juste à temps pour voir le Canard tomber la tête pendante, tandis que le Faucon modérait un moment sa course comme pour jouir du succès de son attaque; mais bientôt il alla s'abattre sur le Canard au milieu d'un grand marais, où, malgré la facilité que j'avais eu de le rejoindre, je le laissai jouir en paix d'une proie qu'il avait si bien gagnée. »

Malgré la mauvaise réputation que Buffon a voulu leur faire d'après des observations incomplètes, les Faucons pèlerins ont toutes les qualités qui font les bons parents. Si la femelle couve seule, le mâle partage avec elle le produit de sa chasse. Dès que les petits sont éclos, ils deviennent l'objet des soins les plus assidus; la mère ne les perd plus de vue; d'un point avancé, d'où elle domine en silence tout ce qui l'entoure, aperçoit-elle quelqu'un se dirigeant du côté de son aire, une espèce de gémissement prolongé avertit d'abord ses petits qu'ils aient à se blottir au fond de leur trou, ce qui a lieu sans délai; puis tout à coup la voilà qui s'élance avec impétuosité à la rencontre de l'importun visiteur, décrit de grands cercles au-dessus de sa tête en poussant ces cris désagréables : *crré crré crré*, communs à tous les Faucons, répétés sans relâche; elle ne cessera de le poursuivre ainsi qu'il n'ait vidé les lieux. Il est rare que le mâle n'arrive pas de suite se joindre à la femelle; leurs cris sont d'autant plus forts que les jeunes approchent davantage du moment de quitter le nid, ce qui a lieu vers le 15 juin; c'est, en effet, le moment où la faiblesse et l'inexpérience de la jeune famille vont l'exposer aux plus grands dangers; et comment des parents n'en auraient-ils pas l'instinct? M. Hardy, de Dieppe, raconte avoir provoqué maintes fois de ces scènes d'angoisse et de colère, même alors que les jeunes avaient, depuis plus de huit jours, fait leurs premiers essais de vol.

En quittant le nid, les jeunes sont aussi gros que père et mère, et pourraient à la rigueur se passer de leur assistance; néanmoins ceux-ci leur fournissent encore quelques pièces de gibier pendant une quinzaine de jours, et ils s'éloignent bientôt définitivement des jeunes, se dispersent dans les campagnes, descendent parfois dans les vallées à la poursuite des palmipèdes et des échassiers. C'est au moment du passage qu'on les observe quelquefois poursuivant les canards sauvages. Cette poursuite est assez curieuse, en ce que l'ordre naturel se trouve interverti, le Faucon tâchant de se maintenir, non pas au-dessus, mais au-dessous du Canard, qui, de son côté, fait tous ses efforts pour gagner l'eau, sa seule chance de salut. Ou le Faucon ne veut pas frapper sa proie au-dessus de l'eau, ou le Canard est doué d'une vigueur musculaire qui lui permet de conserver l'avantage qu'il paraît avoir, dans ce cas, sur son impitoyable ennemi. Il est rare qu'on puisse être témoin du dénoûment de cette lutte.

Les jeunes, au contraire, n'abandonnent guère les falaises avant l'automne, quelques-uns même y passent l'hiver s'il est peu rigoureux, mais dès les premiers jours du printemps ils ont disparu. Ils ne reviennent pas l'année suivante; rien de plus rare sur le littoral de la Normandie que les individus d'âge moyen; M. Hardy n'en a jamais vu qu'un seul, qui avait été tué en automne dans les environs du Havre. Ils ne reviennent pas davantage alors que l'âge adulte les appelle à l'œuvre de la reproduction. Leur aile vigoureuse les porte rapidement à des distances immenses, et quand une contrée leur offre retraite sûre et gibier abondant, ils s'y fixent, oublieux du pays natal : *ubi benè, ibi patria*. C'est ainsi que, selon l'opinion de M. Hardy, ils se répartissent sur la surface de l'Europe. En 1824 ou 1826, cet observateur connaissait six aires sur une ligne de cinq lieues de falaises, tant en amont qu'en aval de Dieppe, et malgré la reproduction annuelle, ce nombre restait toujours stationnaire. Il se mit à leur faire la guerre au moment où leurs petits quittent le nid, seule époque de l'année où l'on puisse les chasser avec succès. Les couples désunis par la mort de l'un des deux membres se trouvèrent reconstitués au printemps suivant, mais ceux qui furent entièrement détruits n'ont point été remplacés. Depuis plusieurs années que cette guerre de destruction a commencé, il n'y avait plus, en 1844, qu'un seul couple dont M. Hardy prit les œufs au mois d'avril. A son avis, les aires ne devaient désormais être occupées qu'autant que le hasard réunirait sur ces falaises, à l'époque des pariades, des individus adultes de sexe différent. Il est donc à craindre, ajoute-t-il, que le Faucon pèlerin ne disparaisse de nos rivages.

Les plus grands et les plus beaux des Faucons sont les espèces désignées sous le nom de Gerfauts. Ces oiseaux, pour nous servir de l'expression du docteur J. Franklin, sont vraiment magnifiques. Leur queue longue et étalée dépasse noblement leurs ailes. Leur couleur, comme celle des autres Faucons, varie beaucoup selon les individus. Ces différences paraissent plutôt fondées sur l'âge de l'oiseau que sur un caractère de race. Dans sa jeunesse, le Gerfaut est presque entièrement brun. L'âge amène une succession de changements dans la couleur de son plumage. Chaque plume en particulier perd graduellement une partie de sa teinte fauve primitive, et le bord blanc s'élargit d'année en année. Chez les Gerfauts parvenus à la maturité, la livrée est presque entièrement blanche, et bariolée seulement de quelques lignes brunes.

Le Gerfaut se place par sa taille entre l'Aigle et le Faucon, et rivalise avec le premier pour la force. Il niche de préférence sur les côtes hérissées de rochers. C'est un oiseau essentiellement

Fig. 49. — Gerfaut blanc, *Falco candicans.*

arctique ou septentrional. Le capitaine sir Edward Perry a rencontré plusieurs fois, dans son dernier voyage, quelques-uns de ces oiseaux arrivant par volées du Groënland et des régions arctiques, où ils se reproduisent et où ils passent l'été. Le Gerfaut défend sa couvée avec beaucoup de courage et de persévérance. Ainsi ces oiseaux attaquèrent un jour le docteur Richardson au moment où il grimpait dans le voisinage de leur nid, qui était construit sur le bord d'un précipice. Ils volèrent en cercle autour de lui, poussant des cris sonores et perçants, et fonçant quelquefois avec tant de rapidité que leurs mouvements produisaient dans l'air un bruit indescriptible. Ils arrivaient jusqu'à un ou deux pouces de sa tête. Il les éloignait en élevant le canon de son fusil au moment où ils étaient sur le point de le frapper. Ce simple mouvement changeait instantanément la direction de leur vol, et ils s'élevaient au-dessus de l'obstacle avec la vitesse de la pensée, montrant une finesse de vision égale à la puissance de leurs ailes. (Voy. *Fauconnerie*, fig. 7, 8, 9, 10, 11 et 12.)

La chasse du Gerfaut à prendre vivant, comme celle des autres grands Faucons, est toujours assez dangereuse. Il existe cependant un moyen dont on se sert quelquefois pour s'emparer des jeunes quand on ne peut sans danger approcher du nid. Ce moyen est fort simple et réussit avec toutes les espèces courageuses de Faucons; le chasseur, après avoir gagné le haut du rocher, se place perpendiculairement au-dessus du nid; il fait avec des bruyères une boule grosse comme une tête d'homme; il enveloppe cette boule d'une coiffe épaisse de laine brune, et, à l'aide d'une corde, il la descend jusque sur le nid. Les jeunes Faucons, loin de s'effrayer, se jettent sur ce piége et plantent leurs serres dans la laine assez solidement pour qu'on puisse les enlever au haut du rocher. On est même souvent obligé de couper la laine pour les dégager.

Il est moins facile de s'emparer des œufs : « Un jour, dit M. Saint-John, voulant, avant de quitter Inchnadamph, dans le Sutherland, me procurer des œufs de deux Faucons pèlerins qui avaient élu domicile dans le creux d'un rocher près de l'auberge dans laquelle je logeais, je louai deux ou trois montagnards dont l'un, fils de notre aubergiste, consentit à s'attacher une corde autour du corps et à se laisser descendre ainsi le long de la falaise. Cette expédition n'était guère de mon goût, à cause de la pluie et d'un vent très-fort. Mais mon jeune homme se montrait si sûr et de sa tête et de ses pieds que nous nous mîmes à l'œuvre. Il passa sous ses bras une corde solidement attachée, et nous le descendîmes peu à peu juste au-dessus du nid. Il s'était muni d'un bâton long et léger au bout duquel il avait fixé une espèce de cuiller en étain qui porte dans le pays le nom assez original de *coupe-choux*. Cet instrument devait lui servir à enlever les œufs si, comme cela arrive souvent, ils se trouvaient dans une crevasse qui ne lui aurait pas permis de les atteindre autrement. Il descendit ainsi sans la moindre hésitation, malgré les difficultés et la violence du vent. Nous lui lâchions la corde pied à pied, tant et si bien qu'il finit par nous faire l'effet d'une araignée suspendue à son fil; enfin il disparut derrière une anfractuosité. Après quelques minutes d'angoisses, nous reçûmes le signal de le hisser; j'éprouvai une vive satisfaction quand je le vis apparaître au niveau du rocher, tenant dans ses dents son bonnet qui contenait les œufs. Pendant tout le temps de cette expédition, deux couples d'oiseaux de proie, l'un de Balbuzards, l'autre de Faucons pèlerins, s'étaient approchés de nous, quoique à une distance respectueuse. Je m'amusai à observer le vol différent de ces deux espèces. Les Balbuzards volaient çà et là, décrivant lentement de grands cercles au-dessus de nous, et faisant entendre une voix plaintive; les Pèlerins, au contraire, tournaient rapidement, s'abattaient tout à coup ou s'élevaient en droite ligne pour aller se perdre dans les nuages, d'où ils ne révélaient leur présence que par des cris aigres et irrités. »

Le danger que courent les dénicheurs de Faucons nous a été confirmé, du reste, en 1846, par une lettre de M. Hardy, de Dieppe, et dont nous extrayons le passage suivant : « On vient de m'apporter la nichée de notre couple de Faucons pèlerins; cette fois-ci elle ne se compose que de trois œufs qui ont failli me coûter cruellement cher. Un éboulement de marne, produit sans doute par le frottement des cordes, est venu compliquer l'opération. Heureusement il n'y a point d'incident grave à déplorer : les hommes qui travaillaient en sont quittes pour quelques blessures, et mon dénicheur pour une frayeur telle qu'il vient de me déclarer, malgré son dévouement pour moi, qu'il ne voudrait recommencer pour rien au monde. Je l'avais tenté par le prix de dix francs l'œuf, à la sollicitation de M. de la Motte, d'Abbeville, qui depuis des années me tourmentait pour cela. Après l'événement, il est vrai peu grave, d'aujourd'hui, vous pensez que je m'abstiendrai dorénavant de toute sollicitation. »

Le Faucon pèlerin se prend facilement dans les filets tendus aux Alouettes, sur lesquelles il fond à chaque instant comme une flèche. Cette rapidité est telle qu'elle donne à peine le temps aux oiseleurs d'apercevoir le Faucon, et qu'ils voient enlever leurs appeaux avant d'avoir pu saisir la corde de leurs filets pour les fermer sur lui. Aussi redoutent-ils généralement son approche. Ils ne sont d'ailleurs avertis le plus souvent que par le bruit qu'il fait en fendant l'air pour atteindre la victime qu'il convoite. Ce bruit, dit M. Bouteille, est comparable à celui que fait une volée nombreuse d'Étourneaux passant près de votre tête.

Les ennemis les plus acharnés des Faucons, surtout du Faucon pèlerin, sont les grands Corbeaux. Ces oiseaux nichent aussi dans les falaises de Normandie, et leur nombre s'était accru, vers 1840, au point que M. Hardy en comptait environ un nid par kilomètre en 1844. Comment se loger sans luttes acharnées et à chances inégales au milieu de voisins hargneux et jaloux auxquels la convoitise, plus souvent encore que l'amour paternel, donne du courage?

A la vue du Faucon, tous les autres oiseaux expriment la plus vive inquiétude. Il tue ses victimes avec une habileté remarquable, et quelquefois d'un seul coup de bec.

Temminck assurait que le Faucon pèlerin était très-rare dans les pays de plaine, et qu'on ne le rencontrait jamais dans les contrées marécageuses. Toussenel a prouvé le contraire : Ce sont, dit-il, les contrées marécageuses du nord de la France, les rives de la Somme et de l'Oise, riches en Bécassines et en Canards, qui sont chez nous ses demeures favorites, ou au moins ses réserves de chasse, car le Pèlerin est friand du Canard sauvage et de la Sarcelle, et il en fait une consommation effroyable; il est donc bien forcé de fréquenter les lieux où se plaisent ces espèces.

Mais Toussenel avait plus que les simples données du bon sens pour infirmer l'assertion de Temminck; d'abord son expérience personnelle, puis l'opinion de M. Crespon, de Nîmes, qui a rencontré maintes fois le Pèlerin sur les rives basses et marécageuses de nos grands étangs du midi; et enfin le témoignage précis de vingt huttiers du nord. Il n'est pas, dans l'Oise et dans la Somme, d'observateur un peu subtil qui n'ait assisté nombre de fois au spectacle de l'attaque du Canard et de la Sarcelle par le Pèlerin, voire même de l'Oie sauvage, car le Pèlerin a barre sur les palmipèdes; il lie l'Oie sans grande peine, et, s'il a l'air de respecter le Cygne, ce n'est pas qu'il le craigne, mais seulement parce qu'il le trouve gênant à emporter. A quoi bon, en effet, tenter une épreuve périlleuse sans chances de profit personnel? Toussenel fut lui-même un jour, en mars 1855, témoin oculaire d'un fait qui tranche la question. La scène s'est passée sur ces mêmes rives de l'Oise, au lieu dit de Ribémont. Nous revenions, dit-il, *bredouilles* de la hutte Bonjour. Une bande de Canards sillonnait la région des nues à une hauteur prodigieuse. « En voilà qui ne sont pas pour nous, » dit le vénérable du groupe; mais il avait à peine formulé ses regrets que soudain la bande se divise, comme disloquée par la foudre, et que ses membres épars piquent, du haut du ciel sur le sol, une tête verticale. « Faucon en vue! » crie l'ornithologiste Ernest Bonjour, et, braquant sa lunette vers les profondeurs de l'espace, il distingue au zénith un point noir immobile, invisible à l'œil nu. C'était un Pèlerin qui planait. Mais les chasseurs avisés se dispersent aussitôt et courent avec leurs Chiens à la recherche des Canards, qui viennent de s'abattre dans le voisinage. On les trouve, on les tire à l'arrêt, comme des Cailles; car le Canard, qui se voit ou qui se croit bloqué par le Faucon, éprouve une frayeur si grande, que ses moyens sont totalement paralysés et qu'il tient parfaitement l'arrêt.

Les autres espèces de Faucons les plus communes, telles que le Hobereau, l'Émerillon et la Cresserelle, reproduisent en petit les traits principaux du genre. On distingue cependant entre elles les Faucons à ailes longues ou Faucons percheurs, ou de bois, tels que le Hobereau, le Concolore, etc.; et les Faucons à ailes courtes ou Faucons de rochers, tel que l'Émerillon.

En automne, dès les premières migrations des Grives, les Hobereaux abandonnent les forêts montagneuses et se répandent dans les bois en plaine. De temps en temps ils en sortent, surtout le matin, et prennent leur essor vers les champs, vers les prairies, pour chasser les Alouettes, les Bergeronnettes, les Hirondelles, les Cailles que les Chiens font lever, et qu'ils ne craignent pas de poursuivre et de saisir jusque devant le fusil du chasseur. Quand ils veulent atteindre une proie agile, ils la poursuivent avec acharnement à tire-d'aile; ils la lassent bien vite en la forçant à faire des crochets multipliés, et ne tardent pas à la frapper et à la culbuter devant eux. Si les oiseaux leur manquent, ils recourent aux insectes, surtout aux coléoptères, aux reptiles et aux Mulots. Rentrés au bois, ils se cachent dans les branches, afin d'y guetter à loisir les Grives, les Merles, les Mésanges et les Gros-becs. Ils sont réduits à se dissimuler autant que possible pour épier les oiseaux, car si ces derniers aperçoivent le guetteur, ils s'avertissent immédiatement par des cris précipités et caractéristiques, se communiquent leurs craintes, et arrivent en nombre pour assaillir l'ennemi, et, par leur vacarme, ils l'obligent à fuir. (Voy. *Fauconnerie*, fig. 18.)

Le Faucon a-t-il enlevé une proie, il va se cacher pour la dévorer, et après s'être rassasié, on le voit se diriger à la cime d'un arbre, où il reste au repos pendant près d'une heure.

Ce n'est pas sans raison que le Hobereau a été nommé un Faucon pèlerin en miniature. Le courage et l'adresse de cet oiseau sont en effet des plus remarquables. « Chassant vers la fin de septembre dans le comté de Sussex, avec un de mes amis, dit un naturaliste de la Grande-Bretagne, nous vîmes un Hobereau poursuivre une Perdrix qui, blessée mortellement, s'élevait en droite ligne au haut des airs. Le petit Faucon se montra digne de son nom par la promptitude avec laquelle il dépassa sa proie; un Pèlerin n'eût pas mieux fait. Malheureusement, à l'instant où il allait la joindre, la Perdrix, morte tout à coup, tomba perpendiculairement sur le sol; et le Hobereau, dédaignant apparemment une proie qu'il ne devait point à ses efforts, s'élança à la poursuite d'une compagnie de jeunes Perdreaux, qui, au même instant, se leva d'un champ de chaume et se réfugia dans un taillis. Tous disparurent un moment à notre vue; mais la poursuite du Hobereau dut être infructueuse, car nous le revîmes peu après, suivant et surveillant activement nos Chiens, occupés à quêter. L'imprudent, par malheur, passa à côté de mon ami, qui, d'un coup de feu, mit fin à ses manœuvres. »

La Cresserelle est le plus commun des Faucons de la France, et l'on peut dire de l'Europe. On l'y trouve répandue presque partout et pendant toute l'année. Dès les premiers jours d'avril, quand ce n'est pas dans le courant de mars, on la voit travailler à l'établissement de son aire. Elle recherche les crevasses des vieux châteaux, les tours, les clochers, ou les cavités naturelles et les pans creux des rochers; quelquefois, contrairement à l'opinion de Buffon, la cime des grands arbres, au milieu des champs ou des prairies marécageuses, et même les nids abandonnés de la Corneille noire et de la Pie. Les Cresserelles, quelle que soit l'espèce, reviennent habituellement au même nid tant qu'elles n'en sont pas dérangées. C'est ainsi que dans nos ruines du château de Saint-Jean, à Nogent-le-Rotrou, nous n'avons jamais cessé d'observer deux et parfois même trois couples de ces oiseaux, depuis plus de dix-huit ans que nous les habitons. Le choix du trou varie bien selon l'un ou l'autre des couples; mais ils ne quittent pas les lieux. Une seule de ces retraites, au haut d'une ancienne cheminée de plus de trente mètres d'élévation, reste constamment occupée. Pendant l'incubation, dont les soins sont exclusivement abandonnés à la femelle, et qui dure environ trois semaines, on voit seulement le mâle paraître de temps en temps auprès de sa compagne et lui apporter de petits reptiles, surtout des Lézards, des Mulots et des oiseaux. Lorsque les petits sont éclos, leurs parents, qui chassent sans relâche pour les nourrir, leur donnent beaucoup de gros insectes, des Orthoptères, des Lézards, des Souris et des petits oiseaux, qu'ils vont enlever jusque dans les nids, et surtout un grand nombre de Grenouilles. Nous relevons chaque année, au pied des murailles, sous les trous des jeunes Cresserelles, une quantité incroyable de cadavres de Batraciens, simplement éventrés, les entrailles seules en ayant été données en pâture. (Voy. *Fauconnerie*, fig. 19.)

Pour chercher à découvrir leur proie, les Cresserelles décrivent, en planant, de nombreux cercles concentriques, et, dès qu'elles l'ont aperçue, elles restent, pour l'épier, comme suspendues en l'air; seulement elles agitent leurs ailes par un battement précipité quelquefois à peine sensible, et tombent subitement et d'aplomb sur elle; elles l'enlèvent dans leurs serres, en remontant presque perpendiculairement dans l'espace.

Les petits ne sortent guère du nid que dans la première quinzaine de juillet; ils suivent encore pendant plusieurs jours leurs parents, qui consacrent ce temps à les dresser à la chasse. Mais, habitués à manger des insectes, ils conservent ce goût encore quelque temps, soit par paresse, soit par inexpérience de la chasse; car nous trouvons journellement à cette époque, au-dessous de leur nid ou au-dessous de l'endroit où ils perchent pendant la nuit, une grande quantité de petites pelotes oblongues rejetées par eux et composées presque exclusivement de pattes et d'élytres de Scarabées, réunies par un léger feutrage de poils de Musaraignes.

Nos observations sont d'accord avec celles de M. Bouteille sur ce point que la Cresserelle aime à vivre en société. On la voit, en effet, très-souvent, en automne et en hiver, se réunir, au coucher du soleil, sur le haut d'une tour, d'une ruine élevée, par bandes de cinq ou six et même plus, suivant les localités, et y chercher un asile pour la nuit. Nous-même enfin, comme nous venons de le dire, nous les observons constamment au nombre de deux, trois et quelquefois quatre couvées dont les chefs vivent ensemble généralement en bonne harmonie. Chaque couple a un poste qu'il s'est assigné, dans lequel le plus près voisin ne peut cependant s'introduire sans se voir repousser même par la femelle, qui va jusqu'à laisser ses œufs pour poursuivre l'indiscret. Ces luttes dégénèrent parfois en combats acharnés, alors qu'il s'agit de l'expulsion d'un vieux ou d'un jeune couple. Les plumes ne sont pas épargnées, et parfois, fatigués du combat, mais non vaincus, les deux adversaires, enchevêtrés dans les serres l'un de l'autre, roulent ensemble jusqu'à terre sans se lâcher, et ne se séparent que lorsqu'on s'approche pour essayer de les prendre.

La Cresserelle toutefois n'est pas aussi hardie ni aussi courageuse que les autres Faucons, quoiqu'on la voie quelquefois donner la chasse aux Buses, aux Milans et aux Corbeaux. Son vol est également moins rapide et ordinairement moins élevé, surtout quand elle est en quête. Elle fait alors, comme on le dit, la *Cresserelle* à quelques mètres au dessus du sol. Elle est peu méfiante. Les oiseleurs l'attirent facilement dans leurs filets en agitant leurs appelants dès qu'ils la voient planer dans le voisinage. Elle fond souvent verticalement sur sa proie, quelquefois obliquement, ou bien en s'abaissant peu à peu et en rasant le sol. Quand elle est près de sa victime, elle emploie cette ruse particulièrement pour les oiseaux, afin de les surprendre plus aisément en cachant ainsi son arrivée, et pour être mieux à portée de les poursuivre au vol s'ils venaient à fuir.

Fig. 50. — Faucon Kobez, *Falco rufipes*.

Plus encore que la Cresserelle, le Faucon Kobez, ou à pieds rouges, aime à vivre en société; aussi le trouve-t-on, pendant une grande partie de l'année, en troupes plus ou moins considérables. Le soir, avant le coucher du soleil, tous les individus d'un canton se réunissent, s'amusent, pendant plusieurs heures, à exécuter des évolutions aériennes, puis se portent ensemble sur un arbre pour y passer la nuit. Là, ils se tiennent serrés autant que possible, et ils s'entassent, pour ainsi dire, sur les plus hautes branches. M. Nordmann en a vu jusqu'à quarante perchés sur un robinier de sept ans, et un seul coup de fusil tiré sur une pareille troupe lui a procuré plusieurs fois au delà d'une douzaine d'individus. Ce qui l'a toujours frappé dans ce cas, c'est la grande disproportion qu'il a trouvée entre le nombre des mâles et celui des femelles. Une fois, sur neuf individus, il compta deux femelles seulement. Dans l'air aussi, il a toujours compté plus de mâles que de femelles. On voit un petit Faucon immobile pendant des heures entières au même endroit et ne le quitter momentanément que pour se précipiter sur les insectes qu'il aperçoit, et dont il fait sa principale nourriture. Il est très-habile à saisir au vol les grandes espèces de Sauterelles. Il fouille même, dit-on, dans la fiente des bestiaux pour en extraire les Scarabées qui s'y cachent.

Comme les Buses et les Milans, les Faucons ont donc aussi leurs espèces insectivores, parmi lesquelles nous citerons le Faucon Bérigore de la Nouvelle-Hollande. On le voit généralement par paire, et très-souvent sur le sol, où il chasse surtout les Sauterelles avec une dextérité étonnante, quoiqu'il ne dédaigne pas les autres insectes, et qu'il mange parfois aussi des reptiles, des oiseaux et même de petits mammifères.

Quoique l'un des plus petits rapaces, l'Émerillon est aussi doué d'un courage et d'une hardiesse surprenants. Il attaque des oiseaux bien plus gros que lui, tels que les jeunes Tétras, et les Perdrix. Il vient à bout de les assommer d'un seul coup de bec sur la tête ou de sternum sur le dos, et va s'en repaître sur le haut d'un roc ou d'un arbre. Mais il chasse plus particulièrement les Cailles, les Alouettes, les Grives, les Hirondelles et surtout celle de fenêtre, dont le vol est moins rapide, moins aisé que celui de l'Hirondelle commune ou de cheminée, qui lui échappe souvent, faisant de nombreux crochets; enfin il attaque les Rats, les Musaraignes, les Lézards et aussi les insectes. Quand il plane, il s'élève à une hauteur prodigieuse, d'où sa vue lui permet encore de découvrir sur le sol les Campagnols et les petits oiseaux. (Voy. *Fauconnerie*, fig. 16 et 17.)

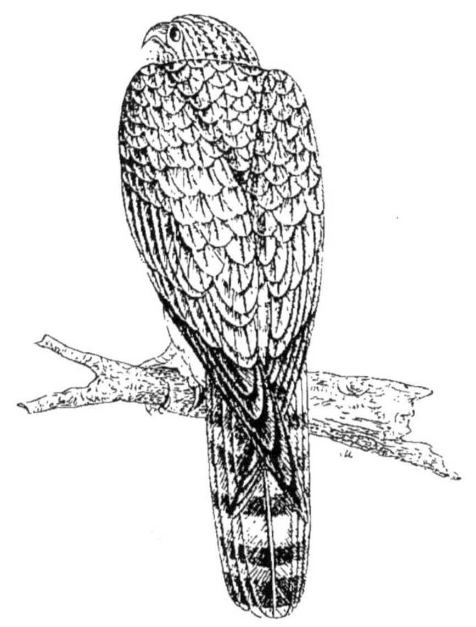

Fig. 51. — Émerillon, *Falco æsalon*.

Dans les districts en partie clôturés, son vol est bas et rapide quand il fourrage.

« J'ai été plus d'une fois, dit à son sujet un naturaliste anglais, témoin de l'adresse extraordinaire qu'il déploie pour masquer son approche en longeant une haie épaisse ou une rive élevée au niveau de laquelle il a remarqué une volée d'Alouettes ou d'Étourneaux. Il calcule si justement les distances, qu'arrivé en face du lieu où ces oiseaux picorent dans une fausse sécurité, franchir la haie et saisir une victime sont pour lui l'affaire d'un instant. »

Il cite encore un autre exemple de la sagacité et de la hardiesse de ce petit Faucon. « Je chassais, dit-il, aux Bécassines, dans les tourbières de l'ouest de l'Irlande, et je puis dire qu'un Émerillon fut, chaque jour, mon compagnon fidèle. C'était au commencement de novembre; je sortais généralement vers onze heures du matin, et rapportais le soir, en moyenne, de dix à vingt paires de Bécassines, quelques Lièvres, quelques Bécasses et quelques Canards sauvages. Je me rappelle parfaitement la première fois que l'Émerillon s'approcha dans le but évident de prendre part à ma chasse. Je venais d'entrer dans une de ces tourbières fangeuses, toujours riches en gibier, lorsque deux Bécassines se levèrent près du bord. Je tirai mes deux coups : l'une fut tuée roide; l'autre, blessée, s'éleva à une hauteur considérable, et, d'après la direction de son vol, elle devait nécessairement tomber au milieu d'un marais que je venais de quitter. Tandis que je la suivais des yeux, j'aperçus cet Émerillon s'approchant à tire-d'aile, comme s'il eût craint d'arriver trop tard. La Bécassine essaya de s'élever encore; mais, trouvant cette tâche au-dessus de ses forces, elle s'abandonna, pour ainsi dire, à la brise assez fraîche en ce moment, et, contrairement à ses habitudes, fuyant *sous le vent*, elle sembla compter, pour son salut, sur la rapidité de son vol; cependant, quelque rapide qu'il fût, celui de son ennemi l'était plus encore : je pus constater que l'Émerillon gagnait peu à peu sur la Bécassine et qu'il s'en empara. Quelques jours après, je retournai à la même tourbière; j'y retrouvai mon Faucon, qui vola aussitôt vers moi, comme pour me recevoir et dire : « Soyez le bienvenu; je vous « ai attendu longtemps; allons à la besogne. » Et, en effet, il se montrait plus confiant que jamais, me suivant d'un marais à l'autre, et paraissant se rendre parfaitement compte des fonctions du chasseur et du Chien. Il comprit bientôt qu'il aurait beaucoup moins de peine à s'emparer d'un oiseau blessé qu'à en poursuivre d'autres en parfaite santé ; car il ne s'amusait pas à courir après les Bécassines qui se levaient hors de ma portée, il se reposait sur mon adresse pour retarder le vol de celles qui partaient près de moi et rendre ainsi la tâche plus facile.

« Si une Bécassine était tuée sur le coup, il la dédaignait; mais si elle voltigeait et tombait à quelque distance, fondant sur elle dès qu'elle touchait la terre, il se mettait à la plumer et à la dévorer. Je m'étais fait la loi de ne pas le troubler; mais mon agile domestique irlandais était obligé de courir promptement s'emparer de l'oiseau blessé avant que le petit chasseur eût commencé son repas. Quand ce dernier devinait notre intention, il se hâtait d'emporter sa proie à une certaine distance, d'où il protestait à grands cris contre un acte qu'il regardait apparemment comme une violation de ses droits. Après trois ou quatre chasses de ce genre, l'Émerillon s'adjoignit une femelle qui, ainsi que lui, se montra fort exacte à m'accompagner dans toutes mes expéditions contre les Bécassines. Quand, parfois, mes petits amis n'étaient pas là pour me recevoir à mon arrivée à la tourbière, ils arrivaient à mon premier coup de feu, et malheur à toute Bécassine touchée le moins du monde, elle n'avait aucune chance d'échapper à leurs efforts réunis. Ils s'élevaient tous les deux au-dessus d'elle par des évolutions circulaires; puis l'un s'élançait sur la victime, et, s'il manquait son coup, l'autre lui succédait aussitôt; de sorte que la pauvre Bécassine, hors d'état de s'élever davantage ou d'éviter plus longtemps le coup fatal, était enfin saisie. Le repas durait à peu près une heure, au bout de laquelle les Faucons reparaissaient; mais ils ne quittaient jamais la chasse avant d'avoir eu au moins trois Bécassines pour leur part.

« Ce ne fut pas sans regrets que je me séparai de ces compagnons qui, pendant deux mois, s'étaient constamment associés à ma fortune, et qui avaient partagé mes plaisirs en me rendant témoin de leurs gracieuses manœuvres; je suis aujourd'hui convaincu qu'il est possible d'établir des relations, sinon familières, du moins amicales, entre l'homme et beaucoup d'animaux portés par leur nature sauvage à éviter sa présence, et cela, sans autre peine que la simple observation de ce précepte : « *Vivez et laissez vivre.* »

Après ces curieux détails, on ne sera pas étonné que l'Émerillon se montre ordinairement docile et même familier en captivité; la souplesse de son caractère l'a fait rechercher par les fauconniers de tous les pays.

Nous n'avons abordé, dans cette leçon, aucune des questions si intéressantes qui se rattachent aux qualités spéciales des Faucons, autrefois employés pour la chasse, et nous avons réuni dans un petit volume supplémentaire tout ce que nous savons de fauconnerie et d'autourserie.

8e Genre : AUTOUR, *ASTUR*, Lacépède.

Les Autours, près desquels nous rangeons aussi les Éperviers, diffèrent seulement des Faucons par leur tête rétrécie en avant; par la pointe de la mandibule supérieure du bec, qui est dépourvue de dents; par leurs tarses plus longs et écussonnés; par le doigt médian, beaucoup plus long que les latéraux; enfin, par leurs ailes courtes, qui atteignent à peine les deux tiers de la queue. La courbure de la colonne vertébrale est très-forte et les fait paraître bossus. Leur vol est rapide, malgré la dimension de leurs ailes, et habituellement moins élevé que celui des Faucons. Ils sont aussi adroits, aussi méfiants et rusés qu'eux; mais ils arrivent obliquement sur leur proie, qu'ils poursuivent rarement au vol quand elle leur a échappé. Les petits oiseaux, les très-petits mammifères et les reptiles forment la base de leur nourriture. Ils nichent sur les arbres et sont généralement cosmopolites, quoique quelques espèces soient plus notoirement propres à l'Asie, à l'Océanie et à l'Amérique.

Le nom d'Autour vient du grec ἀστέριον, qui veut dire *étoilé*, à cause du grand nombre d'étoiles brunes et roussâtres qui constellent le plumage de l'espèce européenne, dont nous nous occuperons plus particulièrement. Ces taches, en forme d'écusson, plus ou moins roussâtres dans le jeune âge, comme le reste de la robe, et distribuées sans ordre sur le devant du corps, changent de couleur et de disposition avec les années. Elles pâlissent et finissent par se rejoindre pour composer à l'oiseau un magnifique plastron gris de fer zébré de raies transversales d'une couleur un peu plus foncée et d'une élégance parfaite. La queue, rubannée de zones brunes sur fond gris, comme celle du Faucon, paraît beaucoup plus longue que chez celui-ci, à raison de la brièveté des ailes. La cuisse est garnie de longues plumes soyeuses qui retombent gracieusement sur le genou; le tarse, sans être court, est robuste; l'ongle, tranchant et solide; le manteau est brun; l'iris et les pieds sont jaunâtres. (Voy. *Fauconnerie*, fig. 20.)

L'Autour est plus commun dans les contrées septentrionales que dans le midi de l'Europe, où les sujets vieux sont rares, et cependant l'espèce se retrouve dans le nord de l'Afrique. Il vit, en été, dans les pays de montagnes boisés ou dans les bois de haute futaie, souvent rapprochés des habitations, au-dessus desquelles on le voit, surtout le matin, planer pour guetter les Poules et les Pigeons qui s'éloignent. Il fond sur eux chaque fois qu'il en trouve l'occasion. Pour arriver à l'improviste sur la proie qu'il convoite, il approche en obliquant ou en volant près de terre. Mais c'est habituellement dans les grands bois ou sur leur lisière qu'il se tient pour chasser. Il s'embusque sur un tronc caché par les branches, et attend au passage les Grives, les Perdrix, les Tétras, les Levreaux, qu'il enlève sans peine dans ses serres. Il fait aussi la guerre aux Écureuils, aux Campagnols, aux Souris et aux Taupes.

L'Autour niche principalement dans les bois de chênes et de hêtres des montagnes, et, en Savoie, de préférence dans les vastes forêts de sapins. D'après M. Bailly, il entre en amour au mois d'avril. Le mâle pousse alors des cris commençant par quelques notes rauques un peu discordantes, et finissant par des sons plus forts, plus aigus. On l'entend surtout le matin et à l'approche de la nuit, quand il réclame sa compagne; puis ils s'élèvent ensemble dans l'air en dessinant de nombreux cercles jusqu'à une grande hauteur, d'où on les voit, quelques instants après, se précipiter l'un à la suite de l'autre pour chercher l'arbre sur lequel ils perchent. Leur aire est placée sur des branches élevées et rapprochées; sa construction exige dix ou douze jours de travail, et elle est composée, en dehors, de petites branches de sapin ou de hêtre; l'intérieur est revêtu de branches plus minces, plus courtes, et de quelques racines. Cette aire, dont les matériaux réunis sans art forment une espèce de plancher assez solide, reçoit, vers la fin de mai, trois ou quatre œufs à peu près ovalaires, d'un blanc bleuâtre, le plus souvent uni et sans taches, parfois ondé ou finement ponctué de brun; le grand diamètre varie de cinquante-cinq à cinquante-neuf millimètres, et le petit, de quarante et un à quarante-cinq millimètres.

La première nourriture que les petits, à peine éclos, reçoivent de leurs parents, consiste en insectes coléoptères, en petits Lézards, en Souris et en jeunes oiseaux. Aussitôt qu'ils peuvent se passer des soins de leurs parents, ils s'en séparent, vivent isolés dans les bois et font une guerre cruelle aux petits oiseaux. On les voit déjà, vers la fin d'août, raser, aussi aisément que les vieux, d'un vol bas et lent, les buissons, les terres cultivées, pour s'assurer s'ils n'abritent pas quelque proie, puis planer au-dessus des blés et des avoines, afin de découvrir les Perdreaux, les Cailles et les Alouettes, qu'ils enlèvent et vont dépecer dans un lieu retiré. C'est vers le milieu d'octobre, surtout à l'époque des premières gelées blanches, et en même temps que les Grives et les Bécasses, que l'Autour descend des montagnes et vient s'établir sur les bordures des bois et dans le voisinage des plaines cultivées, où il fait la chasse aux Alouettes. Il les attaque toujours en flanc, et les poursuit au vol avec une célérité remarquable. L'acharnement avec lequel il chasse, quand la faim le tourmente, l'entraîne parfois dans les piéges des oiseleurs; mais, pour le retirer vivant du filet et éviter ses coups de bec et de serres, il faut le couvrir immédiatement d'un linge qui paralyse ses mouvements.

C'est de l'Autour qu'a voulu parler le docteur Labouysse, chirurgien aide-major aux ambulances de l'Algérie. « Il est, dit-il, très-commun dans la province d'Alger, dont il fréquente les montagnes, vivant, selon les habitudes de l'espèce, par paires, mâle et femelle. Il chasse principalement les Perdrix. Il y avait beaucoup de ces rapaces aux environs de Coléah, et ils venaient souvent nous troubler dans nos chasses. En effet, quand nous avions fait lever une compagnie de Perdrix, ils apparaissaient bientôt en planant à deux ou trois cents mètres dans les airs. Dès lors il devenait impossible de faire lever notre gibier; car dans ce pays couvert de broussailles, les Perdrix se cachaient dans les fourrés les plus impénétrables, afin d'échapper à l'ennemi qui les menaçait. Pour nous débarrasser de ces concurrents incommodes, nous tirions sur eux quelques coups à balles : le sifflement du projectile finissait par les éloigner; et, dès qu'ils avaient disparu, nous retrouvions nos Perdrix. »

Buffon a nourri chez lui un mâle et une femelle de l'espèce européenne, et il décrit ainsi leurs habitudes : « On a remarqué que, quoique le mâle fût plus petit que la femelle, il était plus féroce et plus méchant. Ils sont tous deux assez difficiles à priver; ils se battaient souvent, mais plus des griffes que du bec, dont ils ne se servent guère que pour dépecer les oiseaux ou autres petits animaux, ou pour blesser et mordre ceux qui les veulent saisir. Ils commencent par se servir de la griffe, se renversent sur le dos en ouvrant le bec, et cherchent beaucoup plus à déchirer avec les serres qu'à mordre avec le bec. Jamais on ne s'est aperçu que ces oiseaux, quoique seuls dans la même volière, aient pris de l'affection l'un pour l'autre; ils y ont cependant passé la saison entière de l'été, depuis le commencement de mai jusqu'à la fin de novembre. A cette époque, la femelle, dans un accès de fureur, tua le mâle dans le silence de la nuit, à neuf ou dix heures du soir. Le naturel de ces oiseaux est si sanguinaire que, quand on laisse un Autour en liberté avec plusieurs Faucons, il les égorge tous les uns après les autres; cependant il semble manger de préférence les Souris, les Mulots et les petits oiseaux. Il se jette avidement sur la chair saignante, et refuse assez constamment la viande cuite, qu'il ne consent à manger qu'à la suite d'un jeûne prolongé. Il plume les oiseaux fort proprement et les dépèce avant de les manger, mais il avale les Souris tout entières. »

M. Bouteille, qui a observé de jeunes Autours en captivité, dit qu'ils lui ont tous paru d'un naturel dur et féroce, par conséquent très-difficiles à apprivoiser. On a vu, en octobre 1850, au Jardin botanique de la Société d'histoire naturelle de Savoie, un Autour de quatre mois tuer à coups de serres et de bec un Milan noir du même âge, enfermé depuis près de quinze jours avec lui, puis le dépecer et se nourrir de ses entrailles. En remarquant que la nourriture ne manquait pas à ce rapace, on n'a pu expliquer cette férocité que par le besoin qu'il devait avoir de se repaître de chair palpitante.

Il y a une autre espèce voisine de l'Autour, également très-commune en Europe, l'Épervier, plus petit que l'Autour. Il a, comme lui, l'aile ronde et plus courte que la queue; la poitrine rubannée de bandes transversales régulières, composées d'écussons contigus qui se sont confondus avec l'âge. Le dessus des ailes et le dos sont d'un cendré bleuâtre ou ardoisé, avec un espace blanc plus ou moins pur à la nuque. La queue est d'un gris cendré marqué de cinq bandes d'un cendré noirâtre. L'Épervier ne peut être confondu avec aucun genre ou sous-genre voisin; c'est le plus gros de ces petits oiseaux de proie que nous rencontrons tous les jours, qui chassent concurremment avec nous la Perdrix, la Caille, l'Alouette, le Pinson et les menus oiseaux, et que nous désignons indistinctement sous les noms vulgaires d'Émouchet, de Tiercelet, de Chassereau, de Hobereau, de Fancher, de Rabaillot, etc., etc. Indépendamment de l'infériorité de sa taille, l'Épervier est marqué d'un signe qui le distingue complétement de l'Autour. Chez celui-ci, le tarse est robuste; chez l'Épervier, il est long et grêle : l'oiseau a presque l'air de s'être hissé sur des échasses, et l'ongle du doigt médian est beaucoup plus long que les autres, ce qui lui donne une grande facilité pour saisir et pour retenir sa proie. Cet ongle de l'Épervier est si aigu, et les blessures qu'il fait sont si dangereuses, qu'il est très-difficile de conserver les Cailles et les autres petits oiseaux qu'il rapporte vivants et auxquels il s'imagine n'avoir fait aucun mal. (Voy. *Fauconnerie*, fig. 21.)

L'Épervier a les mêmes habitudes et niche de la même manière que l'Autour. Quelquefois cependant il occupe le nid abandonné d'un Corbeau. La ponte est presque toujours de cinq œufs, d'un ovalaire arrondi de trente-huit à quarante-deux millimètres sur trente-deux à trente-quatre millimètres. Ils sont blancs ou d'un blanc bleuâtre, ou d'un roussâtre très-clair avec de larges espaces, ou seulement avec des points et des taches d'un brun rougeâtre ou roussâtre, souvent plus répandus vers le gros bout, où ils forment quelquefois une espèce de couronne. Ils ne sauraient jamais être confondus, sous aucun rapport, avec les œufs de Faucons. Les espèces exotiques, telles que, par exemple, l'Épervier sphénure ou brachidactyle de l'Afrique méridionale, offrent les mêmes caractères zoologiques.

Fig. 52 — Épervier, *Astur nisus.*

Les Éperviers vivent solitaires dans les bois; ils font presque sans relâche la guerre aux Perdreaux, aux Grives, aux Rouges-gorges, aux Mésanges et aux autres petits oiseaux. On rencontre fréquemment, en effet, lorqu'on passe au pied des arbres sur lesquels ils sont venus dépecer leur proie, des tas de plumes des différents oiseaux qui ont servi à les nourrir. S'ils sortent des bois, c'est pour aller rôder aux alentours à la quête des Alouettes et des Bergeronnettes, sur lesquelles on les voit fondre à chaque instant. S'ils s'emparent d'une proie, ils l'emportent sur un arbre pour la dévorer. Cette habitude a été mise à profit pour détruire ces habiles chasseurs : on place au milieu des plaines giboyeuses des poteaux au sommet desquels se trouve un piége qui se ferme au moment où l'Épervier vient s'y poser avec sa proie. Mais il arrive souvent que le piége, en se détendant, ne saisit que la proie et laisse échapper le ravisseur.

Les Éperviers se montrent très-hardis, car ils viennent enlever les oiseaux dans les champs jusque devant les oiseleurs et au milieu des troupeaux, sans s'inquiéter de la présence des bergers.

Il nous est arrivé, dans une de nos promenades aux environs de Nogent-le-Rotrou, d'observer de loin un Épervier volant en rasant le sol et poursuivant, en la dominant toujours, une malheureuse Perdrix grise. Son bec seul lui servait pour la harceler et lui déchiqueter la tête dans sa course désespérée; notre approche ne lui fit pas quitter sa poursuite, et il ne se retira que lorsque nous fûmes à portée de nous emparer de sa victime. Elle avait le crâne tout dénudé et ensanglanté, et les yeux crevés.

Levaillant cite ce fait de hardiesse au sujet de la plus petite espèce africaine du genre, l'Épervier minulé : « Le trait suivant, que je ne puis m'empêcher de rapporter, dit-il, prouvera ce qui a été déjà dit de ces petits oiseaux de proie, dont la dimension est à peu près celle de notre Merle commun. Un jour que j'étais occupé, comme de coutume, à écorcher devant ma tente les oiseaux que j'avais tués, il passa au-dessus de ma tête un de ces Éperviers qui, ayant remarqué sur ma table plusieurs oiseaux, s'y abattit tout à coup, malgré ma présence, et m'en enleva un qui était déjà préparé; il l'emporta dans ses serres, et fut bien étonné, après l'avoir plumé sur un arbre à trente pas de nous, de n'y trouver, au lieu de chair, que de la mousse et du coton; cela ne l'empêcha pas, après avoir déchiré la peau en pièces, de manger le crâne tout entier, seule partie que je laisse dans mes oiseaux préparés. Comme j'examinais avec plaisir cet oiseau arracher de dépit tout ce qui emplissait la peau bourrée qu'il m'avait dérobée, je le vis revenir planer au-dessus de moi à différentes reprises, mais il ne s'abattit plus, quoique j'eusse laissé exprès quelques oiseaux à sa portée. Je suis persuadé que si, à sa première tentative, il avait eu le bonheur de tomber sur un des oiseaux non préparés, il aurait infailliblement réitéré cette chasse, si facile et si commode pour lui; mais, ayant été attrapé, il ne daigna probablement pas recommencer. »

Des faits analogues sont rapportés par notre collaborateur et ami J. Verreaux, au sujet de l'Épervier fascié (*Approximans*) de la Nouvelle-Hollande. On lui en apporta un jour un qui avait été pris chez un de ses amis, M. de Graves, au moment où il venait de saisir une Poule; puis un autre, pris dans la cour de M. Douglas, pendant qu'il dépeçait un Poulet.

Quelle que soit la rapacité de l'Épervier, disons, à son éloge, que son caractère peut être modifié par la domesticité. Le docteur John Franklin en cite un exemple qui mérite d'être rapporté :

« Il y a quelques années, un jeune Épervier fut acheté par un de mes amis. C'était une acquisition un peu dangereuse, car celui-ci possédait en même temps une paire de Pigeons remarquables par leur rareté et dont il faisait grand cas. La douceur et les bons soins parurent modifier le naturel de l'Épervier. Peut-être l'honneur de ce changement revient-il à une autre cause : c'est-à-dire à la régularité avec laquelle il était nourri. La férocité est, chez les oiseaux de proie comme chez les mammifères carnassiers, une loi de la nature basée sur leur genre d'alimentation. En rendant la destruction inutile par le soin qu'on a de pourvoir à leur nourriture, on réprime ce penchant, qui n'est point du tout nécessaire à leur bonheur. A mesure que l'Épervier croissait en âge, en taille et en force, sa familiarité augmentait aussi. Ces bonnes dispositions l'amenèrent à faire connaissance avec les Pigeons, qu'on avait rarement vus en pareille société. Partout où allaient les Pigeons pour chercher leur nourriture, et ils venaient quelquefois la prendre jusque dans les mains de leur maître, l'Épervier les accompagnait.

« D'abord les Pigeons se montrèrent effrayés d'un pareil voisinage; mais peu à peu ils surmontèrent leur crainte, et ils mangèrent auprès de l'Épervier avec autant de confiance que si les anciens ennemis de leur race n'avaient point envoyé près d'eux un représentant pour l'associer à leur banquet. Il était curieux d'observer, pendant le repas, l'enjouement et la parfaite bienveillance de ce convive; car l'Épervier recevait son morceau de viande sans aucun des signes de férocité avec lesquels les oiseaux de proie prennent ordinairement leur curée. Il suivait les Pigeons dans leur vol, çà et là, autour de la maison et des jardins, et se perchait avec eux sur le faîte de la cheminée ou sur le toit. Le soir, il se retirait avec eux dans le colombier, et quoique, durant les premiers jours, il fût le seul et unique occupant de ces lieux, les Pigeons n'ayant pas d'abord aimé la présence de cet intrus, il devint bientôt un des hôtes de la maison; il ne troubla jamais le repos de ses amis, n'abusa pas davantage des droits de l'hospitalité, même lorsque les Pigeonneaux, sans plumes et désarmés qu'ils étaient, devaient offrir une forte tentation à son appétit. Il semblait malheureux toutes les fois qu'on le séparait de ses camarades de chambre. Après quelques jours de séquestration dans un autre local, il retournait invariablement au colombier. Durant cet emprisonnement, il faisait entendre des cris très-mélancoliques et appelait de toutes ses forces la délivrance; mais ces lamentations se changeaient en cris de joie à l'arrivée de quelque personne qu'il connaissait. Tous les gens de la maison étaient avec lui dans des termes d'intimité. Je n'ai jamais vu un oiseau qui ait gagné autant que celui-là le cœur et les bonnes grâces de tous ceux qui l'approchaient; et, en vérité, il le méritait bien. Il était folâtre comme un jeune Chat, et littéralement amoureux comme une Colombe. Cependant son naturel n'était pas aussi modifié qu'on eût pu le croire. Malgré l'éducation, notre oiseau était resté un Épervier; on s'aperçut de cela dans une occasion qui ne manque point d'intérêt. Un voisin nous avait envoyé un Hibou brachyote, auquel il avait cassé l'aile accidentellement. Après avoir pansé la fracture et avoir guéri le blessé, nous songeâmes à adoucir sa captivité en lui accordant un peu plus de liberté que celle dont il jouissait dans une cage à poulets. A peine l'Épervier eut-il aperçu notre nouvelle connaissance, qu'il fondit sur le pauvre Hibou sans aucune miséricorde; et, chaque fois qu'ils se trouvèrent en présence, il s'engagea une série de combats remarquables par l'adresse et le courage des combattants. La défense du petit Hibou était admirablement conduite; il se jetait sur le dos et attendait les attaques de son ennemi avec une patience rare, préparé qu'il était à les recevoir, et, frappant, mordant ou égratignant, il déconcertait souvent son adversaire. Ces luttes incessantes ne produisirent point l'amitié; et, lorsque le Hibou se sentit assez fort, il profita d'une occasion favorable pour gagner les bois, laissant l'Épervier maître du terrain. »

9e Genre. — BUSARD, *CIRCUS*, Lacépède.

Les Busards forment le dernier genre des Falconidés. Ce sont des rapaces que caractérisent les formes grêles et élancées, une collerette de plumes serrées partant du menton et s'étendant jusqu'aux oreilles, entourant par conséquent le cou, et qui leur donne un certain rapport de physionomie avec les Chouettes.

Fig. 53. — Busard de marais, *Circus rufus*, d'après Gould.

Leur bec est médiocre, mince, comprimé sur les côtés, le rebord de la mandibule supérieure légèrement renflé, mais sans dents. L'espace compris entre l'œil et les narines est recouvert de poils rigides, implantés sur la cire. Les narines sont oblongues, arrondies, percées dans le sens longitudinal. Les tarses, fort allongés, sont garnis de scutelles en avant, vêtus jusqu'à l'articulation, et leurs doigts sont armés d'ongles médiocres. La queue, assez longue, est élargie et arrondie.

Plus agiles et plus rusés que les Buses, moins hardis que les Faucons, ils volent le plus souvent très-bas, surtout quand ils chassent. Les marais, les plaines, le bord des bois et de l'eau sont leur séjour de prédilection. Ils nichent à terre, ou près de terre, sur quelque élévation, au milieu des herbes, des roseaux, des broussailles et des moissons. Ils cherchent leur proie à terre, en volant, ou bien ils l'épient en se tenant cachés sur une branche. Ils se nourrissent d'oiseaux aquatiques, de poissons, d'Anguilles, de reptiles, de petits mammifères, d'insectes terrestres et aquatiques. En général, ils chassent tantôt en volant horizontalement, tantôt en formant des ronds à quelques décimètres au-dessus du sol. Ils ne poursuivent jamais leur proie au vol ou à tire-d'aile; ils tombent sur elle d'aplomb ou en traçant une ligne horizontale. Ils sont d'une voracité surprenante; mais assez rusés pour ne pas donner facilement dans les piéges qu'on leur tend.

Les Busards sont répandus dans toutes les parties du monde; on en compte environ douze espèces, dont quatre ou cinq se trouvent en Europe et en France. Il y a peu de temps encore, le plumage très-varié des oiseaux de ce genre, dit le sportsman auteur des *Oiseaux du comté de Sussex*, avait fait croire à un beaucoup plus grand nombre d'espèces européennes, dont les principales sont le Busard de marais, le Busard Saint-Martin ou Soubuse, et le Busard Montagu, dont les nuances diffèrent suivant l'âge et le sexe. Chez les deux dernières, les mâles, après la première mue d'automne, commencent à prendre le plumage d'adulte, qui n'est complet qu'au bout de trois années révolues au moins. Sa couleur est bleu gris pour les parties supérieures, et blanc pour les parties inférieures. Le Busard Montagu se distingue, non-seulement par une forme plus svelte et plus légère, mais encore par une bande obscure sur les secondes plumes alaires, et plusieurs barres noirâtres sur les couvertures inférieures des ailes. Les femelles sont plus grosses que les mâles, d'une couleur brune plus ou moins variée de brun rouge. A mesure que l'oiseau avance en âge, les bandes longitudinales des parties inférieures deviennent plus étroites et plus distinctes, tandis que le fond prend une teinte plus claire. Les jeunes de l'année ressemblent aux femelles, mais sont moins bigarrées.

Fig. 54. — Busard Montagu, *Circus cinerascens*.

Le mâle du Busard des marais, quoique sujet, comme ses congénères, à un changement qu'on peut signaler dès la première mue d'automne, ne prend pourtant pas cette teinte bleuâtre, caractère distinctif des deux autres espèces, et qui, même chez les très-vieux oiseaux, ne se remarque que sur les ailes et la queue.

La tête et la gorge deviennent blanchâtres; le reste du corps offre diverses nuances d'un brun foncé et ferrugineux.

Des détails fort précis et intéressants ont été fournis, il y a déjà plus de vingt ans, par M. Barbier-Montault, avocat à Londres, sur le Busard Montagu; et nous nous étonnons qu'ils n'aient été reproduits dans aucune des ornithologies d'Europe ou de France publiées depuis cette époque.

« Le Montagu, dit cet observateur qui possédait alors une des plus belles collections des oiseaux de proie européens, arrive dans le département de la Vienne vers la mi-avril, à l'époque où le Busard Saint-Martin nous quitte; il s'établit de suite dans des landes d'une grande étendue. Contrairement à beaucoup d'autres oiseaux de proie, le Montagu aime à vivre en société, et ils se réunissent souvent en grand nombre. C'est au milieu des coupes de bois, sur les tas de fagots qu'ils aiment à se poser pour épier leur proie; rarement ils perchent sur les grosses branches des arbres. Ils chassent de préférence en tout temps les insectes, mais surtout dans les mois d'août et de septembre. Ils se nourrissent de Sauterelles; du moins tous ceux que j'ai ouverts à ces époques (peut-être une cinquantaine) n'avaient dans l'estomac que des Sauterelles, et toujours en grande quantité. On peut juger par-là de ce qu'ils détruisent. Bientôt après leur arrivée, ils s'apparient et placent à terre leur nid, très-grossièrement construit en bûchettes; plusieurs nichées s'établissent dans le même bois; le mâle et la femelle ne se quittent guère alors, et reviennent souvent dans la journée au lieu qu'ils ont choisi. Munis de moyens puissants de vol, l'air semble être leur élément; ils planent presque continuellement, et à peine aperçoit-on un léger mouvement dans leurs longues ailes; comme les oiseaux nocturnes, ils ne font aucun bruit en volant. Par une belle matinée de printemps, le mâle et la femelle aiment à faire mille évolutions; on les voit s'élever en tournoyant à des hauteurs prodigieuses, en faisant entendre un léger cri, puis redescendre bientôt après au même lieu en faisant de nombreuses culbutes. A certaines heures du jour, ils quittent l'intérieur du bois pour faire des excursions dans la campagne; leur vol est bas et longtemps soutenu. Si cet oiseau aperçoit quelque objet qui le frappe, il revient plusieurs fois pour l'examiner et même le toucher.

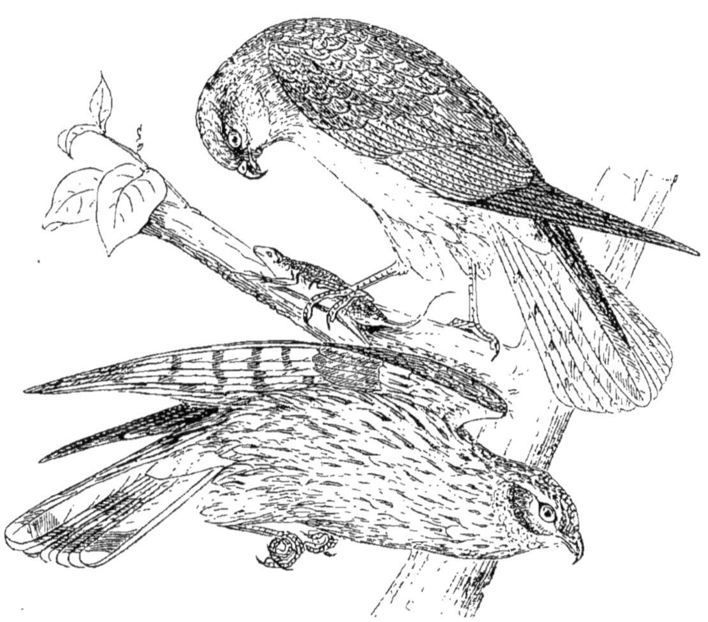

Fig. 55. — Busard Saint-Martin, *Circus cyaneus*.

Caché un jour dans un endroit fréquenté par ces oiseaux, je plaçai près de moi une Effraye empaillée (*Strix flammea*); aussitôt qu'un Montagu l'apercevait, il venait voltiger autour, et, de la sorte, en très-peu de temps j'en tuai une vingtaine. A la mi-août, les couvées sont terminées; alors toutes les nichées se réunissent pour passer la nuit ensemble, et c'est les marais que ces oiseaux choisissent pour retraite. Lorsque le soleil commence à descendre vers l'horizon, on voit arriver de tous les côtés un grand nombre de Montagus; ils se posent sur une motte, sur le haut d'un sillon, et attendent le crépuscule; ils se lèvent alors et se dirigent droit au marais, choisissant toujours, pour passer la nuit, les endroits où l'herbe est plus basse. Je me suis quelquefois placé à l'endroit même où ils se couchent; je les voyais voltiger autour de moi par centaines, je pourrais dire par milliers, tant le nombre en était grand; ils sont peu défiants dans ce moment, les coups de fusil les épouvantent à peine, et toujours j'en tuais un bon nombre. Ils quittent leur retraite au grand jour, et cherchent près de là les endroits abrités où ils puissent jouir des premiers rayons du soleil pour sécher leur plumage. Près du marais existe un superbe *tumulus* entouré de dolmens qui, tous les matins, en août et en septembre, sont couverts, du côté du levant, d'une troupe de Montagus. Cette espèce présente une variété noire qui n'est pas rare et se reproduit tous les ans dans notre localité. »

Voilà encore un nouvel exemple de rapace insectivore; mais les Busards ne se nourrissent pas exclusivement d'insectes. Ils saisissent habilement les Taupes au moment où elles soulèvent la terre, et l'on trouve souvent dans leur jabot des débris de Grenouilles et des Lézards entiers, plus fréquemment encore des petits de Rousserolle et de Fauvette phragmite. Les Busards sont néanmoins d'une voracité extrême, et souvent, en captivité, ils se dévorent entre eux. Un correspondant de Degland conservait plusieurs jeunes Montagus dans la même volière; ils finirent par s'entre-tuer et se dévorer. Il ne resta qu'une femelle, qui, après avoir mangé les autres, mourut au bout de quelques jours des suites de plusieurs blessures reçues pendant la lutte.

Les œufs de Busard sont tous d'un blanc bleuâtre uni et généralement sans taches; à peine, sur quelques-uns, entrevoit-on trace de rares grivelures brunes : leur forme est ovalaire, et ils mesurent de quarante et un à cinquante millimètres de grand diamètre, sur trente-sept à quarante-quatre millimètres de petit.

Ce groupe de la famille des Falconidés nous conduit, par une gradation facile, à celle des Strigidés ou Chouettes. En effet, le plumage fin et peu garni, le disque facial ou cercle de plumes courtes et frisées qui décrit en partie le contour de la face, la légèreté et l'énergie des formes, annoncent clairement l'affaiblissement du caractère extérieur du Faucon et l'apparition de celui des oiseaux de nuit qu'on n'a pas, sans quelque raison, nommés Phalènes de la race emplumée.

Fig. 56. — Grand-duc, *Bubo maximus*

DIX-NEUVIÈME LEÇON

Strigidés.

3e Famille. — STRIGIDÉS.

Genre unique. — HIBOU, *STRIX*. Linné.

Les noms français donnés aux diverses espèces de cette famille s'appliquent si peu aux caractères assignés aux différents groupes plus ou moins génériques qu'on a formés, qu'ils semblent plutôt des synonymes ou des équivalents d'une même appellation générale : telles sont les dénominations de Hiboux, de Chouettes, de Chats-huants, de Ducs, de Chevêches, etc. Quoique la science ait trouvé matière à l'établissement d'une vingtaine de sous-genres répartis en trois sous-familles, nous devons confondre leur histoire, la plupart de ces espèces d'oiseaux de proie nocturnes présentant une grande similitude de mœurs. Cependant nous distinguerons les Ducs, ou Hiboux, munis d'un faisceau de plumes plus ou moins allongées au-dessus des yeux; les Chouettes, qui n'ont pas ces aigrettes; et les Effraies, parfaitement distinctes des autres par un disque facial complet et seulement échancré à sa partie supérieure.

Fig. 57. — Chouette Harfang, *Surnia nyctea*.

Le terme de nocturnes, quoique généralement admis par les ornithologistes, n'est pourtant point très-correct : aucun oiseau ne voit ni ne chasse dans une profonde obscurité. Le mieux, comme le dit le docteur Franklin, serait d'appeler cette troisième famille de rapaces la famille des crépusculaires.

Les Strigidés sont en quelque sorte des Faucons organisés pour la chasse au crépuscule. Quiconque a, en effet, observé ces deux types d'oiseaux, a dû remarquer une grande ressemblance dans la forme du bec et des serres; seulement, l'œil des premiers se montre plus dilaté, comme celui de tous les animaux destinés à chercher leur nourriture au crépuscule ou pendant la nuit.

Les Accipitres nocturnes se distinguent des diurnes par des yeux gros à fleur de tête, dirigés en avant et entourés d'un cercle de plumes sétacées, décomposées, rigides, formant, par leur rayonnement circulaire autour de la face, ce que l'on est convenu d'appeler le *disque facial;* ils se distinguent encore par l'absence de cire à la base du bec, cette cire étant remplacée par une simple peau recouverte de poils allongés et dirigés en avant; par des tarses et des doigts généralement courts, et, le plus souvent, emplumés jusqu'aux ongles, qui sont rétractiles, recourbés et acérés; par un plumage épais, abondant, léger, soyeux, augmentant considérablement, par sa masse, l'aspect et du volume du corps et de la tête, qui est naturellement plus grosse et plus développée que celle des Accipitres diurnes.

Destinés à arrêter la trop grande multiplication des mammifères rongeurs ou fouisseurs, qui ne sortent de leurs retraites qu'après le coucher du soleil pour ravager les récoltes de toutes sortes, la nature a doué ces oiseaux de toutes les facultés qui pouvaient favoriser cette chasse nocturne. Ils ont une sensibilité de vue si grande, qu'ils paraissent, selon l'expression de Buffon, être éblouis par la clarté du jour, et entièrement aveuglés par les rayons du soleil; il leur faut une lumière plus douce, telle que celle de l'aurore ou du crépuscule. Le sens de l'ouïe est chez eux d'une finesse extrême, et il paraît, dit l'éloquent naturaliste, qu'ils ont ce sens supérieur à celui de tous les autres oiseaux, et peut-être même à celui de tous les animaux; leur oreille est proportionnellement très-grande, le pavillon, remplacé par des plumes très-mobiles, leur permet de fermer et d'ouvrir à volonté la conque auditive, ce qui n'est donné à aucun animal.

Le vol silencieux de ces oiseaux leur permet, en outre, de saisir furtivement leur proie durant les heures tranquilles où le moindre bruit donnerait l'éveil à toute la nature vivante. Ce silence complet dans le mouvement et l'exécution du vol dépend, d'une part, de la nature floconneuse de leurs plumes, qui, ne formant pas plaque par leur juxtaposition comme chez les rapaces diurnes, permet à l'air de passer entre elles sans résistance; et, d'autre part, de la forme et de la flexibilité de leurs ailes.

En parlant des trois principales formes de l'aile chez les oiseaux de proie, d'après un savant naturaliste qui nous sert encore de guide ici, nous avons dit que les ailes à pointe aiguë et celles à pointe mousse appartenaient aux Accipitres diurnes, tandis que les nocturnes ont l'aile arrondie et presque toujours uniformément concave. Des ailes de cette forme, avec une certaine ampleur, comme c'est le cas des Chouettes, des Hiboux, etc., peuvent permettre un vol soutenu, quoique toujours peu rapide. Ces chasseurs nocturnes ne peuvent, en effet, à cause de l'obscurité qui règne à l'heure où ils se mettent en campagne, apercevoir au loin leur proie, et il faut qu'ils fassent beaucoup de chemin pour la découvrir. Leurs mouvements, d'ailleurs, n'ont pas besoin d'être rapides, car les animaux qu'ils poursuivent fuient avec peu d'agilité, ou, à cette heure, ne songent pas à fuir. Sur la terre, c'est une Grenouille, un Mulot, une Souris; sous la feuillée, et encore très-rarement et tout exceptionnellement, ce sont des oiseaux endormis; mais encore faut-il approcher ces derniers sans bruit, car une fois éveillés ils échapperaient infailliblement. Les ailes des Strigidés frappent l'air sans produire le moindre bruit, et ils doivent cette faculté, comme nous venons de le dire, un peu à leur forme sans doute, mais surtout à la structure des plumes dont elles sont composées.

Si on examine de près une plume d'Oie, on voit que toutes les barbes d'un même côté se tiennent entre elles, et ne peuvent être séparées sans un certain effort. Les a-t-on désunies en les frottant du bout de la tige vers le tuyau, il suffit de passer la plume entre les doigts dans le sens normal pour que toutes ces barbes adhèrent de nouveau. Cela tient à ce que chacune d'elles est garnie de deux rangs de crochets, à l'aide desquels elle se fixe à ses deux voisines, crochets qui, grâce à leur disposition et à leur élasticité, se replacent d'eux-mêmes dès que les barbes, accidentellement écartées, ont repris leur position naturelle. Chez le plus grand nombre des oiseaux, ces barbes, vers l'extrémité, s'amincissent, deviennent molles, et, dans cette partie, portent au lieu de crochets de petites barbules soyeuses. Ce n'est pas le cas cependant chez les espèces dont le vol, brusque et impétueux, s'exécute au moyen d'une succession rapide de coups. Là, chaque plume est, comme une lame de baleine, résistante et élastique jusque sur le bord; les barbes, étroitement serrées, sont presque aussi fermes à la pointe qu'à la base, et accrochées entre elles dans toute leur longueur; enfin, toutes les pennes se recouvrent si exactement qu'elles ne laissent à l'air aucun intervalle pour s'échapper. Telle est la disposition que nous présente l'aile des Colibris, dont le vol est accompagné d'un bruit qui ressemble à un bourdonnement. L'aile des Accipitres nocturnes, qui doit être silencieuse, offre une disposition différente. Ces oiseaux ont des rémiges larges, mais leur tige, délicate et souple, n'a que des barbes lâches et molles. Les premières pennes même présentent cette particularité que, du côté interne, les barbes, au lieu d'être couchées à plat les unes sur les autres, se séparent vers le milieu de leur longueur, sont disjointes et onduleuses à leur extrémité, et laissent largement passer l'air. Aussi ces ailes, qui frappent l'air très-lentement, ne font entendre aucun bruit, et ne produisent, même de près, que la sensation d'un léger courant d'air. Enfin, la faculté qu'a leur tête énorme de se tourner facilement sur les vertèbres cervicales, permet à ces oiseaux myopes d'embrasser tout l'espace et de diriger leur face vers le dos sans le moindre mouvement du corps.

Tous les oiseaux de cette famille ont le plumage teinté de couleurs douces, de gris, de brun, de blanc et de roux plus ou moins vif. Quelques grosses espèces du cercle arctique deviennent complétement blanches, comme le Gerfaut des mêmes contrées.

Les Strigidés se trouvent répandus dans toutes les parties du monde, et il y a quelque chose de si mystérieux dans leurs habitudes, qu'ils ont généralement prêté partout à la superstition. Le peuple considérait autrefois le Hibou comme un oiseau de mauvais augure. C'était une ancienne coutume, en Angleterre, de lui faire la chasse la veille de Noël. De nos jours, quelques personnes croient encore que l'apparition soudaine d'un Hibou est un présage de mort pour la maison dans laquelle se trouve un malade. On commence heureusement à faire justice de ces préjugés ridicules, et l'on ne peut les expliquer que par ce qu'il y a de lugubre dans les cris nocturnes de cet oiseau et par ses mouvements silencieux, lorsque, comme un fantôme, il glisse dans l'air, et disparait sans que l'œil ait pu le reconnaitre ou le suivre. Et cependant, à l'exception de deux ou trois grandes espèces, d'ailleurs assez rares, il n'existe guère d'oiseaux plus inoffensifs, nous dirons même plus utiles que ces spectres de l'ornithologie.

Ces préjugés sont répandus dans tous les pays, et ces précieux oiseaux sont généralement regardés comme malfaisants. Parmi les peuples de l'extrême Orient, les Malais désignent les oiseaux de nuit sous les noms de *Hantou* et de *Pongo*, qu'ils donnent aussi à des êtres imaginaires de mauvais augure ou à des esprits mortifères. On les appelle encore *Oiseaux de la lune*, parce que la superstition trouve que leurs cris ont pour but de faire paraître cet astre, puisqu'ils cessent de les faire entendre dès qu'il paraît, comme si leur silence dans ce cas dépendait de la satisfaction de leurs désirs. Les Indiens de l'Amérique du Sud les envisagent autrement, au dire de M. Morelet. Ils appellent l'oiseau de nuit *Buho*. Le Buho connaît tous les trésors cachés; il peut enrichir son maître, le guérir de la maladie et lui gagner le cœur de la jeune fille qu'il aime. Une fois en possession du merveilleux oiseau, on doit l'entourer de soins très-attentifs; car si sa mort résulte d'un mauvais procédé, ou même d'une négligence, elle est suivie de grands malheurs; mais pour s'en emparer dans de bonnes conditions, il faut un concours de circonstances rares.

Les Accipitres nocturnes ne prennent généralement pas la peine de se construire un nid; car les quelques heures pendant lesquelles la plupart d'entre eux peuvent s'aventurer hors de leur refuge, le soir et le matin, sont absorbées par la chasse, et il ne leur reste pas un instant à employer à la recherche des matériaux nécessaires à la formation d'une aire pour leur progéniture. Ils déposent leurs œufs dans des trous, sur les vieux arbres, dans les ouvertures des murs, sur les tourelles et dans les ruines. Certaines espèces, qui nichent sur la fin de l'hiver, sont réduites à s'approprier quelquefois les anciens nids de Corbeaux, de Corneilles et de Pies. En éclosant, les petits sont couverts d'un duvet blanchâtre, épais et très-long. Ils mangent seuls assez promptement; mais ils ne quittent le nid que lorsqu'ils sont en état de voler et de se procurer quelque aliment. Si l'on vient à les forcer à prendre leur essor pendant le jour, ils ne font que de courtes volées, et se jettent bien vite dans les branches les plus touffues d'un arbre, d'un taillis, ou dans quelque enfoncement de rocher, où ils attendent la nuit pour sortir. C'est le plus souvent cette situation critique qui attire autour d'eux les petits oiseaux du voisinage. Le premier de ceux-ci qui s'aperçoit de leur vol dérobé jette un cri d'alarme qui suffit pour réunir en un instant tous les autres; et alors, à l'envi, ils accablent leur ennemi de leurs cris insultants. Surpris ainsi en plein jour, les nocturnes répondent à leurs assaillants par des attitudes très-curieuses : on les voit balancer lourdement, de droite à gauche, leur tête seule ou tout le corps à la fois, souffler horriblement, faire parfois craquer fortement leur bec, suivant que l'ardeur ou le nombre des combattants augmentent, et enfler singulièrement toutes les plumes du corps, notamment des ailes, comme pour mieux réussir à les effrayer en se faisant paraître plus gros. La voix des rapaces nocturnes consiste en cris étouffés, tristes et lugubres, qu'on entend de fort loin pendant le silence de la nuit.

L'espèce la plus remarquable par sa taille est connue sous le nom de Grand-Duc; elle est assez rare en France; cependant on la trouve dans un assez grand nombre de localités, surtout dans l'Est et le Midi, dans le voisinage des montagnes et dans les forêts de sapins. Parfois le Grand-Duc s'éloigne assez de ses retraites favorites et se laisse surprendre par le jour de manière à ne pouvoir pas regagner son gîte habituel. Mais ces excursions lui sont le plus souvent fatales, et s'il est aperçu par de petits oiseaux, leur rassemblement et leur rumeur éveillent l'attention des chasseurs et des paysans, qui ne manquent pas l'occasion de lui faire un mauvais parti. Si, en s'aventurant au premier crépuscule, les Buses, les Corbeaux, ou l'Aigle fauve, son plus cruel ennemi, viennent à l'apercevoir, ils lui livrent bataille. Les Buses et les Corbeaux donnent l'éveil par des cris d'alarme, ils le harcèlent et fondent tour à tour avec impétuosité jusque près de lui, comme pour lui fermer la retraite; mais le Grand-Duc résiste à ces assaillants avec tant de courage et d'opiniâtreté qu'il les force à se retirer. Ceux-ci, d'ailleurs, comprennent que c'est l'heure à laquelle ce rapace recouvre tous les avantages inhérents à son genre de vie nocturne : la vue, l'adresse et la force, et qu'il y aurait témérité de leur part à prolonger leurs assauts.

L'Aigle fauve ou royal livre aussi de terribles combats au Grand-Duc, quand il le rencontre dans les rochers ou dans les forêts. L'Aigle, qui provoque toujours, se jette avec violence sur cet adversaire. Le Grand-Duc, dont le courage et la force ne le cèdent guère à la puissance de l'Aigle, résiste vivement à ses assauts; il sait même les parer en enflant singulièrement ses pennes alaires et en lui lançant de violents coups de serres. Ce combat, qui dure souvent plusieurs minutes, devient quelquefois funeste à tous les deux. Des voyageurs dignes de foi ont été témoins, il y a déjà plusieurs années, rapporte M. Bailly, d'un de ces combats, qui se livra sur un roc boisé qui borde la route principale de Moutiers, en Savoie. Ils ont vu ces deux rapaces, après s'être vivement meurtris à coups de serres, de bec et d'ailes, s'élancer brusquement l'un sur l'autre, s'enfoncer leurs serres si profondément dans les chairs, qu'ils ne purent les en retirer, et périrent sur place, épuisés de fatigue et de blessures. Les dépouilles de ces deux oiseaux furent, quelques jours après, envoyées en France par deux des spectateurs du combat.

Le Grand-Duc d'Europe, quoi qu'en dise Toussenel, est loin d'être le destructeur le plus acharné du Lièvre, de la Perdrix et de tout le menu gibier; il s'accommode fort bien des rongeurs ou fouisseurs nocturnes, tels que Taupes, Mulots, etc. Aldrovande dit cependant de ces oiseaux, dont les dimensions approchent quelquefois de celles de certains Aigles, qu'ils pourvoient si abondamment à la nourriture de leurs petits, qu'une personne qui demeurerait près de leurs nids pourrait se procurer de bons morceaux, tels que des Levreaux et des Lapins, en partageant loyalement avec la nichée.

Le Grand-Duc de Virginie ou de Magellan enchérit encore sur ces chasses princières. Son morceau de prédilection, vers les rives de l'Ohio et du Mississipi, est le Dindon sauvage, qui pèse, en moyenne, de cinq à dix kilogrammes, et qu'il transporte au loin, malgré ce poids énorme. Les Dindons domestiques, qui juchent dans l'intérieur des fermes, ne sont même pas à l'abri des coups de main de ce larron; et l'on sait qu'un ménage de Grands-Ducs un peu chargé de famille est le meilleur auxiliaire qu'un propriétaire de Lapins, embarrassé de ses richesses, puisse employer pour éclaircir la population de sa garenne.

Le Grand-Duc, si redoutable dans l'agression, ne l'est pas moins dans la défense. Les ongles rétractiles dont ses doigts sont armés font des blessures aussi terribles que la dent du Renard et la griffe du Chat sauvage. Ils se rejoignent à travers les chairs, à l'aide d'une puissance incroyable de contraction musculaire, et percent les guêtres de cuir et les empeignes les plus résistantes du soulier du chasseur.

Il fallait deux ou trois Faucons, et des Faucons de la plus grande espèce, pour lier cet oiseau dans les airs, et ce vol était une des scènes les plus curieuses de la fauconnerie. L'oiseau chassé, au lieu de fuir en ligne droite, multiplie les ascensions et les culbutes, ne cherchant qu'à prendre le dessus sur ses adversaires, de manière à les saisir par le dos. Blessé d'un coup de feu dans les ailes et forcé de s'abattre, il imite le stratagème du Blaireau assailli par de nombreux ennemis et décidé à vendre très-chèrement sa vie. Il se renverse sur le dos, attend les Chiens, la serre ouverte et haute, et exécute avec son bec une sorte de moulinet à quatre faces qui protége tout son corps. Tous ses mouvements étranges sont accompagnés de roulements d'yeux féroces et d'une espèce de jeu de castagnettes avec son bec. Cet organe est en effet mobile dans ses deux parties, comme le bec des Perroquets; et c'est par la facilité de ces deux mouvements que les nocturnes font si souvent claquer ainsi leur bec. Pour prouver la supériorité de cette défense, il suffira de dire que

Toussenel a vu plus d'une fois le chien d'arrêt le plus impétueux se calmer spontanément à la vue des préparatifs de défense du Grand-Duc, et devenir très-prudent.

Les fauconniers se servaient autrefois du Grand-Duc pour attirer le Milan : on attachait au nocturne une queue de Renard, pour rendre sa forme plus extraordinaire; il volait à fleur de terre, et se posait dans la campagne, sans se percher sur aucun arbre; le Milan, qui l'apercevait de loin, arrivait jusque sur lui et laissait aux chasseurs le temps de lui jeter deux ou trois Faucons.

Dans le voisinage des grandes faisanderies, on place généralement un Duc dans une cage élevée sur un poteau, pour attirer les oiseaux de proie, et permettre au garde de les détruire à coup sûr. En Allemagne, le Grand-Duc, que les mendiants promènent dans une cage, afin d'avoir un prétexte pour tendre la main aux passants, sert de leurre pour la chasse aux oiseaux carnivores. L'oiseleur l'attache à un pieu planté dans le sol, et se cache à une petite distance, dans une hutte de terre pourvue de meurtrières. Bientôt les Corbeaux, les Pies, les Faucons, etc., s'assemblent en troupe autour du captif, et se livrent ainsi eux-mêmes au plomb du chasseur.

Le Grand-Duc se soumet assez bien à la captivité : on sait que c'est, de tous les nocturnes, celui que les marchands ambulants préfèrent pour fixer l'attention des passants. On obtient même de lui, en certains cas, une véritable domestication. Il sort de la maison de son maître et va s'établir à peu de distance, sur le haut d'une cheminée ou au milieu des branches d'un arbre touffu; puis il revient chaque fois qu'on l'appelle par le nom auquel on l'a habitué, et quand il veut manger. Si un inconnu pour lui veut l'agacer, il commence par enfler ses ailes et toutes ses plumes d'une manière vraiment curieuse; il tourne lourdement la tête et tout le corps à la fois à droite et à gauche, en soufflant horriblement et en faisant claquer son bec; enfin, il lance à celui qui l'approche des coups de bec et de serres. On peut, lorsqu'il est bien apprivoisé, le laisser jouir d'une assez grande liberté. Une paire de ces magnifiques oiseaux existait encore, il y a une dizaine d'années, à Arondel-Castle, comté de Sussex, dans une condition peu différente de l'état de nature. Ils habitaient un espace considérable, bordé par les murs du donjon, murs épais, couverts de lierre, et dans les profondes fissures desquels ils se retiraient pendant le jour, et d'où ils sortaient quand venait le soir. Ces animaux avaient, dans leur prison, accompli les devoirs de l'incubation et élevé leurs petits : seul exemple, croyons-nous, d'oiseaux de proie nocturnes couvant en captivité; car des tentatives semblables n'ont jamais réussi, pas plus au Jardin des Plantes de Paris qu'au Jardin zoologique de Londres, qui compte cependant tant de succès en ce genre.

Frisch raconte qu'il a eu deux fois des Grands-Ducs vivants, et qu'il les a conservés longtemps; il les nourrissait de chair et de foie de bœuf, dont ils avalaient souvent de fort gros morceaux. Lorsqu'on jetait des Souris ou des Rats à ces oiseaux, ils leur brisaient les côtes et les autres os avec leur bec, puis ils les avalaient. Quelques heures après, ils rejetaient par le bec une pelote composée des poils et des os non digérés. A défaut d'autre pâture, ils mangeaient des poissons, et rejetaient après une pelote composée des arêtes et des écailles. Ils ont vécu sans boire, et cette observation s'applique aussi à quelques autres oiseaux rapaces diurnes.

La domesticité cependant n'adoucit pas toujours les mœurs sauvages de cet oiseau; témoin le fait suivant, rapporté par Toussenel : Un procureur du roi de l'Aveyron nourrissait un Grand-Duc, il y a de cela près de vingt ans. Des gens de la campagne lui apportent deux jeunes de la même espèce couverts encore de leur premier duvet. Le magistrat confia à tout hasard l'éducation de ces jeunes prisonniers à son pensionnaire, qui était un mâle, et qui s'acquitta des devoirs de sa charge avec un zèle tout maternel et digne d'un meilleur sort; car le premier essai que les deux élèves, parvenus à l'adolescence, firent de leurs forces, fut de tuer leur père nourricier pendant son sommeil, et de le dévorer. Bientôt après, le plus fort des deux, la femelle, tua son frère, et le mangea sans considération. Le procureur, effrayé de tant de perversité dans un âge aussi tendre, et ne pouvant plus désormais supporter la vue de la scélérate Duchesse, s'en défit en faveur d'un savant de ses amis qui habitait Toulouse, et qui était précisément en quête d'une épouse pour un jeune mâle qu'il avait élevé. La présentation se fit sous les plus favorables auspices; mais l'habitude est une seconde nature, et il n'y avait guère à espérer que celle qui avait débuté dans la vie par le parricide et le fratricide reculât devant un nouveau crime. En effet, elle saisit la première occasion de tuer son époux. L'histoire ajoute qu'elle ne jouit pas longtemps du fruit de ses forfaits, et qu'elle mourut peu de jours après son dernier attentat, non de remords, mais d'un boyau de veau trop long qu'elle ne put avaler, et qui l'étouffa.

Le Grand-Duc donne souvent la preuve de son attachement pour ses petits. Le docteur Stanley, évêque de Norwich, parle d'une paire de ces oiseaux qui portaient toutes les nuits une pièce de gibier à un de leurs petits pris et mis en cage. De jeunes Ducs, qui étaient assez familiers pour recevoir la nourriture de la main de leur maître, perdirent un jour toute cette familiarité, et l'on attribua ce changement à ce que la cage de ces oiseaux avait été suspendue, pendant la nuit, en dehors de la fenêtre, et à ce que leurs parents étaient venus leur apporter quelque nourriture au crépuscule. Un autre exemple, rapporté par le docteur J. Franklin, de la même sollicitude maternelle, vient confirmer cette supposition. Un gentilhomme suédois résidait dans une ferme située au pied d'une montagne sur le sommet de laquelle deux Grands-Ducs avaient fait leur nid. Un jour du mois de juillet, un des jeunes ayant quitté le nid fut pris par des domestiques. Cet oiseau était déjà couvert de plumes, mais le duvet se montrait encore. Le jeune Duc fut enfermé immédiatement dans une grande cage à poulets. Le lendemain matin, à la grande surprise des gens de la ferme, on trouva une belle Perdrix morte qui gisait devant la cage. Elle avait été apportée par les parents de l'oiseau, qui avaient sans doute chassé durant la nuit au profit de leur enfant perdu. C'était bien la vérité, car de nuit en nuit, pendant deux semaines, cette marque d'attention fut renouvelée par les pourvoyeurs invisibles. Le gibier si mystérieusement déposé à la porte de la cage consistait surtout en Perdrix pour la plupart nouvellement tuées; une fois pourtant ce fut un Coq de bruyère, et une autre fois encore les débris d'un agneau. Le gentilhomme suédois et ses domestiques veillèrent pendant plusieurs nuits, se tenant en observation à une fenêtre, afin de voir quand et comment ces provisions étaient apportées; mais en vain : il paraît que les Ducs attendaient le moment où la surveillance des guetteurs était en défaut, car la nourriture fut trouvée comme à l'ordinaire devant la cage. Au mois d'août, la providence nocturne qui nourrissait le jeune captif cessa ses attentions. On peut voir par cet exemple la quantité de gibier que peut détruire cette grande espèce de Duc.

Le Moyen-Duc, qui est notre Hibou commun, a des habitudes bien différentes : il rôde autour des habitations; il fréquente les greniers, les granges et les hangars. A l'approche du crépuscule, ces oiseaux s'élancent de l'endroit où ils perchent et battent les champs, les plaines, les haies avec la plus grande attention. On les voit fondre de temps en temps, avec une rapidité de vol et une sûreté de coup d'œil extraordinaire, sur leur gibier, qu'ils saisissent et qu'ils dévorent aussitôt. Ils ne prennent même pas la peine de le déchirer avec leurs griffes. Si pourtant ils ont des jeunes, ils emportent la proie dans leurs serres, et leur adresse, dans ce cas, est extraordinaire. Cette proie consiste surtout en Souris. Il est à remarquer qu'au moment d'arriver au nid ces oiseaux font passer leur proie des serres au bec pour pouvoir se servir de leurs pattes. La nourriture du Moyen-Duc ne se borne pas à des Souris : il vit aussi de Campagnols, de Grenouilles, de Crapauds, et même de divers insectes de tous les ordres.

Fig. 58. — Moyen-Duc, *Otus vulgaris*.

Le Moyen-Duc est très-commun en France, et il y est sédentaire, tandis que le Grand-Duc ne se montre généralement que pendant l'hiver. On s'en sert avec succès pour la chasse à la pipée, ainsi que d'autres espèces plus petites. Pris jeune, le Moyen-

Duc s'apprivoise facilement. Un des amis du docteur Franklin avait un de ces oiseaux aussi familier qu'un chat, et il ne pouvait descendre dans sa cave sans être suivi par ce fidèle compagnon. Il connaissait son nom et venait recevoir la nourriture de la main de son maître.

Le Hibou Brachyote, ou à aigrettes courtes, recherche moins habituellement que le Moyen-Duc le voisinage de l'homme; il préfère, pendant l'été, les lieux montagneux et boisés à l'intérieur des villes et des villages, où se plaisent plusieurs autres nocturnes; il n'aime pas à se tenir dans les bois de haute futaie, mais plutôt dans les carrières, dans les ruines, et, surtout en automne, à l'époque de ses migrations, dans les jeunes arbres verts, les taillis et les broussailles ou sur le bord des grands bois. Il se retire même sur les terres cultivées, dans les buissons qui bordent les marais et les rivières, et jusqu'au milieu des jones et des roseaux, où les chasseurs le surprennent quelquefois occupé de la recherche des Grenouilles. Il se laisse approcher au point de ne partir qu'aux pieds du chasseur et au nez des Chiens qui l'arrêtent. Il se nourrit aussi de petits poissons qu'il tire de l'eau avec ses serres ou qu'il trouve morts sur les bords des fossés et des rivières, et ne néglige pas les Rats, les Souris et les Campagnols, dont il fait une grande consommation. (Voy. t. I, page 123).

Le Brachyote est remarquable par ses habitudes presque diurnes et terrestres, et par son mode de nidification, qui varierait selon les localités. Ainsi, en France et en Savoie, il se retire dans les antres, les anfractuosités des rochers, les crevasses des bâtiments en ruine et situés dans le voisinage des lacs, des étangs, des torrents et des prairies marécageuses, autour desquels il séjourne pour y chasser une bonne partie de la nuit. La femelle dépose ses œufs sur la pierre, sur le gravier ou sur la terre, quelquefois dans les nids abandonnés des Cresserelles et des Corbeaux. Dans le Nord, et notamment en Irlande, il niche exclusivement dans des trous à terre. Le capitaine Portloch a publié sur cet oiseau quelques observations faites en 1837 par le capitaine Neely pendant ses excursions pour dresser la carte de l'Irlande. Cette espèce, dit M. Portloch, montre des habitudes particulières qui tracent entre elles et ses congénères d'Europe une ligne de démarcation assez prononcée. La pointe de Magilligan, qui forme le rivage de Derry, à l'embouchure du Lough-Foyle dans la mer, est semée à son extrémité de nombreuses collines de sables où les Lapins creusent des terriers et où les oiseaux aquatiques font leurs nids. Mais ici les terriers sont souvent habités par des Brachyotes. Ces oiseaux apparaissent régulièrement en automne, et on les aperçoit à l'entrée des terriers, au fond desquels ils se réfugient quand on les inquiète. Cette observation intéressante, et dont aucune ornithologie européenne ne parle, rappelle un fait semblable que l'on croyait exclusivement particulier à une espèce de Chouette de l'Amérique, la Chouette à terrier (*Noctua cunicularia*). Cette Chouette est très-répandue sur le continent américain, soit au nord, soit au midi, quoiqu'on la rencontre seulement dans les parties du nouveau monde qui convient à son genre de vie. Son nom dérive de la nature des retraites qu'elle préfère. Les autres oiseaux de cette famille recherchent uniquement les endroits retirés dans les bois, les forêts, les édifices en ruines; la Chouette dont il s'agit aime, au contraire, à demeurer dans les plaines ouvertes, en compagnie d'autres animaux remarquables par leurs dispositions sociables. Au lieu de planer mystérieusement au crépuscule du soir ou du matin pour se retirer ensuite dans son repaire, cet oiseau aime la franche lumière du soleil et le milieu de la journée. Il vole alors rapidement pour chercher sa nourriture ou suivre son bon plaisir, puis il retourne ensuite à sa demeure souterraine. S'il ne se creuse pas positivement de terrier, comme la Marmotte de prairie, il occupe ceux qui ont été creusés par les Tatous et les Viscaches.

Ces Chouettes ont été observées par Molina, par d'Azara, par d'Orbigny et par M. Gay; si on les surprend dans le voisinage de leurs terriers, ou elles s'envolent seulement à quelque petite distance, ou elles s'enfoncent au fond des trous, d'où il est ensuite très-difficile de les déloger.

Un voyageur anglais, le capitaine sir Francis Head, observa aussi ces Chouettes vivant en compagnie des Viscaches dans les Pampas de l'Amérique du Sud. « Vers le soir, dit-il, les Viscaches se tiennent hors de leurs terriers, avec un air sérieux, comme des philosophes ou des moralistes, graves et réfléchis. Mais, pendant la journée, les ouvertures des gîtes souterrains sont gardées par des Chouettes qui ne quittent pas leur poste. Pendant que les voyageurs galopaient dans la plaine, elles continuaient leur faction, les regardant passer, et hochant, l'une après l'autre, leurs têtes vénérables d'une manière presque ridicule à force d'être solennelle. Lorsque les cavaliers passaient très-près d'elles, les sentinelles perdaient beaucoup de leur air de dignité et se précipitaient dans les trous. » « Cette association, dit le docteur Franklin, entre des animaux d'une nature si différente, a lieu de fixer l'attention des naturalistes. »

Cette Chouette, que d'Azara nomme *Urucurea*, marche avec agilité et à pas précipités; c'est, de tous les oiseaux de nuit, le moins nocturne; on le voit presque à toute heure hors de sa demeure souterraine, qu'il partage avec sa femelle et sa couvée. Aussitôt que les petits sont assez forts, ils arrivent à l'ouverture du terrier pour se tenir au soleil, et ne tardent pas à chercher un autre trou pour se loger. Quelquefois cette Chouette se perche sur les troncs d'arbres brisés, jamais ailleurs. Les Rats, les Grillons et d'autres insectes forment le fond de sa nourriture. Le même voyageur a vu quelques oiseaux de cette espèce que l'on élevait dans les maisons; on les y nourrissait avec de la chair crue, et il a observé qu'ils refusaient de manger de la viande cuite et de la graisse. Une autre espèce de l'Amérique du Nord, *Strix hypogæa*, niche dans les terriers des petits rongeurs connus sous le nom de Spermophiles.

Nous avons vu le Moyen-Duc et le Brachyote se nourrir accessoirement de poissons. Il est une autre espèce, le Kétupu de Ceylan, qui, par ses mœurs et ses habitudes, représente, parmi les Rapaces nocturnes, le Balbuzard, dont nous avons parlé dans une précédente leçon. Avec les deux aigrettes caractéristiques du groupe, cet oiseau a le tarse nu et granulé du Balbuzard et pêche comme celui-ci. C'est ce que sont venues confirmer les observations du major Hodgson. Les Kétupus fréquentent souvent en effet les bords des rivières : aussi les poissons et les Crabes entrent-ils pour une grande part dans leur nourriture. Les caractères extérieurs de ces oiseaux leur donnent l'aspect d'une Effraie qui aurait des aigrettes.

Il nous reste à parler des plus petites espèces de ce groupe, dont le type est le Petit-Duc (Scops), qui n'a pas vingt centimètres de taille. Il diffère des précédents par ses habitudes, car il se réunit en troupe en automne et au printemps pour changer de climat; il n'en reste que peu ou point en hiver dans nos provinces; on les voit partir après les Hirondelles et arriver à peu près en même temps qu'elles. Quoiqu'ils habitent de préférence les terrains élevés, ils se rassemblent volontiers dans ceux où les Mulots sont en nombre, et ils font une grande destruction de ces animaux, qui se multiplient toujours trop. On a souvent vu les Petits-Ducs arriver en troupes, et faire si bonne guerre aux Mulots, qu'en peu de jours ils en débarrassent le pays. C'est ainsi que Dale, l'historien de Norvich, dit qu'en l'an 1580, à Hallowlide, une avalanche de Souris ravagea tellement les plaines près de South-Minster, que les herbages étaient rongés jusqu'à la racine, quand arriva un grand nombre de Petits-Ducs qui dévorèrent toutes les Souris. Les Moyens-Ducs se réunissent bien aussi quelquefois en troupes, si bien que dans l'Artois, la Beauce, la Champagne, il est facile à un chasseur d'en tuer une douzaine dans la même journée. Mais ces rassemblements sont rares et irréguliers, tandis que ceux des Scops ou Petits-Ducs se font

Fig. 59. — Petit-Duc. *Scops zorca.*

tous les ans. Néanmoins, quoiqu'ils voyagent par troupes nombreuses, ils sont assez rares partout et difficiles à prendre. Il est vrai qu'il n'est pas facile d'apercevoir un Scops même au repos, parce qu'il se place généralement sur les branches verticales plutôt que sur celles horizontales, et que la couleur de son plumage diffère peu de celle des branches desséchées. Pour voyager, c'est presque toujours à la nuit tombante que les Scops se réunissent en troupes, et ils partent avant la grande obscurité. Pendant ses pérégrinations, le Petit-Duc s'arrête dans presque tous les bois ou les champs plantés de vieux arbres, sur lesquels il trouve un abri pendant le jour. Si une bande s'abat dans une localité marécageuse et boisée, il est rare qu'elle ne s'y fixe pas pour une ou deux nuits : c'est, en effet, dans une de ces localités que tous ses aliments de prédilection, les Grenouilles, les Campagnols, les Musaraignes, les Orthoptères, se trouvent le plus abondamment.

« Les Scops, comme les Chevêches, ont l'habitude, dit M. Bailly, d'accompagner les personnes qu'ils voient passer à travers les champs ou le long des sentiers qui les bordent. Ils volent tantôt d'un arbre à l'autre, et toujours un peu en avant des promeneurs, qu'ils semblent s'obstiner à avertir de temps en temps de leur présence en jetant des cris plaintifs; tantôt ils voltigent presque autour d'eux si doucement, à cause de la mollesse de leurs plumes, qu'on ne les aperçoit et qu'on ne les entend passer que lorsqu'ils semblent près de vous heurter; mais, avant que le jour commence à paraître, tous ces petits nocturnes se séparent et se réfugient dans des creux d'arbres, ou bien ils se blottissent au milieu des branches, et, si on ne les dérange, ils restent dans l'immobilité et attendent la nuit pour se rassembler de nouveau et pour continuer leur migration.

Le Scops se nourrit au besoin de poisson, qu'il saisit à fleur d'eau avec une adresse remarquable. Il attaque aussi les Chauves-Souris, qu'il attrape au vol en faisant aussi lestement qu'elles de nombreux crochets.

C'est l'oiseau de nuit le plus recherché par les oiseleurs de la Savoie pour la chasse *à la pipée*, à cause de sa soumission et de la facilité avec laquelle on l'élève en domesticité. Il plume toujours proprement les petits oiseaux qu'on lui donne à manger en les tenant dans ses serres. On a constaté qu'il devenait souvent épileptique. M. Bailly en a conservé pendant quelque temps deux qui avaient de fréquentes attaques, trois ou quatre par mois et toujours après leur repas. Ils ont fini par se tuer en tombant du perchoir sur lequel ils se tenaient habituellement. Il en est de même du Scops du Brésil ou Choliba. D'Azara raconte qu'au mois d'octobre, pendant son voyage au Paraguay, il acheta une femelle de Choliba qui avait été prise dans le trou d'un vieil arbre, dans lequel il y avait un œuf, sans apparence de nid; trois jours après, elle pondit en captivité un second œuf blanc, parfaitement sphéroïdal, et dont les diamètres étaient de vingt et un et de vingt-trois millimètres. Quand on la lui apporta, il la lia par une patte sans qu'elle fît la moindre résistance, et elle resta immobile pendant la journée entière; mais le soir elle se délia; il la rattacha avec la même corde, et elle parvint encore à se détacher plusieurs fois, en peu de minutes, malgré cinq ou six nœuds bien serrés. Il finit par la laisser libre; elle mangea une Perruche, ainsi que les autres petits oiseaux qu'elle put attraper dans l'appartement. De tous les oiseaux de nuit, c'est celui qui se familiarise le plus facilement. On l'élève souvent dans les maisons, parce qu'étant très-vorace il fait la chasse aux Rats, aux Cloportes, aux Grillons, etc.; il mange de tout, et, quoiqu'on ne lui donne rien, il sait se procurer sa subsistance sans chercher à s'échapper.

Les Chouettes se distinguent des Ducs par l'absence d'aigrettes sur la tête. Les unes, dont on a fait le sous-genre Surnie (*Surnia*), semblent, par leurs formes générales, être le lien naturel qui unit les oiseaux de proie diurnes aux nocturnes; car elles n'ont rien de nocturne dans leurs habitudes, puisqu'on les voit se livrer à la poursuite du gibier pendant le jour et chasser leur proie à la manière des Éperviers, ce qui les a fait nommer aussi Chouettes-Accipitrines ou Épervières. On les distingue des autres espèces de la famille par l'absence des collerettes et par leurs formes sveltes et allongées. Leurs yeux sont organisés pour la vision diurne et nocturne; d'autres espèces sont beaucoup plus crépusculaires, mais à peine trouve-t-on sur leur face quelques traces de la disposition rayonnée des disques des yeux ; les plumes de la tête se dirigent en arrière et sont de même nature que celles du corps. Les Chouettes-Épervières habitent les régions

Fig. 60. — Chouette de l'Oural, *Strix Uralensis.*

arctiques. On n'en compte guère que cinq ou six espèces, dont les principales sont : la Caparacoch, le Harfang, l'Ourale, la Lapone et la Nébuleuse. L'une des plus petites, puisqu'elle n'a que trente-huit à trente-neuf centimètres de taille, la Caparacoch sur les habitudes de laquelle les auteurs ont donné le moins de détails, n'est cependant pas la moins intéressante. Lesson et d'autres voyageurs croyaient que cet oiseau se nourrissait seulement de petits Rongeurs et d'insectes, mais on a reconnu qu'il a des goûts plus distingués. C'est à un voyageur anglais que l'on doit les seules observations précises sur cet oiseau, et, quoiqu'elles datent de 1835, elles auront encore aujourd'hui tout le mérite de la nouveauté.

Le docteur Richard King, chirurgien de l'expédition du capitaine Back au pôle nord, rapporte que ce Hibou-Épervier venait souvent voltiger autour des feux qu'il faisait allumer dans ses diverses stations. Cet oiseau habite le cercle polaire arctique des deux continents; il a la tête petite et sans huppe, le disque facial petit et imparfait et les oreilles peu ouvertes. Ses habitudes sont assez semblables à celles des oiseaux de proie diurnes. Il hiverne dans les hautes latitudes septentrionales, et surtout depuis la baie d'Hudson jusqu'à la mer Pacifique. Si cet oiseau est plus souvent que tout autre tué par les chasseurs, c'est parce qu'il est plus hardi et qu'il vole le jour. Quand les chasseurs poursuivent le gibier, il arrive parfois que cet oiseau, attiré d'abord par le bruit de l'arme à feu, pousse la hardiesse jusqu'à s'élancer sur la pièce tuée, quoiqu'il n'ait pas, comme la Chouette Harfang (*Strix nyctea*), la force de l'emporter. En été, il vit principalement de Souris et d'insectes; mais en hiver il se nourrit de Gélinottes blanches, et ne manque pas de suivre ces oiseaux lorsque, au printemps, ils se dirigent en volées vers le Nord. La Caparacoch s'avance parfois jusqu'en Allemagne, mais très-rarement en France.

La plus belle et la plus grande des Chouettes-Épervières est le Harfang, connu aussi sous le nom de Chouette de neige. Cet oiseau est blanc et comparable pour la taille, — 54 à 56 centimètres, — et pour la distinction, à l'Aigle doré. On l'a quelquefois désigné sous le nom de Roi des Hiboux. Il visite aussi rarement l'Angleterre que la France, limitant ses excursions surtout aux contrées les plus désertes et les plus désolées du Nord. Il est très-commun à Terre-Neuve, à la baie d'Hudson, au Groënland, sur la côte du Labrador; il se montre aussi, mais plus rarement, en Islande, aux îles Orcades, et aux îles Shetland. Là, parmi les neiges éternelles, il passe une vie solitaire. Quand il a atteint tout son développement, son plumage est d'un blanc neigeux et éblouissant, avec quelques points plus foncés sur la tête. Son manteau est admirablement assorti, pour la couleur et pour l'épaisseur, aux contrées dans lesquelles il doit vivre. Dans ces régions inhospitalières, la température des trois mois d'été ne s'élève guère au-dessus du degré de congélation de l'eau, et pendant tout le reste de l'année, elle descend beaucoup plus bas. Aussi, sans la masse de duvet et de plume dont le corps du Harfang est enveloppé, ce rapace nocturne mourrait de froid. Mais la nature, toujours prévoyante, l'a mis à même de supporter les rigueurs des hivers polaires; car, à l'exception de la pointe

Fig. 61. — Chouette caparacoch, *Strix funerea.*

de son bec et des extrémités de ses ongles noirs, tout son corps est parfaitement protégé. Sa couleur le rend invisible lorsqu'il plane silencieusement dans les déserts de neige, à la recherche de sa nourriture, qui consiste en Lièvres et en Tétras.

Les habitudes de cette Chouette du Nord sont, comme celles de la précédente, très-peu connues; car elle se dérobe généralement aux observations de l'homme. Aussi est-on heureux de rencontrer dans le livre si riche du docteur Franklin, ce dernier biographe des oiseaux, quelque fait nouveau à faire connaître : « Un couple de ces oiseaux, dit-il, fut poussé jusque dans le Northumberland pendant le rude hiver de 1823. Deux ou trois jours avant qu'on tuât ces Hiboux, ils avaient été observés dans les rochers d'une contrée sauvage et marécageuse. Tantôt perchés sur la neige, tantôt immobiles sur une grande pierre solitaire qui déchirait le pâle linceul de la nature, ils pouvaient guetter et saisir leur proie sans qu'aucun contraste de couleur les dénonçât à l'œil de leurs victimes. Ils chassent les Lièvres et les Lapins avec la même méthode qu'emploient les petites espèces nocturnes pour chasser les Souris. C'est-à-dire qu'ils fondent sur eux et qu'ils les avalent tout entiers, quand leurs proportions le permettent. Le fait a été constaté dans l'île de Balta. Un de ces Hiboux, ayant été blessé d'un coup de fusil, dégorgea un jeune Lapin : un autre, au moment où il fut pris, avait dans son estomac un oiseau couvert encore de toutes ses plumes. »

Le capitaine sir Edward Parry, qui pendant plusieurs mois eut l'occasion d'observer ces oiseaux dans leurs neiges, en trouva souvent qui avaient succombé soit à la famine, soit au froid. L'avidité qu'ils mettent, ainsi que le Caparacoch, à s'emparer du gibier des chasseurs prouve que ces Chouettes souffrent quelquefois cruellement de la faim. D'autres voyageurs, qui ont parcouru les régions du Nord, assurent que ces oiseaux montent la garde sur quelque grand arbre ou sur quelque rocher à pic, et qu'au moment où le gibier est tué d'un coup de fusil, ils descendent avec une rapidité extrême et s'emparent de la proie avant que le chasseur ait eu le temps de la ramasser.

Dans l'Amérique du Nord, le Harfang fait une guerre cruelle aux Gélinottes, aux Colins et aux Lapins, et généralement aux oiseaux qui, comme les Tétras et les Lagopèdes, sont à peu près de la taille de nos Perdrix. Toutefois, si, en hiver, ces Chouettes sont condamnées à de longs jeûnes, elles s'en dédommagent en automne, lors de ces étonnantes et innombrables migrations des animaux qui vont du nord vers le sud; elles s'en dédommagent surtout lors des voyages annuels de ces légions de Lemmings, ces jolis Rats à courte queue. On sait que ces animaux de la chaîne de montagnes qui sépare la Suède de la Norwége se multiplient à ce point qu'ils ne sauraient subsister sans émigrer, tantôt vers l'est, du côté du golfe de Bothnie, tantôt vers l'ouest, du côté de la mer du Nord, et cela en quantité telle, qu'on les compte par millions, ravageant tout sur leur passage, qui s'effectue toujours en ligne droite, quels que soient les obstacles qui se présentent, rivière, fleuve ou rocher. On comprend quelle proie tentante et facile offrent de pareilles bandes aux Loups, aux Renards, aux Martres, aux Hermines, aux Gloutons qui marchent à leur suite, et surtout aux oiseaux de proie nocturnes. C'est une chasse de prédilection de la Chouette-Harfang, qui devient tellement friande au moment de ces migrations, qu'elle ne mange plus que le foie et le cœur de ces animaux.

Le Harfang, déjà d'une belle taille, n'est cependant pas la plus grande des Chouettes, la Chouette lapone ou cendrée, — *Ulula cinerea*, — mesure plus de 60 centimètres; elle ne s'éloigne jamais du cercle polaire des deux continents, et elle a les mêmes habitudes que la précédente.

La Chouette rayée du Canada, ou Chouette nébuleuse, — *Ulula nebulosa*, — n'est inférieure ni à l'une ni à l'autre; et elle a été le sujet des observations d'Audubon : « Cet oiseau, dit-il, fut un visiteur fréquent de mon campement solitaire, et presque toujours un visiteur très-amusant. Des voyageurs moins expérimentés l'auraient pu prendre pour un habitant d'un autre monde.

Fig. 62. — Chouette nébuleuse. *Strix nebulosa.*

Que de fois, lorsque confortablement assis sous des branches qui formaient ma tente forestière, faisant rôtir sur une broche de bois un quartier de Chevreuil ou un grand Écureuil, que de fois je fus tiré de mes rêveries par les éclats de cet oiseau ! Que de fois j'ai vu ce maraudeur nocturne se placer à quelques pas de mon foyer, en plein dans la lumière projetée par le feu, et me regarder d'une si drôle de façon que je l'aurais volontiers invité à prendre sa part de mon festin, pour avoir le plaisir de me lier plus intimement avec lui. La vivacité et l'étrangeté de ses mouvements me firent souvent penser que sa société serait aussi amusante que celle de maint bouffon qu'on rencontre dans le monde. » Aussi le naturaliste américain l'appelle-t-il le Sancho Pança des bois. La Chouette rayée du Canada est plus commune dans la Louisiane que dans les autres provinces de l'Amérique. Il est impossible de faire trois ou quatre kilomètres dans quelque bois retiré de cette contrée sans en rencontrer plusieurs, même en plein jour ; à l'approche de la pluie, leurs cris sont si multipliés, surtout vers le soir, et elles se répondent si extraordinairement, qu'on les croirait sur le point de célébrer entre elles quelque mystère diabolique. Approchez, les voilà qui se mettent à gesticuler d'une manière surprenante. Cet oiseau, qui se tient généralement droit comme les Ducs, change tout à coup de posture, il baisse la tête et incline son corps pour suivre les mouvements de la personne qui s'avance, relève les plumes autour de sa tête, regarde l'objet qui l'intrigue en clignant des yeux et se balance si étrangement, que le spectateur pourrait croire ses membres disloqués. Il suit des yeux tous les gestes du passant, et soupçonne-t-il une intention malveillante, il s'envole à quelque distance, puis, se retournant d'un seul bond, recommence son examen. On peut ainsi le suivre pendant très-longtemps, si on ne le tire pas, car les cris semblent peu l'effrayer. Mais si on le tire et qu'on le manque, il s'envole assez loin, puis se met à huer.

On connait encore une grande Chouette, le Choucou, — *Surnia choucou*, — découverte en Afrique, par Levaillant. Avec les formes et les caractères du groupe, cette espèce serait plus crépusculaire et formerait aussi le passage des diurnes aux nocturnes. Levaillant donne peu de détails sur cet oiseau parce qu'il n'a pu l'observer. « J'étais campé, dit-il, dans le pays d'Anteniquoi; mes tentes étaient placées à l'entrée de la forêt, et régulièrement tous les soirs nous voyions voler près de nous deux oiseaux auxquels j'avais en vain tiré au hasard plus de trois cents coups de fusil dans l'espace d'un mois. Nous étions arrivés à la saison où les pluies continuelles nous ayant inondés et mouillés de toutes parts, nous saisîmes un jour de soleil pour faire sécher nos effets moisis par l'humidité; j'avais de même fait étendre à terre un filet de cailles pour le sécher. Heureusement que, par la négligence de mes Hottentots, ce filet resta tendu toute la nuit, de sorte que, le matin, en passant auprès pour aller chasser, j'aperçus mes deux oiseaux qui s'y étaient empêtrés, soit en rasant la terre, comme je le leur avais vu faire pour attraper les insectes dont ils se nourrissent, soit peut-être en voulant saisir ceux qui s'y étaient eux-mêmes engagés. Je les débarrassai du filet, bien content d'avoir en ma possession ces deux jolis oiseaux, qui m'avaient déjà si inutilement coûté tant de poudre et de plomb. Je les fis mettre dans une cage, mais ils moururent au bout de trois jours, ayant constamment refusé de prendre aucune nourriture. »

Une Chouette plus diurne que les autres est la Chouette Chevêche, ou Passerine, *Glaucidium Passerinum*, qui ne mesure que vingt-cinq centimètres. Elle préfère aux bois les ruines des vieux édifices, les masures, les tours, les châteaux abandonnés, comme le nôtre à Nogent-le-Rotrou, dans les trous duquel elle se perpétue; parfois aussi elle se loge dans les arbres creux. C'est là qu'elle passe la plus grande partie de sa vie, c'est là qu'elle s'apparie aussitôt après le froid, et qu'elle établit son aire. Cette Chouette voit mieux pendant le jour que ses congénères nocturnes, avec lesquelles on l'a longtemps placée. Le disque de plumes qui entoure ses yeux est beaucoup moins apparent que dans ces dernières espèces. C'est pour cela qu'on la voit, même pendant la plus grande partie de la journée, au bord de son trou, d'où elle s'élance souvent sur sa proie, petit oiseau ou Mulot; c'est pour cela aussi qu'on la remarque encore au soleil

Fig. 63. — Chouette-Chevêche, *Glaucidium passerinum*.

couchant, même au grand soleil, et pendant les matinées sombres, voler avec une hardiesse et une précision qui la font distinguer des autres oiseaux de son genre, et se livrer à la chasse à l'entrée d'un bois, près d'un buisson, autour des ruines où elle a pris domicile. Pendant l'automne et l'hiver, on la rencontre particulièrement le soir et de grand matin dans les haies, sur les arbres qui longent les routes et les sentiers ou qui s'élèvent au milieu des champs, même au centre des bourgs et des villages. Dans les temps de neige, elle se rapproche des fermes, et y vit presque exclusivement d'immondices et d'excréments. Elle s'introduit aussi dans les bâtiments isolés, dans les cavernes des rochers, dans les souterrains des châteaux forts, dans les vastes caves où l'attirent alors les Rats et les Chauves-Souris. Elle se plaît aussi, comme le Petit-Duc, à suivre de nuit, et principalement à l'aurore naissante, en criant de toutes ses forces, les personnes qu'elle voit passer près d'elle le long des routes et des sentiers bordés de grands arbres, et auprès des habitations qu'elle est venue visiter en cherchant sa subsistance.

M. Bailly raconte, dans son *Ornithologie de la Savoie*, qu'il s'est vu plusieurs fois accompagné, au point du jour, par cette Chouette, quand, en se dirigeant à la chasse en automne, il passait par les sentiers ou par les champs plantés de noyers et de châtaigners, aux environs des décombres ou des ruines. Une, entre autres, à la Ravoire, près de Chambéry, l'a suivi pendant près d'une demi-heure en voletant tantôt d'un arbre à l'autre, tantôt de maison en maison. Deux coups de fusil, qu'il lui tira à l'aventure quand il lui semblait l'apercevoir voler, ne parvinrent pas même à l'éloigner. Au contraire, ils lui firent redoubler ses cris, et un instant après il se vit accompagné par deux autres Chouettes, attirées sans doute par les cris précipités de la première. Elle s'élève et s'apprivoise facilement, surtout quand on a pu se la procurer très-jeune. En 1847, M. Bailly en possédait une qui était sensible aux caresses. Elle souffrait avec une patience admirable qu'on lui frottât le sternum, le dos et la tête. Pendant cette opération, qui semblait lui procurer quelque jouissance, elle restait comme sans vie, couchée tantôt sur le dos, tantôt sur le ventre.

Un observateur anglais raconte que son potager était infesté de Souris et de rongeurs qui dévastaient ses pois, ses légumes, et, bien plus, lui dévoraient ses pêches. Une Chouette apprivoisée les extermina entièrement à l'aide de ses parents et de ses amis, qui venaient la visiter pendant la nuit.

Quoique cette Chouette se nourrisse principalement de Souris et de petits oiseaux, elle est cependant très-friande de Grenouilles. Lorsqu'elle en attrape une, au lieu de l'avaler d'un trait, comme elle fait d'une Souris, elle la déchire vivante de la manière la plus cruelle, sans s'inquiéter le moins du monde de sa douleur et de ses cris.

Les oiseleurs savoisiens n'ont pas l'habitude de se servir de cette Chouette pendant l'été et au commencement de l'automne, pour attirer dans leurs piéges ou sur leurs gluaux les petits oiseaux qu'ils veulent prendre. Ils lui préfèrent, comme nous l'avons dit, le Scops ou Petit-Duc. Dans le Tessin, au contraire, les oiseleurs rendent plus de justice à la douceur de la Chevêche, qui est aussi capable que le Scops de résister à la fatigue de la chasse *à la pipée*. D'après le docteur Tschudi, on l'apprivoise dans les maisons, où elle prend les Souris et mange des fruits et de la *polenta*. Les chasseurs aux oiseaux l'emportent dans les champs et la placent sur un perchoir, après lui avoir attaché à une patte une longue ficelle que l'on tire de temps en temps, ce qui la fait sauter et lui fait exécuter toutes sortes de gambades comiques. Autour d'elle sont des appelants et des gluaux. Les petits oiseaux viennent en grand nombre pour tourmenter la Chouette; ils se perchent sur les gluaux et sont pris. Ce sont des Rouges-Gorges, des Bruants, des Roitelets, des Hoche-queues, des Moineaux, différentes espèces de Grives, etc., etc. Les Pinsons, dit-on, sont les seuls qui ne donnent pas dans le piége : ils font beaucoup de bruit; mais ils se tiennent à une distance prudente. Ce genre de chasse se pratique en automne, et les Tessinois, qui semblent former une association de destructeurs d'oiseaux, vont exercer leurs talents dans plusieurs cantons. La Chevêche a un cri habituel, qu'elle pousse et répète en volant, et un autre qu'elle ne fait entendre que lorsqu'elle est posée; ce cri ressemble beaucoup à la voix d'un enfant qui s'écrierait : *aime*, *hême*, *edme*, plusieurs fois de suite. Buffon raconte à ce sujet que, étant couché dans une des vieilles tours du château de Montbard, une Chevêche vint se poser, un peu avant le jour, à trois heures du matin, sur la tablette de la fenêtre de sa chambre, et l'éveilla par son cri : *hême*, *edme*. Comme je prêtais, ajoute-t-il, l'oreille à cette voix, qui me parut d'autant plus singulière qu'elle était tout auprès de moi, j'entendis un de mes gens, qui était couché dans la chambre au-dessus de la mienne, ouvrir sa fenêtre, et, trompé par la ressemblance du son bien articulé *edme*, répondre à l'oiseau : — Qui est là-bas? Je ne m'appelle pas Edme, je m'appelle Pierre. Ce domestique croyait, en effet, que c'était un homme qui en appelait un autre, tant la voix de la Chevêche ressemble à la voix humaine et articule distinctement ce mot.

La Chouette Hulotte, *Syrnium Aluco*, comme la plupart des oiseaux, change d'habitudes ou de cantons, suivant les modifications que subissent les lieux eux-mêmes. Ainsi, on a remarqué qu'elle était, il y a encore une quinzaine d'années, beaucoup plus nombreuse dans les grands bois du comté de Sussex, en Angleterre, qu'elle ne l'est aujourd'hui. Ce que l'on attribue moins à une persécution constante qu'à la disparition de presque tous les vieux chênes, principal ornement de ces forêts, et dans les branchages desquels la Hulotte allait déposer ses œufs et élever ses petits. Elle faisait parfois même aussi son nid dans les épaisses masses de lierre dont les plus anciens arbres étaient entourés. Tandis que généralement, et dans d'autres localités, elle pond dans les nids abandonnés des Buses, des Corneilles et des Pies, ou dans les trous des vieux arbres. Les petits de la Hulotte sont très-voraces. Ils dévorent dans leur retraite, pendant la plus grande partie de la nuit et du jour, la masse de Coléoptères, de Scarabées, de Grenouilles, de Lézards et de volatiles que le père et la mère leur apportent tour à tour après leurs explorations nocturnes. Ils prennent leur proie dans les serres, dit M. Bailly, et s'appuient sur le bas-ventre pour la déchirer mieux à leur aise avec le bec, quand ils ne sont pas encore en état de se tenir

Fig. 64. — Chouette-Hulotte, *Syrnium aluco*.

fermes sur leurs pieds, puis ils la portent souvent au bec avec la patte droite, lorsque leurs jambes ont les muscles suffisamment forts pour supporter tout le poids de leur corps. Si on les prend dans le nid, ils poussent de longs souffles en ébouriffant leurs plumes; ils se serrent les uns contre les autres, et ils font tous ensemble claquer violemment leur bec, comme pour effrayer le dénicheur. A la fin de l'été, c'est-à-dire après l'éducation des petits, la Hulotte vit solitaire dans les bois, les taillis, les lieux frais et humides, où elle trouve abondamment des reptiles, des

Grenouilles et des insectes. C'est dans ces dernières localités que les Chiens, en chassant la Bécasse, la forcent souvent à prendre le vol en plein jour. Elle cause ainsi des surprises aux chasseurs novices, qui, croyant voir lever une Bécasse, s'empressent de la tirer. Cependant son vol large et léger, qui même à ses premiers élans n'est pas accompagné d'un battement d'ailes bruyant, comme celui de la Bécasse, devrait de suite faire reconnaître que c'est une Hulotte ou toute autre Chouette qui vient de s'enlever. On tue souvent ainsi des oiseaux nocturnes que l'on devrait, au contraire, protéger au point de faciliter leur multiplication, puisqu'ils sont comptés au nombre des oiseaux destinés à purger les champs, les jardins et les greniers d'une infinité de petits mammifères très-nuisibles à l'agriculture.

En hiver, pendant les nuits claires et les gelées, on l'entend huer et jeter des cris étranges. Au printemps, elle quitte sa retraite de meilleure heure que les autres oiseaux de la même famille. On peut la voir alors, perchée au haut d'une branche nue d'un frêne ou d'un mélèze, gonfler son cou et huer fortement. Elle s'apprivoise sans difficulté et se montre d'une douceur extrême. Elle ne prend pas, en domesticité, quand on l'approche, des attitudes grotesques comme la plupart des autres Chouettes. A la différence de l'Effraie, qui, en captivité, se laisse quelquefois mourir de faim au milieu de l'abondance, elle sait, par de petits cris plaintifs, réclamer sa nourriture dès qu'elle voit paraître la personne qui la lui donne chaque jour; elle semble même vouloir exciter sa pitié en faisant subir à ses ailes et à son corps un léger trémoussement. Quoique son innocuité ne soit pas aussi avérée que celle de la Chevêche, puisque quelques petits Levrauts ou de jeunes Lapins deviennent parfois victimes de ses expéditions nocturnes; on pense pourtant qu'elle n'attaque pas ou presque pas le gibier. Sa principale nourriture consiste en vermine de toutes sortes.

La Chouette de Tengmalm (*Nyctale tengmalmi*) est la plus petite de toutes, n'ayant que vingt à vingt et un centimètres de taille. « On ne la voit pas, dit M. Gerbe, comme la Chouette Chevêche, dans les lieux en plaine, dans les campagnes découvertes; elle n'habite pas, comme elle, les vieux édifices en ruines; elle paraît ne se plaire que dans l'épaisseur des forêts sombres, dans les

Fig. 65. — Chouette Tengmalm, *Nyctale Tengmalmi*,

grands bois de pins, de sapins, de mélèzes, et plus particulièrement dans ceux qui sont au revers des montagnes et dans les régions moyennes, ces régions lui offrant sans doute une température plus appropriée à sa nature. On l'y rencontre en toutes saisons; cependant, en hiver, quelques sujets se déplacent pour descendre dans des régions plus basses, où pour passer du revers nord des montagnes au revers sud. Sa nourriture se compose en grande partie de Campagnols et de Mulots, qu'elle cherche dans les clairières et dans les lisières des bois. Dans la chasse qu'elle leur fait, elle devient quelquefois victime de son naturel rapace, en se prenant d'une façon assez singulière aux piéges que les pâtres et les habitants de la campagne tendent aux Grives et aux Merles. Les fruits et les baies que l'on place dans ces piéges, comme appât, y attirent souvent les Mulots et les Campagnols. Il est à croire que c'est pendant que l'un de ces mammifères se repaît de ces fruits, que la Chouette Tengmalm, qui le guettait peut-être, fond dessus, et contribue à détendre le piége, qui s'abat en même temps et sur elle et sur la proie qu'elle convoitait. »

Il nous reste à parler du dernier groupe des Chouettes, celui des Effraies, dont les habitudes, semblables partout, se résument dans celles de notre espèce d'Europe, qui se retrouve en Afrique et en Asie. L'Effraie ou Fresaie est très-commune. Elle est, plus habituellement que les autres nocturnes, regardée comme un oiseau de très-mauvais augure, surtout quand, pendant la nuit, perchée sur le toit ou la cheminée de la maison d'un malade, elle se met à souffler ou crier d'une manière si lugubre que beaucoup de gens, surtout à la campagne, croient qu'elle vient annoncer la mort. Elle se fixe souvent dans les lieux les plus populeux, et elle y séjourne pendant toute l'année. Les tours, les clochers des églises et les vieux édifices lui servent de retraite habituelle. C'est dans les creux et dans les fentes de leurs murailles, ou dans quelque enfoncement sous le toit, et toujours rarement dans les excavations des vieux arbres, que la femelle dépose ses œufs. L'Effraie reste tapie dans sa retraite pendant tout le jour. Elle y vit parfois en petite société, et n'en sort que pour chercher sa nourriture. C'est alors que ces oiseaux se répandent dans les bois, dans les champs et autour des marais. Nous doutons fort qu'ils se nourrissent, comme le prétend M. Bailly, de Crapauds, de Grenouilles, de Lézards, ou même d'oiseaux surpris dans leur sommeil, car, depuis plus de vingt ans que nous en étudions plusieurs couples dans nos ruines de Saint-Jean, jamais nous n'avons trouvé dans leurs déjections la moindre trace d'aucun de ces animaux, mais seulement des débris de Souris et de Rats. A l'approche du lever du soleil, ils gagnent leur retraite habituelle. Mais, s'ils se laissent surprendre par le jour, ils se cachent dans les buissons, parmi les branches et dans les cavités des arbres et des rochers des lieux où ils se livraient à la chasse quand le jour a paru. Comme d'autres oiseaux nocturnes, l'Effraie s'est fait la réputation très-ancienne d'oiseau sinistre, par ses cris, ou plutôt par ses soufflements lugubres et par l'habitude de suivre ou d'accompagner la nuit les personnes qu'elle voit passer dans son district, en voletant tantôt en avant, tantôt en arrière d'eux. Sa voix, que l'on n'entend que pendant l'obscurité, se compose tantôt d'une tirade de souffles forts, semblables à ceux d'un homme ivre qui dort la bouche ouverte, et que l'oiseau répète quelquefois pendant près d'une heure sur le toit des habitations, sur les arbres qui les avoisinent ou sur les clôtures des cours et des jardins; tantôt de quelques cris bruyants et stridents, qu'il pousse avec précipitation dans les bois, dans les champs et les marais, comme en volant autour des lieux habités. Ils sont quelquefois suivis ou précédés, surtout au printemps, d'une espèce de gémissement semblable à un soupir langoureux, que l'on confond facilement, lorsqu'il est plus bref que d'habitude, avec le cri du Petit-Duc. C'est un de ces bruits que Buffon a pris pour le ronflement de l'Effraie pendant son sommeil, et qui n'est que le cri de ses petits demandant leur pâture. M. Waterton a vérifié lui-même le fait, il y a quelques années. Ces cris partaient d'une ruine qu'il escalada et où il trouva une nichée de jeunes Effraies. Il éleva depuis un jeune individu qui *ronflait* de même lorsqu'il avait faim, mais jamais pendant son sommeil. Le docteur Franklin a aussi contrôlé le même fait, et nous avons été à même de faire vingt fois personnellement la même observation.

Quoique sédentaires dans un grand nombre de localités, les

Effraies se montrent en quelque sorte de passage dans certaines contrées, et semblent alors se rassembler en petites bandes. Ainsi, en Savoie, elles arrivent du Nord presque chaque année dès la fin d'octobre jusqu'au commencement de décembre. Ces bandes, qui sont principalement composées de femelles et de jeunes sujets de l'année, quittent généralement ce pays pour se diriger vers le Midi aussitôt que le froid atteint le degré d'intensité qui les a déjà fait fuir des contrées septentrionales. La migration de cette Chouette en automne vers les régions tempérées, ainsi observée par M. Bailly, a été confirmée par M. le docteur Jaubert, de Marseille. En venant chercher dans les villes un abri contre les rigueurs du froid, dit le premier de ces naturalistes, cette Chouette s'établit jusque dans les cheminées qui lui offrent une cavité assez large pour la loger pendant le jour et pendant une partie de la nuit. Il n'est pas rare qu'il lui arrive dans ce poste, surtout au moment où elle se dispose à sortir pour aller à la recherche de sa subsistance, et même le jour quand elle sommeille, de perdre son équilibre et de tomber avec fracas au bas de la cheminée. Elle apparaît alors au milieu d'un appartement, à la grande surprise du propriétaire, qui, s'il est superstitieux, se crée de suite de grandes frayeurs pour l'avenir.

Cette Chouette est pourtant un oiseau bien innocent et bien utile, parce qu'il détruit une prodigieuse quantité de Souris, de Campagnols, de Taupes, de Courtilières, qui sont si nuisibles aux grains et aux jeunes plantes. Beaucoup d'agriculteurs savent apprécier son utilité, et, bien loin de l'expulser ou de l'abattre quand ils le découvrent dans leurs greniers, ils en ferment au contraire les issues, dans l'intention de l'y garder le plus longtemps possible. D'autres se donnent la peine, quand ils l'ont pris dans le nid, de l'élever afin de le fixer plus tard, lorsqu'il sera en état de chasser, dans leurs granges ou dans leurs greniers, pour qu'il les débarrasse des Rats et des Souris qui les peuplent.

Il se fait assez à la captivité, pourvu qu'on lui donne beaucoup d'espace à parcourir et qu'on ne le laisse pas sans nourriture. C'est en vain qu'on lui donnerait abondamment les aliments qu'il affectionne, si le lieu qui le renferme n'est pas assez spacieux pour lui permettre de se livrer à quelques ébats, on le voit dépérir d'un jour à l'autre. Souvent il refuse même de manger.

« J'ai eu, rapporte Buffon, plusieurs de ces Chouettes vivantes; il est fort aisé de les prendre en apposant un petit filet, une trouble à poissons aux trous qu'elles occupent dans les vieux bâtiments. Elles vivent dix à douze jours dans les volières où elles sont renfermées; mais elles refusent toute nourriture au bout de ce temps. Le jour elles se tiennent sans bouger au bas de la volière; le soir elles montent au sommet des juchoirs, où elles font entendre leur soufflement, qui semble être un appel aux autres Chouettes. J'ai vu, en effet, plusieurs de ces oiseaux arriver au soufflement de l'Effraie prisonnière, se poser sur la volière, y faire le même soufflement et s'y laisser prendre au filet. Je n'ai jamais entendu leur cri âcre (*stridor*) dans les volières; elles ne poussent ce cri qu'en volant et lorsqu'elles sont en pleine liberté. »

Nous terminerons ce que nous avons à dire sur l'Effraie par un plaidoyer en sa faveur, d'autant plus important qu'il ne repose que sur des faits et sur la plus consciencieuse observation. Nous l'emprunterons en entier au savant voyageur, le docteur Franklin : « La Chouette-Effraie, écrit-il, ce petit vagabond des nuits, entre souvent dans ma chambre par la fenêtre, et, après avoir volé çà et là, avec des ailes si douces et tellement silencieuses qu'on l'entend à peine, elle prend son congé par la même issue. J'avoue ma grande prédilection pour cet oiseau. Je lui ai offert, dans mes domaines rustiques, hospitalité et protection, parce qu'il était persécuté et parce qu'il rend à l'homme de véritables services. Lorsque je jette un regard rétrospectif sur les annales de l'antiquité, je vois clairement que la diffamation et la calomnie se sont attachées à l'Effraie. Cette pauvre, innocente et utile créature a été regardée, dans les temps, comme un oiseau sinistre qui portait malheur aux personnes dans le voisinage desquelles il lui plaisait de s'établir. Son mauvais renom immérité lui a créé une foule d'ennemis et l'a condamnée de toute part à la destruction. Quelques-uns de ces oiseaux ont été nourris de temps en temps dans des cages et des oiselleries; mais la nature ne prospère guère dans la captivité et apparaît rarement sous son véritable caractère lorsqu'on la regarde à travers des grillages de fer. La scène maintenant va changer, et j'espère que le lecteur voudra bien désormais accorder sa bienveillance à mes protégés. Jusqu'en 1855, l'Effraie avait eu de mauvais jours à passer dans la campagne que j'habite. Ses cris soi-disant de mauvais augure alarmaient la vieille ménagère. Elle se souvenait parfaitement des deuils que cet oiseau avait annoncés dans les familles lorsqu'elle était encore jeune. C'était un fait bien connu que, si quelque personne était malade dans le voisinage, la Chouette regardait toujours dans la chambre par la croisée, et engageait une conversation mystérieuse avec quelqu'un... on ne savait pas qui. Le garde-chasse tombait d'accord avec la ménagère sur tout ce qu'elle pouvait dire touchant cet intéressant sujet, et il était toujours mieux dans les papiers de la vieille lorsqu'il avait tué quelque oiseau de cette malfaisante espèce. Cependant, à mon retour des déserts de la Guyane, ayant beaucoup souffert moi-même, j'appris à avoir compassion des souffre-douleurs. Je fis cesser les abus que la friponnerie du garde-chasse et la lamentable ignorance des autres domestiques avaient mis à l'ordre du jour, hélas! avec trop de succès. Le résultat de ces cruels abus avait été de diminuer le nombre de la maudite et confiante tribu des oiseaux de nuit.

« Sur les ruines d'un vieil édifice auquel se rattachaient des traditions historiques, je fis élever une tour carrée, large d'environ quatre pieds, et fixai dans la maçonnerie un gros chêne dépouillé de son feuillage. D'énormes masses de lierre recouvrent maintenant cette construction. Un mois environ après que l'ouvrage était terminé, un couple d'Effraies vint y établir son domicile. Je menaçai d'étrangler le garde-chasse si désormais il s'avisait de molester ces oiseaux, et j'assurai la ménagère que je prenais sur moi-même la responsabilité de toutes les maladies, de tous les sorts et de toutes les catastrophes que les nouveaux locataires pourraient attirer sur les habitants du village. Elle fit une profonde révérence comme pour dire : « Monsieur, je me soumets à votre volonté et à votre bon plaisir; » mais je lûs dans ses yeux qu'elle s'attendait à des choses terribles et monstrueuses. Dans sa pensée, tous les fléaux allaient fondre sur nos terres. Je ne crois pas que depuis ce jour-là jusqu'à la mort de la vieille, qui arriva pour elle à l'âge de quatre-vingt-quatorze ans, elle ait jamais regardé avec plaisir les Effraies volant sur les sycomores qui croissaient près de la vieille tour en ruine. Lorsque je vis que le premier essai avait si bien réussi, je formai d'autres établissements. Cette année 1856, j'ai eu quatre couvées, et j'ai la confiance d'en obtenir neuf l'été prochain. Ce sera là un bel accroissement, et mes élèves seront à même de prendre la place des Chouettes, qui, dans mon voisinage, sont encore condamnées à mort par la cruauté et la superstition. Nous pouvons maintenant avoir toujours l'œil sur les Chouettes dans leur habitation sur la vieille porte en ruines de quelque côté que nous choisissions notre point de vue. Sur cette ruine est fixée une perche située à environ un pied du trou dans lequel entrent les Effraies. Quelquefois, au milieu du jour, lorsque le temps est couvert, vous pourriez voir sur ce belvédère une Chouette qui semble se rafraîchir à la brise. Cette année encore un couple d'Effraies a élevé ses jeunes dans un sycomore à côté de la ruine. Si cet utile oiseau prenait sa nourriture pendant le jour, au lieu de chasser pendant la nuit, on aurait pu s'assurer par ses yeux que la Chouette, bien loin d'être nuisible, rend, au contraire, d'immenses services en faisant la guerre aux Souris. Elle eût alors été protégée et encouragée partout. La Chouette eût été parmi nous ce qu'était l'Ibis chez les Égyptiens, un oiseau sacré. Lorsqu'elle a des jeunes, elle porte une Souris au nid environ toutes les douze ou quinze minutes. Mais, pour avoir une idée de l'énorme quantité d'animaux malfaisants que détruit cet oiseau, il faut examiner les pelotes qu'il rejette de son estomac dans l'endroit qui lui sert de retraite. Chaque pelote contient de quatre à sept squelettes de Souris. En seize mois, depuis le temps que le logement des Chouettes a été élevé sur ma vieille tour, il a été déposé plus d'une mesure de ces pelotes. »

Nous pouvons confirmer ce fait par nos propres observations. Depuis près de vingt ans que nous étudions les habitudes de l'Effraie sur les individus dont nous favorisons la conservation et la multiplication dans nos ruines de Saint-Jean, nous n'avons jamais trouvé dans ces boulettes ou plutôt dans ces pelotes que des têtes complètes et des restes de Rongeurs; car cela ne se borne pas à des Souris : il s'y trouve des Mulots ou des Musaraignes, et, chose remarquable, pas la moindre trace d'oiseaux. L'Effraie attaque et enlève aussi les Rats. « Un soir, dit le docteur Franklin, je me tenais sous un hangar où je venais de tuer un gros Rat au moment où il sortait de son trou. Je ne le relevai point, espérant avoir l'occasion de tirer un autre coup de fusil sur un second Rat. Pendant ce temps, une Effraie fondit sur lui et s'envola, emportant la victime.

« On a dit que cet oiseau prenait des Poissons. Il y a quelques années, par une belle soirée de juillet, longtemps avant l'obscurité, je me tenais debout sur le milieu d'un pont et je surveillais avec une lorgnette les mouvements d'une Chouette au moment où elle venait d'apporter une Souris dans son nid : soudain je la vis plonger perpendiculairement dans l'eau. Croyant qu'elle était tombée là par suite d'une attaque d'épilepsie, ma première pensée fut d'aller querir le bateau ; mais immédiatement j'aperçus la Chouette qui sortait de l'eau avec un Poisson dans ses serres, et elle le porta dans son nid.

« Lorsque les fermiers disent que l'Effraie détruit les œufs de leurs Pigeons, ils posent, comme on dit proverbialement en Angleterre, la selle sur le mauvais Cheval; ils devraient la placer sur le Rat. Autrefois j'avais très-peu de Pigeons; mais, depuis que les Rats ne peuvent plus pénétrer dans le colombier et que j'ai détruit cette peste vivante, mes Pigeons ont produit chaque année en abondance, et cela, malgré les Effraies qui fréquentent le colombier. Je les y encourage même de toutes mes forces. L'Effraie ne s'introduit dans la demeure des Pigeons que pour s'y reposer ; elle leur demande simplement le toit et le couvert ; elle n'y vient point avec de mauvaises intentions; elle s'y cache, voilà tout. Si la Chouette était réellement un ennemi du colombier ou même un hôte suspect, les Pigeons nous l'indiqueraient par leur émoi et par leur fuite, tandis qu'il est constaté qu'ils n'y font aucune attention, et leur calme en est la preuve la plus positive; mais qu'un Épervier ou tout autre véritable oiseau de proie fasse son apparition, et soudain toute la bande de Pigeons se lève à la fois et manifeste la plus grande frayeur. »

Jusqu'à ces derniers temps on avait toujours établi une distinction entre le *cri* et la *huée* des Chouettes. Il n'y a qu'une espèce de Chouette qui hue, et, lorsque je me trouve dans les bois après le départ des braconniers, environ une heure avant le point du jour, j'entends, avec un extrême plaisir, les notes perçantes, claires et sonores de cet oiseau qui résonnent de près ou de loin à travers la montagne ou la vallée. Le cri de l'Effraie est bien différent de ces notes. On peut entendre ici ce dernier oiseau crier perpétuellement sur la tour et sur le grand sycomore qui se trouve près de la maison. Il crie également lorsque le clair de lune brille sur la vallée silencieuse et lorsque la nuit est sombre et nuageuse. Cette voix des nuits, toute triste qu'elle est, n'a rien de désagréable pour les oreilles qui aiment les grandes harmonies de la création. La nature n'étant que la réalisation extérieure des idées et des sentiments qui sont en nous, le cri de la Chouette répond aux notes brisées et lamentables de notre cœur. Je suis amplement récompensé de mes peines pour protéger et encourager les Effraies. Cet oiseau me paye cent fois de mes soins et de ma bonne volonté par l'énorme quantité de Souris qu'il détruit pendant l'année. Les domestiques de mon cottage ne désirent plus le persécuter. Souvent, par un beau soir d'été, je vois avec délice les villageois s'attarder autour du sycomore, afin de jeter un regard sur l'Effraie au moment où cet oiseau quitte le lierre de la tour. Heureuse mon amie la Chouette si, au lieu de s'exposer elle-même au danger des excursions dans le reste du pays, elle se contentait de passer les nuits dans ma tranquille vallée; car ici le père de la nature, qui a pitié de moi, m'a appris à avoir pitié de tous les autres êtres vivants.

Les fermiers finiront peut-être par être convaincus qu'ils ne doivent pas s'en prendre à l'Effraie de certaines disparitions de volailles et de Pigeons, et que les services si hautement vantés d'un Chat contre les Rats et les Souris sont loin de valoir ceux que leur rend cet utile et vaillant oiseau. Aussi y a-t-il lieu d'espérer qu'il arrivera enfin à obtenir la protection et l'encouragement auxquels il a des droits incontestables. L'exemple du docteur Franklin a été suivi par les fermiers du comté de Sussex, et il serait à désirer que les fermiers de notre belle et riche France fussent aussi bien inspirés.

VINGTIÈME LEÇON

Classification méthodique des oiseaux de proie.

Dans les leçons qui précèdent, nous avons fait connaître les mœurs, les habitudes et les principaux caractères qui distinguent les oiseaux de proie diurnes et nocturnes, et nous croyons n'avoir négligé aucun des enseignements utiles à la connaissance exacte de ces animaux. Les naturalistes cependant ne se bornent pas à ces données générales; et, sans vouloir les suivre dans les détails minutieux de la classification, nous croyons devoir consacrer quelques instants à l'ordre méthodique, afin de mettre nos lecteurs à même de visiter avec fruit nos musées, et de se rendre compte de l'arrangement qui s'y trouve adopté. Nous ne nous occuperons en ce moment que des oiseaux de proie, dont on connaît environ quatre cents espèces distinctes.

Nous avons vu que le groupe ordinal dans lequel ces espèces se trouvent réunies se divise en deux sous-ordres, l'un pour les espèces diurnes, l'autre pour les espèces nocturnes ou crépusculaires.

Dans la classification simplifiée que nous avons adoptée, et qui se rapproche de la méthode Linnéenne, le premier sous-ordre — Diurnes — forme deux familles : les Vulturidés et les Falconidés; dans la première famille nous avons admis cinq genres : Sarcoramphe, Catharte, Vautour, Gypaëte et Serpentaire; la troisième, plus nombreuse, se compose de neuf genres : Caracara, Aigle, Pygargue, Spizaëte, Buse, Milan, Faucon, Épervier et Busard. Dans le second sous-ordre — Nocturnes — nous n'établissons qu'une famille : Strigidés ou Chouettes; cette famille forme trois groupes : les Ducs ou Chouettes à aigrettes, les vraies Chouettes sans aigrettes et les Effraies.

Les caractères généraux de chacune de nos divisions, ordres, sous-ordres, familles et genres, s'appliquent à toutes les espèces qu'elles comprennent; mais il y a des caractères moins évidents à première vue, moins importants comme étude générale de mœurs, mais cependant assez sensibles pour fixer l'attention du naturaliste qui, en présence d'un si grand nombre d'espèces, doit et veut apprécier, dans les habitudes, certaines différences qui correspondent à des modifications organiques dans la forme particulière du bec, des serres, des ongles; dans la longueur et la force relatives de ces organes; dans quelques détails des plumes de diverses parties du corps et des pennes des ailes et de la queue, et, enfin, dans certaines dispositions et la couleur de l'épiderme squameux ou réticulé qui couvre les tarses et les doigts, etc., etc.

Tous les naturalistes n'ont pas la même aptitude pour saisir les caractères essentiels d'une espèce ou d'un genre. Les uns attachent trop d'importance à certains détails insignifiants; les autres négligent ou n'aperçoivent pas les caractères réels; quelques-uns, trop ambitieux, rêvent sans cesse l'honneur de créer un genre, et n'introduisent généralement que de la confusion dans une science facile, mais qui exige de l'ordre. Ainsi nous citerons, comme exemple des exagérations scientifiques, le genre Bubo ou Duc de Cuvier, pour lequel un savant étranger a proposé, en 1837 et en 1841, quatre noms génériques ou subgénériques différents.

La confusion et les difficultés nombreuses qu'on rencontre lorsqu'on veut étudier l'histoire naturelle tiennent tout d'abord à la multiplicité des noms imposés aux genres et aux espèces, mais elles sont encore dues à d'autres causes que nous devons faire connaître, et qui dépendent de la dispersion des ornithologistes sur tous les points du globe.

On s'occupe, en effet, d'histoire naturelle dans tous les pays civilisés; partout la science a des représentants qui veulent concourir au progrès, mais qui, trop souvent, ont la prétention de faire école et d'imposer leurs travaux ou leurs méthodes comme des articles de foi. Il y a autant de rivalité que d'émulation; les livres abondent, les journaux scientifiques, les mémoires, les annales se publient avec une périodicité que les découvertes ne peuvent toujours entretenir; il faut néanmoins remplir les pages et les colonnes, et l'on n'y arrive qu'en remaniant les systèmes ou les méthodes, et en présentant sous des noms nouveaux les animaux connus depuis longtemps, voire même bon nombre de ceux avec lesquels on a bercé notre enfance et celle de nos aïeux. La multiplicité des noms imposés à une espèce nouvelle trouve cependant une excuse, lorsque ces noms et les descriptions qui les justifient sont donnés à peu près à la même époque en France, en Angleterre, en Allemagne, en Russie, à Philadelphie, à Calcutta, etc., où cette espèce est apportée en même temps à la suite d'explorations scientifiques. On comprend, en effet, dans ce cas, que chacun des parrains est de bonne foi et qu'il a donné plus ou moins heureusement, et suivant ses appréciations, le nom qui lui a paru le plus convenable. Les naturalistes sont nombreux; la science est une : elle reçoit le dépôt de toutes les découvertes, les enregistre, les contrôle, mais elle manque, comme on le voit, d'un centre commun composé de savants, qui jugeraient en dernier ressort, condamneraient à l'oubli tant de noms inutiles, et consacreraient ceux qui doivent être conservés.

Ces quelques observations suffiront pour l'intelligence de la classification scientifique dont nous allons parler.

La désignation de l'ordre — Accipitres — est emprunté à l'un des genres — Accipiter, Épervier — qui représente le type de l'oiseau carnassier et chasseur pour ses besoins.

Le nom des tribus et celui des familles sont tirés du genre le plus caractéristique du groupe qu'elles comprennent, et il est convenu de terminer le nom des premières par la désinence — idés; — exemple : Vulturidés, Falconidés, etc.; et celui des familles par la désinence — inés, — exemple : Vulturinés, Falconinés; et, si dans nos leçons nous avons employé pour les familles la désinence réservée aux tribus, c'est que les groupes que représentent nos familles correspondent réellement aux divisions généralement adoptées par les auteurs, comme nous le dirons un peu plus loin.

Le nom des genres devrait toujours exprimer les caractères saillants du groupe qu'ils désignent; exemples : *polyborus*, mot grec latinisé — πολυβορος, qui veut dire polyphage; *haliætus* ou *pontoætus*, tirés des mots grecs latinisés — ἁλς ou ποντος, mer, et αετος, aigle, ou aigle de mer, etc., etc. Souvent ces noms sont tirés d'un seul mot grec ou latin, quand ce mot est, dans ces langues, l'expression représentative de l'animal type du genre; ainsi le mot γυψ, vautour, était employé par les anciens Grecs pour désigner le Vautour fauve; on a fait du mot γυψ le mot — gyps, — qui comprend cette espèce et cinq autres ayant les mêmes caractères, mais qui diffèrent, comme nous le verrons, des autres Vautours compris dans le genre — Vultur, — mot employé par les Latins pour désigner le Vautour Arrian, et conservé pour quatre autres espèces qui s'en rapprochent. Le nom générique — *Buteo*, Buse, — qui n'était applicable, chez les Latins, qu'à la Buse commune, a été choisi pour désigner le groupe de douze espèces de Buses, qui sont distinguées entre elles par un second nom. Ainsi l'on connaît la Buse commune, la Buse Jackal, la Buse augure, la Buse boréale, la Buse rayée, la Buse de Swainson, etc., etc. On voit que le premier de ces noms ou appellation générique correspond à nos noms patronymiques, et que le second ou appellation spécifique correspond à nos noms distinctifs ou de baptême. C'est à Linné que l'on doit l'introduction de la méthode binominale, ou emploi de deux noms, pour distinguer les uns des autres les animaux qui se ressemblent sous certains rapports, sans être de la même espèce, et qu'on ne pouvait désigner avant lui qu'à l'aide d'une phrase descriptive. Les noms spécifiques sont quelquefois caractéristiques, géographiques, mythologiques; souvent ils rappellent le nom d'un savant ou du voyageur qui a découvert l'espèce.

Nous croyons n'avoir rien omis de tout ce qui peut intéresser nos lecteurs et les initier complétement; cependant, si après une lecture attentive de ces premières parties de notre livre, l'un d'eux voulait connaître tous les oiseaux conservés dans les magnifiques galeries du Muséum, il verrait bientôt que les groupes que nous avons admis sont bien moins nombreux que ceux adoptés pour le classement méthodique de la collection d'oiseaux de ce riche établissement, et il demanderait pourquoi nous avons évité de suivre pas à pas les divisions indiquées par les étiquettes multipliées qu'il a sous les yeux. Notre réponse sera bien simple : Nous avons voulu répandre le goût de la science, et nous ne pouvions atteindre ce but en présentant à l'esprit de nos lecteurs une trop grande quantité d'objets et surtout de mots qu'il n'aurait pas compris. Nous avons fait l'histoire des mœurs et des habitudes des groupes principaux, et nous avons fait connaître les caractères généraux qui les distinguent, nous réservant, après cette initiation facile, de compléter nos leçons par une exposition raisonnée des divisions et subdivisions établies par les auteurs. Ce sera le sujet de cette leçon qui pourra servir de guide dans les musées ornithologiques de tous les pays. Nous donnons, en effet, la synonymie de tous les genres, ainsi que les caractères qui servent à les distinguer. Les tribus, les familles ont aussi leurs caractères, et sont classées dans l'ordre le plus méthodique, et correspondant à celui que nous avons suivi dans nos premières leçons. Cependant nous sommes obligés d'indiquer des subdivisions plus nombreuses; la science exige plus de précision; elle a ses règles observées dans les musées, il faut donc que nous les fassions connaître. Il est d'ailleurs facile de se retrouver dans ce prétendu labyrinthe quand on en a la clef.

N'oublions pas que les divisions génériques établies dans nos leçons précédentes correspondent à peu près aux familles naturelles de la classification plus scientifique que nous exposons dans celle-ci, de même que nos familles correspondent, sauf de légères modifications, aux tribus. En un mot, les divisions que nous avions admises jusqu'ici sont élevées d'un degré, à cause des subdivisions que la science rigoureuse est obligée d'introduire dans la classification.

Dans notre douzième leçon, nous avons dit un mot de la méthode en général; mais, pour bien comprendre la classification méthodique de l'ordre des Rapaces, nous devons faire connaître les bases sur lesquelles elle repose. L'importance des divisions est en rapport avec celle des caractères qui servent à les établir; aussi les groupes des degrés inférieurs sont-ils établis d'après des caractères fournis par les détails des formes extérieures. Il devait en être ainsi, car une légère modification dans la forme du bec, des tarses et des doigts, de même qu'une différence dans la longueur des pennes alaires ou de celles de la queue correspondent toujours à des différences dans le régime, les habitudes, ou dans la souplesse et la rapidité du vol.

Les caractères qui servent à la division de l'ordre en deux sous-ordres sont très-importants. En effet, la situation des yeux en avant ou sur les côtés, et leur diamètre plus ou moins grand indiquent une existence nocturne ou diurne. — Les plumes de la face sont normales ou sétiformes, et leur disposition est régulière ou produit, par leur rayonnement autour des yeux, des dis-

ques particuliers — Le bec a sa base entourée d'une cire plus ou moins développée ou seulement d'une peau. — Les doigts sont nus, couverts d'écailles ou réticulés, ou bien ils sont revêtus de plumes soyeuses. — Le plumage est serré, rigide ou lâche et soyeux. — Ces différences, qu'on peut saisir à première vue, établissent la séparation entre les Rapaces diurnes et les nocturnes.

Les caractères qui servent à l'établissement des tribus n'ont plus la même valeur; ils sont, en quelque sorte, fournis par des conditions communes d'existence que traduisent cependant certaines dispositions organiques. — La tête et le cou sont nus chez les uns, couverts de plumes chez les autres. — Les uns ont des doigts gros, courts, des ongles émoussés, peu aptes à saisir ou à enlever une proie, et qui indiquent des habitudes plutôt terrestres qu'aériennes et des instincts voraces plutôt que chasseurs; ils sont condamnés à ne se nourrir que de cadavres. — Les autres ont des tarses allongés, des membres disposés pour la course dans les déserts de sable où ils se nourrissent de reptiles, qui seuls trouvent à vivre dans ces régions déshéritées. —

D'autres présentent le type du Rapace; organisés pour la chasse et la rapine, ils ont un vol puissant, un bec solide et crochu, des doigts longs, des serres redoutables et rétractiles, des ongles aigus et qu'ils n'émoussent pas sur le sol, puisque leur vie se passe dans les airs ou sur les arbres.

Les caractères des familles se trouvent dans des analogies de formes, lourdes ou légères, et d'habitudes plus spéciales encore, des aptitudes, des mœurs et des instincts mieux déterminés; ils sont encore fournis par certaines conditions organiques communes.

Les caractères des genres sont d'une précision plus grande, et ils sont fournis par un bien plus grand nombre de conditions organiques qu'on peut étudier dans l'ordre suivant :

Le *bec :* proportions, force, courbure. Bords mandibulaires droits, ondulés, festonnés, dentelés.

Les *tarses :* proportions comme longueur ou grosseur. Ils sont emplumés en partie ou en totalité, squameux ou réticulés, c'est-à-dire couverts d'écailles assez larges régulièrement disposées, ou de petites écailles irrégulières comme forme et disposition.

Les *doigts :* proportions relatives comme longueur et grosseur. Ils sont isolés ou réunis à leur base par une membrane interdigitale. Ils sont nus ou emplumés, en partie couverts d'écailles ou de squamelles réticulées.

Les *ongles :* proportions comme longueur, force et courbure. Ils sont égaux ou inégaux, aigus, obtus, quelquefois cannelés en dessous et plus ou moins rétractiles.

La *face :* nue ou couverte de plumes ou de poils formant quelquefois un disque latéral plus ou moins complet. Les narines présentent une forme, une direction et une position déterminées.

La *tête :* plus ou moins grosse proportionnellement au volume du corps; disposition des plumes, qui sont courtes, lisses ou longues, et forment parfois une huppe plus ou moins développée ou une ou deux aigrettes.

Les *ailes :* longueur proportionnelle, les premières pennes n'étant pas toujours les plus longues.

La *queue :* disposition des plumes qui la composent et qui modifient sa forme; elle est longue, moyenne, courte, plus ou moins large, à pennes égales ou plus ou moins régulièrement inégales, ce qui la rend carrée, arrondie, étagée ou bifide.

Enfin les caractères des espèces sont fournis par des détails constants de couleur, de plumage, de taches, etc., etc., qui constituent un signalement qui s'applique à tous les individus de la même espèce.

Nous allons maintenant faire l'application de ces principes, et donner à nos lecteurs la clef de la classification des musées.

Nous ferons cependant observer que les directeurs des divers musées que nous connaissons, n'adoptent pas tous le même ordre ni les mêmes noms, mais les différences sont peu sensibles.

Nous avons donné la synonymie principale des genres, celle des espèces n'entre pas dans le plan de nos leçons et n'a d'importance que pour ceux qui veulent faire une étude spéciale de l'ornithologie.

CLASSE.

AVES. OISEAUX.

Animaux vertébrés, ovipares, couverts de plumes et organisés pour le vol. — Habitudes aériennes, terrestres ou aquatiques. — La forme générale du bec et des pattes indique les aptitudes, les instincts et le genre de nourriture propres à chacune des divisions de la classe ou des ordres

PREMIER ORDRE.

ACCIPITRES, Linné. — RAPACES.

Type : *ACCIPITER*, ÉPERVIER, et oiseau de proie en général.

Bec fort, crochu, souvent ondulé ou festonné. — Serres puissantes, le plus souvent aiguës et rétractiles. — Le doigt externe quelquefois versatile et souvent uni au médian par une membrane courte, souple et extensible.

Cet ordre comprend tous les oiseaux de proie ou rapaces, et se subdivise en deux sous-ordres, l'un pour les espèces diurnes, l'autre pour les nocturnes.

PREMIER SOUS-ORDRE.

ACCIPITRES DIURNES.

Yeux placés sur les côtés de la tête. — Base du bec enveloppée par une cire plus ou moins développée. — Tarses généralement nus, mais parfois emplumés jusqu'à l'origine des doigts, qui sont toujours nus. — Plumage serré, solide. — Tête proportionnée.

Ce sous-ordre se compose de trois tribus : les Vulturidés, les Serpentaridés et les Falconidés.

PREMIÈRE TRIBU. — **VULTURIDÉS.**

Type : *VULTUR*, VAUTOUR.

Bec droit à la base, recourbé seulement à l'extrémité. — Tête et cou nus, présentant sur leur surface ou un léger duvet ou des membranes charnues, caronculeuses et plus ou moins développées. — Ongles peu crochus et à pointe obtuse. — Queue courte. — Ailes n'atteignant pas ou dépassant à peine l'extrémité de la queue. — Trois familles : les Sarcoramphinés, les Vulturinés et les Gypaëtinés.

Les oiseaux de cette tribu ont la face, la tête et le cou généralement nus ou seulement protégés par un duvet court et serré ou par quelques poils cornés. Des plumes sur ces parties auraient considérablement gêné des animaux dont la voracité les entraîne à plonger la tête et même une partie du cou dans l'intérieur des cadavres en putréfaction. En effet, ces plumes, mouillées par le liquide sanguinolent qui suinte des chairs décomposées, se colleraient les unes aux autres et formeraient un masque, dont l'épaisseur croissante réduirait bientôt l'oiseau à l'impuissance et le livrerait sans défense. Ces vues de la nature sont confirmées par l'exception que présentent, à cet égard, un petit nombre d'espèces de la tribu. Car ceux des Vulturidés qui ont la tête garnie de quelques plumes vivent plutôt de proies vivantes, sont moins gloutons dans la satisfaction de leur appétit; ils ne plongent, dans les chairs qu'ils déchirent, qu'une partie de la face; cette partie est alors couverte de poils roides et cornés, et ce n'est que poussés par la faim qu'ils recherchent les corps morts et en putréfaction.

Les Vulturidés offrent trois types principaux et remarquables dans la forme du bec, l'aptitude de leurs ongles restant à peu près la même chez tous. Ces ongles, gros, mousses et usés par le contact du sol, ne sont, faut-il dire, pour ces oiseaux plus terrestres qu'aériens, que des organes protecteurs de l'extrémité des doigts. Ne vivant que de proies mortes, ils n'ont pas à attaquer, saisir ni transporter leurs victimes; des ongles aigus et rétractiles leur étaient inutiles.

Les uns, *Sarcoramphinés* ou Cathartes de quelques naturalistes, ont le bec plus ou moins allongé et grêle, disposition qui leur permet de dépecer les cadavres des plus gros animaux et de pénétrer dans les intervalles des os, qu'ils n'ont pas la force de briser. Ce bec, charnu à la base et corné seulement à l'extrémité, se prête d'ailleurs, par sa souplesse, aux divers mouvements qu'il doit exécuter, et sa forme est en rapport avec la force qu'il doit produire.

Les autres, *Vulturinés*, ont la partie cornée du bec plus développée et plus solide; le bec a plus de force et peut entamer des corps plus durs, et même diviser des cartilages et des os.

D'autres enfin, *Gypaétinés*, ont le bec plus solide encore, des ongles plus aptes à saisir, et ils attaquent souvent des proies vivantes. Les plumes qui couvrent leur tête indiquent moins de gloutonnerie, et ils sont, en effet, un des traits du passage des Vulturidés aux Falconidés. La puissance créatrice, comme nous l'avons déjà dit et comme nous aurons souvent l'occasion de le démontrer, ne passe pas d'un type à un autre sans rappeler, dans la série qu'elle commence, quelques-uns des caractères de celle qu'elle termine.

1re Famille. — SARCORAMPHINÉS.

Type : le SARCORAMPHE ou CONDOR.

Bec assez allongé, quelquefois mince et effilé, presque membraneux et en grande partie recouvert par la cire ; dans ce cas, osseux et corné à sa partie apicale. — Bords de la mandibule supérieure légèrement ondulés. — Narines oblongues, percées dans la cire parallèlement à l'arête du bec, et sans cloison cartilagineuse. — Tarses gros, réticulés et de la longueur du doigt médian. — Doigts inégaux ; le médian plus long, les latéraux égaux et unis au médian par une membrane interdigitale; le pouce court, faible et articulé plus haut que les doigts. — Trois genres : SARCORAMPHUS ou CONDOR, CATHARTE et NÉOPHRON ou PERCNOPTÈRE.

1er GENRE. — SARCORAMPHUS. Duméril.
Σαρξ, chair; ῥαμφος, bec charnu.

Synonymie : GYPAGUS, Vieillot.

Bec renflé et fortement recourbé en crochet à la pointe. — Narines percées dans le milieu de la cire et surmontées, chez les mâles, d'un gros caroncule beaucoup moins développé chez les femelles. — Tarse de la longueur du doigt médian, et garni d'écailles réticulées, arrondies. — Doigts médiocres; les latéraux courts et presque égaux, unis au médian par une membrane, et recouverts dans toute leur longueur d'écailles régulières; pouce très-court. — Ongles forts, légèrement recourbés et peu acérés.

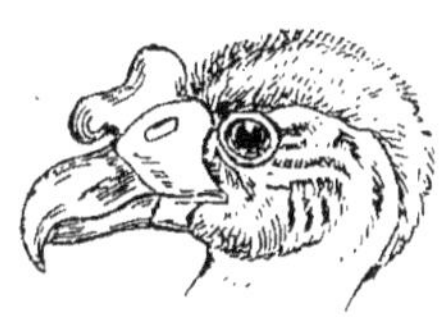

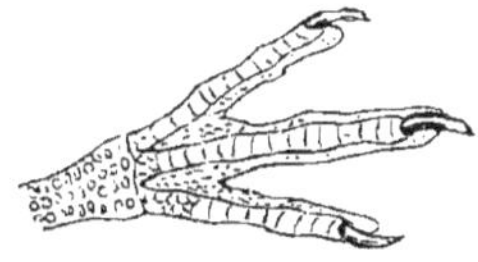

— Tête et cou nus, ce dernier couvert de plis membraneux, surtout à sa partie postérieure. — Ailes allongées, pointues, les 3e et 4e rémiges égales et les plus longues. — Queue courte et presque carrée. — Deux espèces :

S. GRYPHUS, Linné; le Condor, Lesson. — Amér. mérid.
S. PAPA, Linné; le roi des Vautours, Buffon. — Amér. mérid.

2e GENRE. — CATHARTES, Illiger. Καθαρτης, qui nettoie

Synonymie : CATHARISTA, Vieillot.

Bec allongé, presque grêle, recouvert d'une cire dans les deux tiers de sa longueur. — Bords de la mandibule supérieure ondulés seulement près de la courbure. — Narines longitudinales, percées vers le milieu de la cire. — Jambes emplumées jusqu'à l'articulation; pouce très-court et faible. — Ongles médiocres,

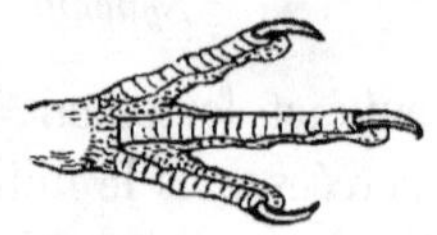

légèrement recourbés et à pointe mousse. — Tète, occiput et gorge nus, sans caroncules, et recouverts seulement d'une peau membraneuse, plissée et clair-semée de poils rares. — Ailes allongées, obtuses; les 3e et 4e rémiges égales et les plus longues. — Queue médiocre, égale ou arrondie. — Quatre espèces :

C. CALIFORNIANUS, Shaw. — Californie.
C. ATRATUS, Wilson; l'Urubu. — Amér. sept.
C. BRASILIENSIS, Ray. — Amér. mérid.
C. AURA, Linné. — Amér. sept.

3e GENRE. — PERCNOPTERUS, Cuvier. NÉOPHRON.
Περκνος, noirâtre; πτερον, aile.

Bec allongé, grêle, à arète renflée, recouvert d'une cire dans les deux tiers de sa longueur. — Bords de la mandibule supérieure presque droits. — Narines longitudinales, percées vers le

milieu de la cire. — Jambes emplumées jusqu'à l'articulation. — Doigts longs et peu forts, l'interne plus robuste et couvert d'écailles seulement sur sa moitié terminale, le médian n'en ayant que trois à son extrémité, l'externe garni dans presque toute sa longueur; pouce assez court. — Ongles médiocres, assez forts et assez recourbés, surtout celui du pouce. — Ailes longues, subobtuses, la 3e rémige la plus longue. — Queue médiocre, en forme de coin. — Face et partie supérieure du cou nus. — Deux espèces :

P. ÆGYPTIACUS, Stephens; l'Alimoche. — Eur., Asie et Afr

P. PILEATUS, Burchell; le Moine. — Afr.

2e FAMILLE. — VULTURINÉS.

Bec assez allongé, vigoureux, légèrement comprimé sur les côtés, arrondi supérieurement, recourbé seulement à l'extrémité; couvert d'une cire à la moitié de sa base. — Narines percées dans la cire, perpendiculairement à l'arête du bec, et généralement découvertes. — Tarses robustes, de même longueur que le doigt médian, couverts d'écailles en avant. — Doigts latéraux courts et égaux; pouce articulé sur le même plan que les autres doigts. — Ongles obtus. — Ailes allongées, les 3e et 4e rémiges les plus longues, les grandes couvertures des ailes couvrant les deux tiers des pennes. — Cou garni à sa base d'une fraise ou collerette composée de plumes ou d'un épais duvet, et dans laquelle le cou peut se replier à l'état de repos. — Arcades orbitaires saillantes. — Quatre genres : VULTUR, OTOGYPS, GYPS et GYPOHIERAX.

4e GENRE. — *VULTUR*, Linné. VAUTOUR.

Bec gros et fort. — Bords mandibulaires largement ondulés. — Jambes emplumées jusqu'à l'articulation. — Tarses robustes, réticulés, plus courts ou de même longueur que le doigt médian, qui n'a que quatre écailles à son extrémité, les latéraux plus courts, en ayant trois ou cinq, et le pouce six. — Ongles robustes, légèrement recourbés et aigus, ceux surtout du doigt interne

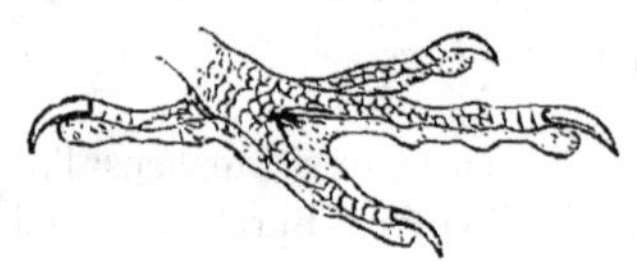

et du pouce. — Tête couverte d'un rare duvet, plus épais et plus développé à l'occiput, où il forme une sorte de huppe ou crête transversale. — Ailes longues, obtuses. — Queue plutôt courte, arrondie; la tige des rectrices robuste, et dépassant presque toujours les barbes latérales. — Deux espèces :

V. Monachus, Linné; Vautour Arrian. — Eur., Asie et Afr.
V. Occipitalis, Burchell; Vautour à calotte. — Afr. mérid. et orient.

5e Genre. — OTOGYPS, Gray. Οὖς, ὠτός, oreille; Γύψ, Vautour.

Tête et cou nus, sans duvet. — La tête et les côtés du cou garnis d'une membrane charnue formant plusieurs plis qui envelop-

pent le méat auditif et se prolongent jusque sous la base du bec. — Trois espèces :

O. Auricularis, Gray; l'Oricou. — Afr. mérid.
O. Nubicus, Smith; Vautour impérial. — Nubie, Abyssinie.
O. Calvus, Scopoli. — Asie mérid.

6e Genre. — GYPS, Savigny. Γύψ, Vautour.

Bec un peu renflé sur les côtés et fortement ondulé. — Tête et cou recouverts d'un duvet court et serré. — Six espèces :

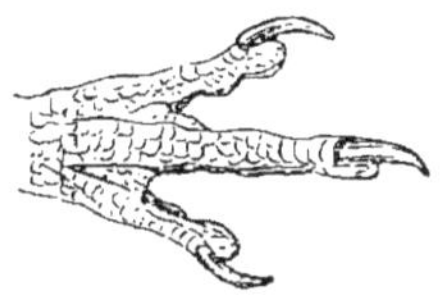

G. Fulvus, Gmelin; le Griffon. — Eur. orient.
G. Occidentalis, Schlegel. — France, Pyrén., Sardaigne.
G. Kolbi, Daudin; le Chasse-fiente. — Afr. mérid.
G. Vulgaris, Savigny. — Afr. sept. et orient.
G. Indicus, Scopoli. — Asie mérid.
G. Bengalensis, Gray; le Chaugoun. — Asie mérid.

5e Famille. — GYPAÉTINÉS.

Type : le GYPAÈTE.

Tête et cou bien couverts de plumes, moins les bords et le dessous des yeux, ainsi que la base du bec, qui sont nus ou garnis de soies dures et plus ou moins développées.

7e Genre. — GYPOHIERAX, Ruppell. Γύψ, Vautour; Ἱέραξ, Faucon.

Synonymie : Racama, Gray

Bec comprimé sur les côtés et presque droit. — Tarses robustes, de même longueur que le doigt médian, et couverts de squamelles réticulées. — Doigts assez longs, forts, réticulés; l'interne dans le tiers, l'externe dans la moitié, le médian dans les deux tiers de leur surface, et garnis de quatre à six écailles à leur extrémité onguéale. — Ongles robustes, mais peu acérés.

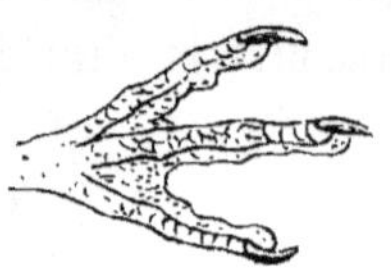

— Tête emplumée, moins les côtés et la base du bec, qui sont nus. — Ailes longues et obtuses. — Queue courte et arrondie. — Une seule espèce :

G. Angolensis, Ruppell; Vautour d'Angola. — Afr.

8e Genre. — GYPAETUS. Gray. Γυψ, Vautour; Αετος, Aigle.

Synonymie : Phene, Savigny.

Bec long, robuste, comprimé, très-recourbé à l'extrémité, largement ondulé. — La base des mandibules garnie de soies roides, longues et en faisceaux dirigés en avant. — Narines percées obliquement sur la cire. — Tarses courts, robustes, emplumés. — Doigts garnis d'écailles sur presque toute leur étendue.

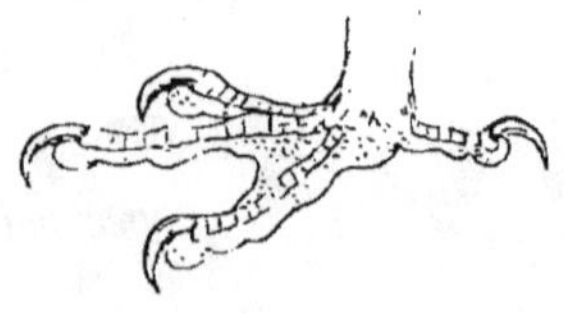

— Ongles forts et bien crochus, surtout celui du pouce. — Ailes subobtuses; la 3e rémige la plus longue. — Queue assez allongée et étagée. — Trois espèces :

G. Barbatus, Linné, Læmmergeier; Vautour des Agneaux.—Eur. orient.
G. Occidentalis, Schlegel. — France, Pyrén., Sardaigne.
G. Nudipes, Brehm. — Afr. mérid. et orient.

Deuxième Tribu. — SERPENTARIDÉS ou GYPOGÉRANIDÉS.

Tarses très-longs, assez grêles, fortement scutellés, ainsi que les doigts. — Pouce articulé un peu au-dessus du plan des doigts antérieurs. — Ongles forts. — Tour des yeux nus; paupières garnies de longs cils. — Ailes médiocres, armées de trois éperons prononcés, mais obtus. — Queue longue et étagée. — Une seule famille : Serpentarinés.

Cette tribu présente un type exceptionnel : elle ne comprend qu'une ou deux espèces dont le bec et la tête ont les caractères des Vulturidés, sauf la présence de plumes très-développées à la nuque; mais dont les tarses, très-allongés, rappellent l'ordre des Échassiers. Le régime des Serpentaridés est suffisamment indiqué par le nom de l'oiseau, et permet la présence des plumes sur la tête et même le développement protecteur de celles de la nuque. Le Serpentaire est un Vautour marcheur destiné à vivre dans les déserts à poursuivre les reptiles, et la longueur de ses jambes, appropriées à ce genre de vie, constitue un caractère important. En effet, à la différence des Vautours, dont les tarses sont assez courts et trapus, il fallait au Serpentaire des membres inférieurs assez élevés pour mettre son corps à l'abri des morsures des reptiles, et pour lui servir en quelque sorte d'échasses dans les sables, qu'il ne quitte guère.

4e Famille. — SERPENTARINÉS.

Caractères indiqués à la tribu.

9e Genre. — *SERPENTARIUS*, Cuvier, SERPENTAIRE. Mangeur de Serpents.

Synonymie : Sagittarius, Vosmær; Secretarius, Duméril; Gypogeranus, Illiger. Γυψ, Vautour; γερανος, grue; Ophiotheres, Vieillot. Οφις, Serpent; θηραω, je persécute.

Bec robuste, élevé à la base, à bords comprimés, à pointe

très-crochue. — Narines percées obliquement vers la base de la cire. — Tarses très-allongés, couverts d'écailles en avant, dans

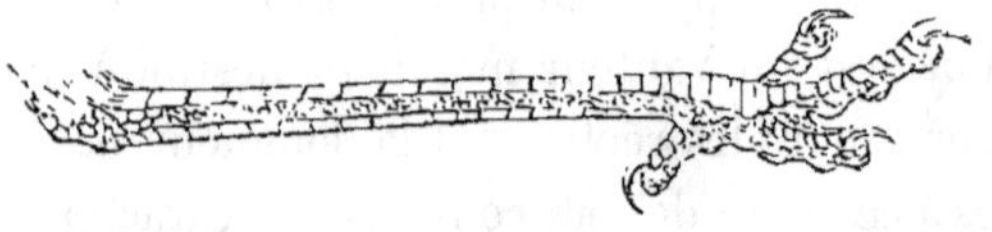

toute leur longueur. — Doigts assez courts, couverts aussi d'écailles; pouce très-court. — Tour des yeux nus. — Ailes subobtuses; les 3e, 4e et 5e rémiges les plus longues et égales. — Deux espèces :

S. Sagittarius, Vosmær; le Serpentaire. — Afr. mérid.
S. Orientalis, Verreaux. — Afr. orientale.

Troisième Tribu. — **FALCONIDÉS.**

Type : le FAUCON, *FALCO*.

Bec à arête courbée d'une manière continue et plus ou moins brusque depuis la base jusqu'à la pointe, qui est plus ou moins crochue et aiguë. — Mandibules ondulées, festonnées ou dentelées. — Ongles rétractiles, forts, crochus et acérés, surtout ceux du pouce et du doigt interne. — Tête et cou couverts de plumes; face et gorge exceptionnellement nues. — Ailes aiguës, subaiguës ou obtuses. — Queue généralement assez longue et assez large. — Huit familles : les Polyborinés, Aquilinés, Spizaëtinés, Butéoninés, Milvinés, Falconinés, Accipitrinés et Circinés.

Cette tribu comprend un grand nombre de Rapaces organisés pour vivre du produit de leur chasse, et qui réunissent les meilleures conditions de rapidité de vol, de force musculaire, de légèreté, d'adresse, parfaitement secondés par un bec solide et par des serres puissantes. Ces conditions ne se trouvent cependant pas toujours réunies chez tous les individus de la tribu, et tous ne sont pas également favorisés. Les uns ont des formes lourdes, et le développement de leurs ailes n'est pas en rapport avec le poids de leur corps; les autres, plus légers, ont des ailes disposées pour un vol rapide et plus ou moins soutenu; quelques-uns ont les tarses allongés; d'autres ont la queue plus ou moins longue et plus ou moins apte à favoriser les mouvements aériens. Toutes ces conditions réunies, ou ne se présentant qu'en partie par deux, par trois, avec des compensations défavorables ou avantageuses, constituent un assez grand nombre de nuances que le naturaliste ne peut méconnaître, et qui lui servent à établir des groupes génériques assez distincts; ainsi :

Les uns, *Polyborinés*, voisins des Vulturidés, ont la face plus ou moins nue et seulement couverte de quelque poils rares; leurs habitudes, plus terrestres qu'aériennes, émoussent leurs ongles, dont ils se servent néanmoins pour fixer leur proie et même pour l'enlever. Le feston formé par les bords de la mandibule supérieure est plus apparent et forme même une dentelure chez quelques-uns. Ils vivent de proie morte et souvent de proie vivante. Ils ont la voracité des Vautours, et ont sur eux l'avantage de la rapidité du vol. Leurs ailes prennent la forme effilée qui contribue à accélérer les mouvements aériens, et leur queue est assez longue pour aider à les diriger.

Les autres, *Aquilinés*, n'ont pas la face nue; leur bec est très-fort, vivement recourbé à l'extrémité; le feston de la mandibule supérieure large et prononcé. Les ongles sont puissants, recourbés, aigus, et deviennent une arme plus redoutable encore que le bec. Les doigts, vigoureux, mais assez courts, peuvent saisir les proies les plus lourdes.

Les *Spizaétinés* ont le bec très-fort, à feston plus accentué; les doigts un peu plus allongés, et les ongles puissants.

Les *Butéoninés* ont le bec plus élevé à la base et recourbé dans toute son étendue; les doigts robustes, surtout le pouce, dont l'ongle est généralement long et solide.

Les *Milvinés* ou Milans présentent des formes assez remarquables. Le bec, festonné ou dentelé, est élevé à la base, fortement recourbé, à courbure parfois exagérée, très-aigu à la pointe. Leurs tarses, généralement courts, sont robustes, et leurs ongles sont très-courbés et aigus. Leurs ailes sont puïssantes, et leur queue, souvent très-allongée, est plus ou moins échancrée.

Les *Falconinés* réunissent toutes les conditions d'agilité, de force, de courage qui caractérisent les oiseaux de proie. Leur bec, robuste et dentelé, est bien organisé pour déchirer une proie vivante; leurs ailes disposées pour un vol rapide; leur queue assez longue pour devenir un excellent gouvernail; leurs doigts longs, vigoureux, et leurs ongles aigus les rendent redoutables pour tous les animaux et même pour les autres Rapaces.

Les *Accipitrinés* n'ont plus le bec dentelé, mais fortement festonné et aussi recourbé et aigu que chez les précédents. Leurs tarses sont généralement plus allongés, mais leurs serres sont aussi puissantes et plus rétractiles.

Les *Circinés* ou Busards ne diffèrent guère des précédents que par la disposition des plumes de la face, qui forment une sorte de demi-disque par leur rayonnement en arrière du bec et des yeux. Cette disposition, plus ou moins saillante, les rapproche des oiseaux de proie nocturnes.

5e FAMILLE. — POLYBORINÉS.

Type : POLYBORUS.

Face et gorge plus ou moins nus. — Bec comprimé sur les côtés, légèrement crochu vers la pointe. — Mandibules à bords sinueux et plus ou moins festonnés. — Tarses allongés, nus et écussonnés. — Doigts médiocres, couverts d'écailles dans toute leur longueur et armés d'ongles robustes. — Ailes longues, atteignant presque l'extrémité de la queue, qui est arrondie ou égale. — Habitudes plus terrestres qu'aériennes : régime analogue à celui des Vautours. — Ils forment le passage naturel de ces derniers aux Aigles et aux Faucons. — Cinq genres : POLYBORUS ou CARACARA, POLYBOROÏDES, IBYCTER ou RANCANCA, MILVAGO et PHALCOBÆNUS.

10e GENRE. — POLYBORUS, Vieillot. Πολυβορος, multivore.

CARACARA, Cuvier, imitation du cri.

Bec allongé, épais, assez élevé à la base, à bords largement ondulés. — Narines elliptiques, percées vers la marge antérieure de la cire. — Tarses de la longueur du doigt médian, couverts d'écailles, ainsi que les doigts dans toute leur longueur. — Ongles légèrement recourbés, ceux du pouce et du doigt interne les

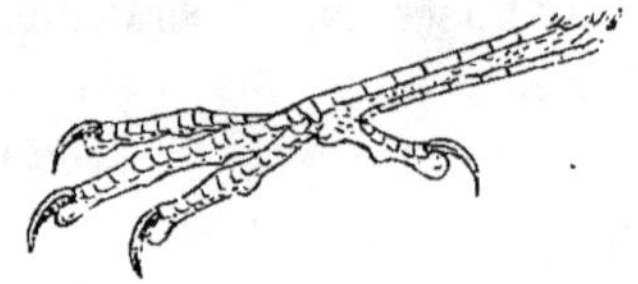

plus forts. — Face nue, mais couverte de quelques poils. — Jabot saillant. — Ailes allongées, subobtuses, la 3ᵉ rémige la plus longue. — Queue large et légèrement arrondie. — Deux espèces :

P. Australis, Gmelin; Caracara austral. — Amér. mérid.
P. Brasiliensis, Gmelin; Caracara du Brésil.

11ᵉ Genre. — POLYBOROIDES. Smith. Πολύβορος et εἶδος, forme.

Synonymie : Gymnogenys, Lesson Γυμνός, nu; γένυς, menton, face.

Bec comprimé sur les côtés, assez court, peu recourbé. — Narines longitudinales et percées près de la marge antérieure de

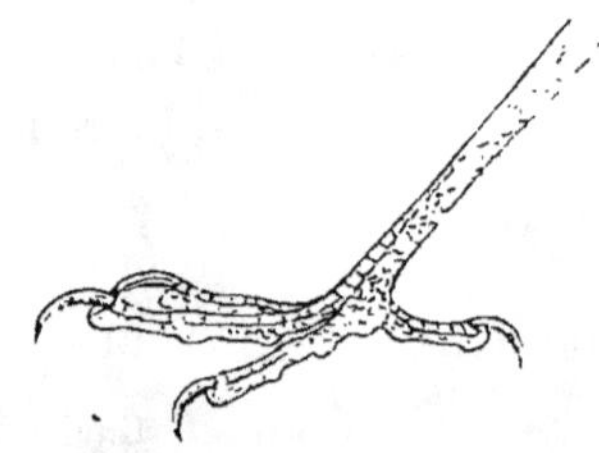

la cire. — Tarses grêles, entièrement réticulés. — Doigts minces, réticulés, et présentant quelques écailles vers leur extrémité onguéale; l'externe aussi court que le pouce et muni d'un ongle court. — Face et tour des yeux nus, sans plumes ni poils. — Ailes longues, subobtuses; les 3e, 4e et 5e rémiges les plus longues. — Queue longue, large et arrondie. — Une seule espèce :

P. Radiatus, Smith. — Afr. mérid.. Madagascar.

12e Genre. — IBYCTER. Vieillot. IRIBIN. Ἰβυκτήρ. aboyeur.

Rancana, nom local, imitatif du cri.

Bec médiocre, comprimé sur les côtés, à bords festonnés — Narines arrondies, percées haut vers la marge de la cire, qui est développée et couverte de poils. — Tarses presque aussi longs

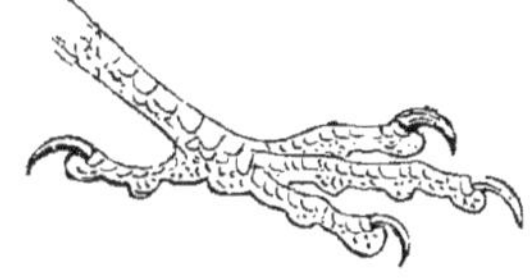

que le doigt médian, scutellés en avant ainsi que les doigts dans toute leur longueur. — Face et devant de la gorge nus. — Deux espèces :

I. Aquilinus, Gmelin; petit Aigle à gorge nue, Buffon. — Amér. mérid.
I. Ater, Vieillot; Iribin noir. — Amér. mérid.

13e Genre. — MILVAGO, Spix. Comparé au Milan.

Bec médiocre, à arête convexe et graduellement courbée, à bords légèrement dentelés. — Narines arrondies, découvertes et présentant un petit tubercule membraneux central. — Tarses de la longueur du doigt médian, emplumés à leur partie supérieure, réticulés à la moyenne, scutellés à l'inférieure. — Doigts médiocres, couverts de scutelles. — Ongles forts, peu arqués, déprimés, obtus ou usés à la pointe. — Face velue en avant. —

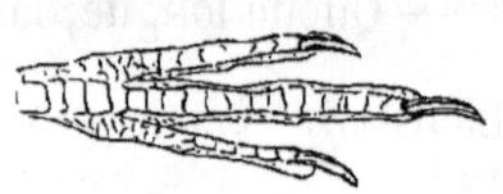

Ailes allongées, subobtuses; les 3e et 4e rémiges plus longues. — Queue allongée et arrondie. — Deux espèces :

M. Chimachima, Vieillot. — Amér. mérid.
M. Chimango, Gray. — Amér. mérid.

14e Genre. — PHALCOBAENUS, d'Orbigny.

Φαλκη, Faucon; βαινω, je marche. Faucon marcheur.

Bec allongé, comprimé, à bords largement ondulés. — Tarses un peu emplumés à leur partie supérieure, réticulés au milieu, scutellés inférieurement. — Doigts médiocres, couverts de scutelles. — Ongles déprimés, élargis et peu arqués. — Un large

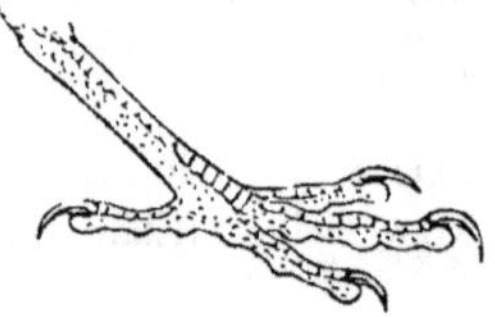

espace nu entoure les parties antérieure, postérieure et inférieure de l'œil et s'étend sur la mandibule inférieure. — Plumes de la tête frisées; celles du cou effilées et terminées en pointe. — Deux espèces :

P. Montanus, d'Orbigny; Caracara montagnard. — Amér. mérid., Chili.
P. Carunculatus, O. des Murs. — Amér. mérid., Chili.

6e Famille. — AQUILINÉS.

Type : *AQUILA*, AIGLE.

Bec fort, élevé, peu courbé à la base, mais très-recourbé à la pointe, qui est crochue et aiguë. — Mandibules à bords ondulés ou festonnés. — Narines larges, ovales et percées au bord de la cire. — Tarses robustes, plus ou moins longs, emplumés jusqu'à la naissance des doigts, ou seulement dans leur partie supérieure. — Doigts vigoureux, armés d'ongles forts et crochus. — Ailes longues, subobtuses; les 3e, 4e et 5e rémiges les plus longues. — Queue ample, longue, plus ou moins arrondie ou conique. — Six genres : Aquila, Haliætus ou Pygargue, Geranoætus, Haliastur, Pandion et Helotarsus.

15e Genre. — *AQUILA*, Brisson, AIGLE.

Ce genre a une synonymie aussi nombreuse qu'inutile, et que nous éviterons d'indiquer.

Bec fort, droit à la base, très-recourbé à la pointe, comprimé sur les côtés, à bords largement festonnés. — Narines elliptiques, obliques, percées au bord de la cire, dont la base est ve-

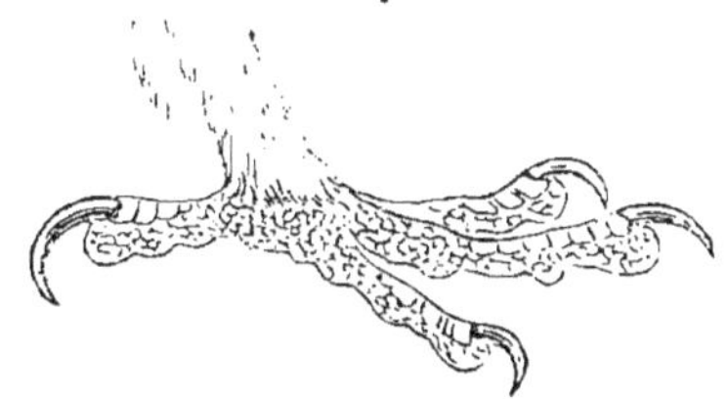

lue. — Tarses de la longueur du doigt médian, couverts de plumes jusqu'aux doigts. — Doigts forts, inégaux, armés d'ongles vigoureux, recourbés et acérés. — Ailes allongées et obtuses, dépassant quelquefois l'extrémité de la queue. — Queue longue, égale, cunéiforme ou étagée. — Onze espèces :

A. CHRYSAËTOS, Linné; Aigle royal. — Cosmopolite.
A. HELIACA, Savigny; Aigle impérial. — Cosmopolite.
A. BIFASCIATA, Gray. — Asie centr.
A. NÆVIA, Brehm; Aigle criard. — Eur. et Afr.
A. NÆVIOÏDES, Cuvier; Aigle ravisseur. — Afr. et Asie mérid.
A. AUDAX, Gray; Aigle à queue étagée. — Australie.
A. VULTURINUS, Daudin; Aigle de Verreaux. — Afr.
A. BONELLII, Temminck; Aigle Bonelli. — Eur. mérid., Asie, Afr
A. PENNATA, Cuvier; Aigle botté. — Asie, Eur. orient.
A. MORPHNOÏDES, Gould; Aigle australien. — Australie.
A. MALAYENSIS, Reinward; Aigle malais. — Malaisie.

16e GENRE. — *HALIÆTUS*, Savigny, PYGARGUE.
Ἁλς, mer; αετος, Aigle.

Synonymie : PONTAËTUS, Kaup. Ποντος, mer; αετος, Aigle.

Bec élevé à la base, robuste dans toutes ses parties, à bords mandibulaires largement festonnés. — Narines linéaires, obliques. —Tarses courts, trapus, robustes, de la longueur du doigt

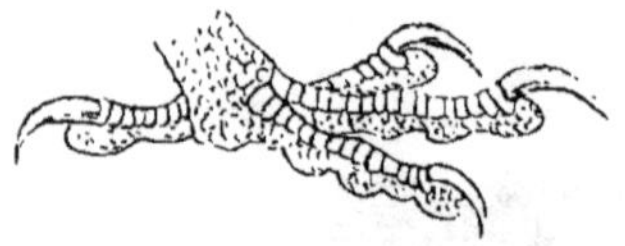

médian, revêtus de plumes dans leur moitié supérieure, écussonnés en avant dans l'autre moitié. — Doigts longs et forts, couverts d'écailles. — Ongles longs, épais, robustes, recourbés et aigus; celui du pouce le plus long. — Ailes allongées, aiguës, atteignant généralement l'extrémité de la queue, qui est ample et arrondie. — Sept espèces :

H. Albicilla, Kaup; Pygargue Orfraie. — Eur. et Asie.
H. Leucocephalus, Linné; Aigle à tête blanche. — Eur., Amérique.
H. Pelagica, Pallas; Pygargue empereur. — Asie orient.
H. Macei, Temminck; Pygargue de Macé. — Asie.
H. Vocifer, Daudin; Pigargue Vocifer. — Afr. mérid.
H. Vociferoïdes, Desmurs; Pygargue Vociferoïde. — (?)
H. Blagrus, Daudin; le Blagre. — Afr. et Asie.

17e Genre. — GERANOÆTUS, Kaup. Γερανος. Grue; αετος. Aigle.
Cuncuma, nom local.

Tarses longs, vigoureux et emplumés à leur partie supérieure. — Queue courte et arrondie. — Une espèce :

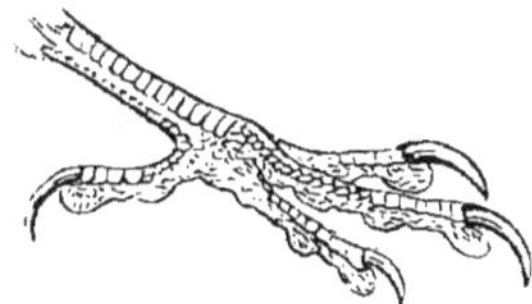

G. Aguia, Kaup; Cuncuma Aguia. — Amér. mérid.

18e Genre. — *HALIASTUR*, Selby, HALIAUTOUR.
Ἁλς, mer; αετος. Aigle.

Bec médiocre, élevé à la base, courbé jusqu'à la pointe, qui est aiguë; comprimé sur les côtés, à bords largement festonnés.

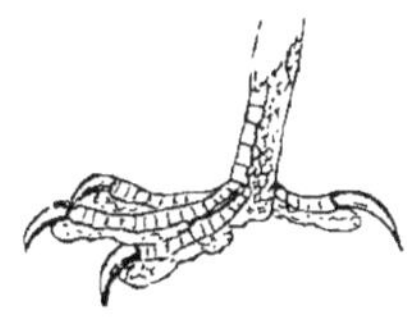

— Tarses robustes, couverts en avant d'une rangée d'écailles hexagones. — Doigts couverts d'écailles dans toute leur longueur. — Ongles médiocres. — Trois espèces :

H. Ponticerianus, Gmelin; Aigle de Pondichéri.
H. Leucosternus, Gould; Aigle à poitrine blanche. — Australie.
H. Sphenurus, Gould; Aigle siffleur. — Australie.

19e Genre. — *PANDION*, Savigny, BALBUZARD.

Synonymie : Ichthyaetus, Lafresnaye. Ἰχθύς, poisson; ἀετός, Aigle.

Bec à arête renflée, à pointe recourbée, à bords largement ondulés. — Narines lunulées et obliques. — Tarses courts, très-vigoureux, garnis de plumes courtes à leur partie supérieure et d'écailles épaisses et rugueuses, imbriquées de haut en bas, ce qui ne s'observe pas chez les autres rapaces. — Doigts sans

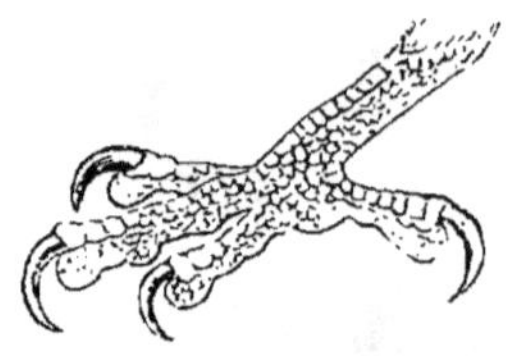

membranes à leur base, et pourvus en dessous de pelotes rugueuses et granulées; chaque granulation se terminant en une saillie spiniforme. — Ongles arrondis, lisses en dessous et non creusés en gouttière. — Ailes dépassant presque toujours l'extrémité de la queue; les 3e et 4e rémiges les plus longues. — Queue médiocre, égale. — Cinq espèces :

P. Haliaetus, Linné; Balbuzard fluviatile. — Eur. et Asie.
P. Carolinensis, Gmelin; Balbuzard de la Caroline. — Amérique.
P. Leucocephalus, Gould; Balbuzard à tête blanche. — Asie et Océanie.
P. Ichthyaetus, Horsfield; Balbuzard ichthyophage. — Asie.
P. Humilis, Temminck. — Asie.

20e Genre. — *HELOTARSUS*, Smith, BATELEUR.

Ελω, je retourne ; ταρσος, tarse.

Synonymie : Teratopius, Lesson. Τερατοποιος, histrion.

Bec à mandibule supérieure très-élargie au milieu, à bords à peine ondulés. — Narines ovales, obliques. — Tarses robustes, courts, largement réticulés, recouverts en partie par les plumes du tibia. — Doigts vigoureux; le médian et le pouce couverts d'écailles; deux ou trois écailles seulement sur les latéraux, qui

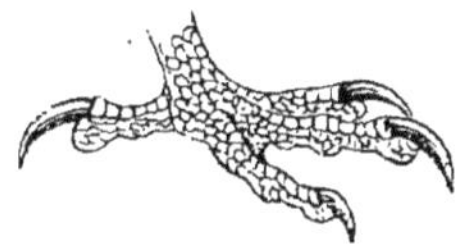

sont réticulés dans le reste de leur étendue. — Face et tour de l'œil nus et d'un rouge vif. — Cire rouge et parsemée de quelques poils rares. — Ailes allongées; les 4e et 5e rémiges les plus grandes et dépassant l'extrémité de la queue, qui est courte et tronquée. — Une espèce :

H. Ecaudatus, Smith; Aigle bateleur. — Afr. mérid.

7e Famille. — SPIZAETINÉS.

Type : SPIZAETE.

Bec plus ou moins fort, à bords ondulés. — Narines larges, ovalaires ou arrondies. — Tarses robustes, trapus ou plus longs que le doigt médian, parfois emplumés au-dessous de l'articulation. — Doigts allongés, robustes, couverts d'écailles dans la moitié terminale ou la presque totalité de leur longueur. — Ongles longs, robustes et plus ou moins recourbés. — Quelquefois une huppe cervicale. — Ailes de longueur variable. — Queue plus ou moins large et arrondie. — Six genres : SPIZAETUS, THRASAETUS, URUBITINGA, MORPHNUS, HERPETOTHERES et CIRCAETUS.

21e GENRE. — *SPIZAETUS*, Vieillot, SPIZAETE.

Σπιζα, Accipitre; αετος, Aigle.

Synonymie : LIMNAETUS, Vigors, Λιμνη, marais; LOPHAETUS, Kaup, Λοφος, crête.

Bec convexe, élevé à la base, comprimé sur les côtés, à bords festonnés. — Tarses forts, élevés, beaucoup plus longs que le doigt médian. — Doigts allongés, robustes. — Ongles assez

longs, surtout celui du pouce. — Ailes plus courtes que la queue, dont elles couvrent le tiers. — Queue longue et légèrement arrondie. — Onze espèces :

S. ORNATUS. Daudin; l'Urutaurana. — Amér. mérid.
S. BELLICOSUS, Daudin; le Griffard. — Afr. mérid.
S. CORONATUS, Linné; le Blanchard. — Afr. mérid.
S. MELANOLEUCUS, Vieillot; Autour à calotte noire. — Amér. mérid.
S. OCCIPITALIS. Daudin; le Huppard. — Afr. mérid.
S. TYRANNUS, Wied; Autour tyran. — Amér. mérid.
S. ISIDORI, Desmurs; Sp. d'Isidore. — Amér. mérid.
S. CIRRHATUS, Gmelin; Autour neigeux. — Asie mérid.
S. ORIENTALIS, Temminck; Autour du Japon. — Japon.
S. LANCEOLATUS, Temminck; Sp. de Bornéo. — Bornéo, Célèbes.
S. KIENERI, Gervais; Sp. de Kiéner. — Asie.

22e Genre. — *THRASAETUS*, Gray. Θρασυς, audacieux; αετος, Aigle.
HARPIE.

Bec grand, très-fort, comprimé sur les côtés, à bords mandibulaires fortement ondulés; la courbure se dirige vers le dessous de la mandibule inférieure. — Narines transversales, ovalaires. — Tarses très-gros, trapus, robustes, emplumés au-dessous de l'articulation et réticulés dans le reste de leur étendue, plus largement en avant qu'en arrière. — Doigts gros, couverts d'écailles

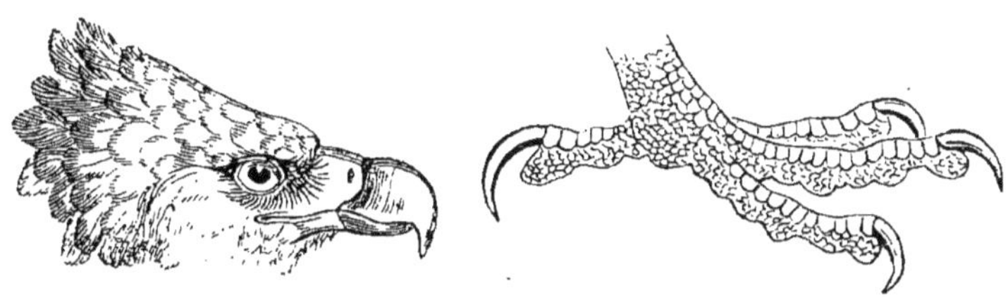

dans toute leur longueur, excepté à la base. — Ongles longs, robustes et fortement recourbés. — Plumes de la tête et de l'occiput allongées et arrondies à leur extrémité et se relevant à volonté en forme de huppe. — Ailes courtes, atteignant à peine la naissance de la queue; la 4e rémige la plus longue. — Queue assez longue, large et arrondie. — Deux espèces :

T. Harpya, Linné; la Harpie. — Amér. mérid.
T. Coronatus, Vieillot; la Harpie couronnée. — Amér. mérid.

23e Genre. — *MORPHNUS*, Cuvier. Μορφνος, sombre.

Urubitinga, nom local brésilien.

Tarses nus et écussonnés, d'une longueur double de celle du doigt médian. — Doigts couverts d'écailles dans presque toute leur longueur. — Ailes atteignant l'extrémité de la queue ou la dépassant. — Queue allongée. — Quatre espèces :

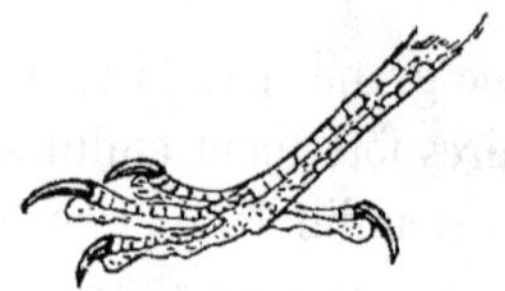

M. Longipes, Illiger; l'Urubitinga. — Amér. mérid.
M. Unicinctus, Temminck; Autour à queue cerclée. — Amér. mérid.
M. Meridionalis, Latham; Buse roussâtre. — Amér. mérid.
M. Guianensis, Daudin. — Amér. mérid.

24e Genre. — HERPÉTOTHÈRES, Vieillot.

Ερπετος, reptile; Θηραω, je persécute.

Cachinna, nom local. — Macagua, nom local chez les Indiens Guaranis.

Bec très-court, comprimé sur les côtés, à mandibule supérieure subitement recourbée dès la base vers la pointe, qui se termine en crochet; à bords festonnés; l'inférieure arrondie, échancrée à sa pointe, qui reçoit la partie crochue de la pre-

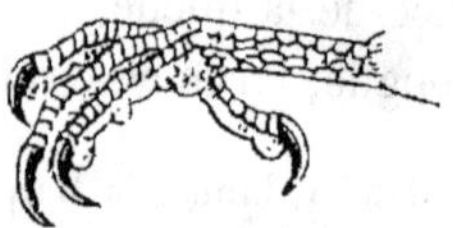

mière. — Narines larges, arrondies. — Tarses de la longueur du doigt médian, réticulés. — Doigts épais. — Ailes médiocres; les 3e, 4e et 5e rémiges les plus longues, dépassant à peine la naissance de la queue. — Queue allongée et arrondie. — Une espèce :

H. Cachinnans, Linné; Macagua ricaneur. — Amér. équat.

25e GENRE. — *CIRCAETUS*. Vieillot. CIRCAËTE.
Κίρκος, Buse; αετος, Aigle.

Bec robuste, épais, à base convexe, comprimé sur les côtés; à bords mandibulaires à peine festonnés. — Narines ovalaires, percées au bord de la cire, qui est velue. — Tarses plus longs que le doigt médian, un peu emplumés et entièrement réticulés.

— Doigts courts, presque égaux, robustes, couverts d'écailles dans la dernière moitié de leur longueur; l'externe uni au médian par une membrane. — Ongles courts et peu crochus. — Ailes allongées, aiguës; les 3e et 4e rémiges les plus longues, atteignant l'extrémité de la queue. — Queue longue, large et plus ou moins arrondie. — Trois espèces :

C. GALLICUS, Gmelin; le Jean-le-Blanc. — Europe.
C. THORACICUS, Cuvier; Circaëte à poitrine noire. — Afr. mérid.
C. CINEREUS, Vieillot; Circaëte gris. — Afr. orientale.

8e FAMILLE. — BUTÉONINÉS.

Bec assez fort, recourbé dès la base. — Jambes fortes; tarses plus ou moins emplumés. — Doigts robustes, surtout le pouce. — Lorums et narines couverts de poils. — Ailes presque aussi longues que la queue. — Neuf genres : SPILORNIS ou BACHA, BUTEO ou BUSE, TRACHYTRIORCHIS ou TACHUBUSE, BUTEOGALLUS ou

Buson, Archibuteo ou Archibuse, Poliornis ou Buse-Autour, Leucopternis, Gypoictinia, Pernis ou Bondrée.

Quelques auteurs n'admettent qu'un seul genre : Buteo, et considèrent les autres divisions de la famille comme autant de subdivisions ou sous-genres.

26e Genre. — *SPILORNIS*, Gray. Σπῖλος, rocher; ὄρνις, Oiseau. BACHA.

Tarses réticulés, plus longs que le doigt médian. — Une huppe

occipitale plus ou moins développée. — Ailes atteignant le milieu de la queue. — Trois espèces :

S. Bacha, Daudin; le Bacha. — Java.
S. Cheela, Daudin. — Himalaya.
S. Holospilus, Vigors. — Asie Orient.

27e Genre. — *BUTEO*, Cuvier. BUSE.

Synonymie : Pœcilopternis, Kaup. Ποικίλος, changeant; Πτέρνις, Buse Comme indication d'un plumage très-variable.

Bec large, courbé dès la base, à arête arrondie, comprimé sur les côtés, à bords mandibulaires festonnés. — Narines larges, ouvertes, arrondies, percées au milieu de la cire. — Tarses allongés, robustes, couverts d'écailles en avant et cachés en partie par l'allongement des plumes du tibia. — Doigts en partie couverts d'écailles; les antérieurs unis entre eux par une membrane. — Pouce aussi long que le doigt interne, tous deux vigoureux

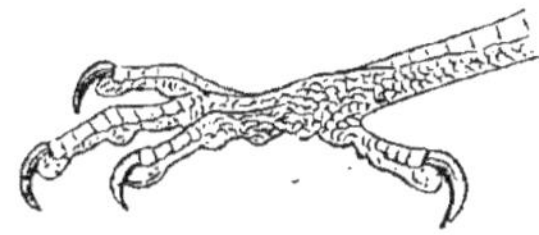

et armés de serres puissantes, crochues et acérées. — Des poils sur l'intervalle entre l'œil et les narines. — Ailes très-longues, obtuses, atteignant presque le milieu de la queue. — Queue médiocre, arrondie. — Douze espèces :

B. CINEREUS, Linné; Buse commune. — Eur., Asie.
B. JAPONICUS, Schlegel; Buse du Japon. — Asie.
B. DELALANDII, O. des Murs et J. Verr. — Afr. mérid.
B. RUFINUS, Ruppell; Buse roussâtre. — Afr. orient.
B. CANESCENS, Hodgson. — Asie.
B. JACKAL, Cuvier; Buse roux-noir. — Afr. mérid.
B. AUGUR, Ruppell; l'Hydrophile. — Afr. orient.
B. PLUMIPES, Hodgson. — Asie.
B. BOREALIS, Gmelin; Buse à queue rousse. — Amér.
B. SWAINSONII, Bonaparte. — Amér. du Nord.
B. LINEATUS, Gmelin; Buse d'hiver. — Amér. du Nord.
B. WILSONI, Bonaparte. — Amér.
B. Rufipennis. Sclater. — Asie.

LEUCOPTERNIS, Kaup. Λευκος, blanc; Πτερνης, Buse.

Bec épais, aussi haut que long. — Ailes plus courtes que la queue, qui est médiocre et arrondie. — Six espèces :

L. MELANOPS, Latham. — Amér. mérid.
L. KUHLI, Bonaparte. — Amér. mérid.
L. ALBICOLLIS, Latham. — Amér. mérid.
L. LACERNULATUS, Temminck; buse mantelée. — Amér. mérid.
L. POLIONOTUS, Gray. — Amér. mérid.
L. PŒCILONOTUS, Cuvier; Buse à dos tacheté. — Amér. mérid.

Gypoictinia, Kaup. Γυψ, Vautour; ικτιν. Milan.

Bec très-long. — Tarses scutellés dans leur première moitié, réticulés dans le reste de leur étendue. — Une espèce :

G. Melanosternum, Gould. — Australie.

28e Genre. — *TACHYTRIORCHIS*, Kaup. TACHUBUSE.
Ταχυς, vite; τριορχης, Buse.

Tarses et doigts scutellés. — Ailes atteignant ou dépassant l'extrémité de la queue. — Quatre espèces :

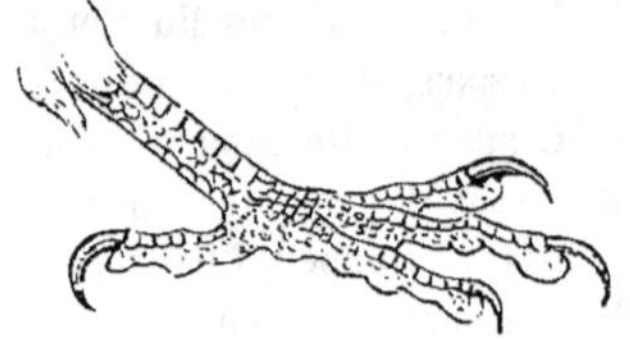

T. Pterocles, Temminck; Buse aux ailes longues. — Amér. mérid.
T. Erythronotus, King; Buse tricolore. — Amér. mérid.
T. Albinotatus, Kaup. — Amér. mérid.
T. Leucops, Kaup. — Galapagos.

29e Genre. — *BUTEOGALLUS*, Lesson. *Buteo*. Buse; *gallus*. Coq.
BUSON.

Synonymie : Ichthyoborus, Kaup. Ιχθυς, poisson; βορος, gourmand.

Bec long, d'abord droit, comprimé sur les côtés, à bords renflés simulant une dent; mandibule inférieure échancrée en avant. — Face nue. — Narines ouvertes, petites, arrondies, dorsales. — Tarses assez longs, emplumés jusqu'au genou seulement, squameux en avant, réticulés sur les côtés et en arrière.

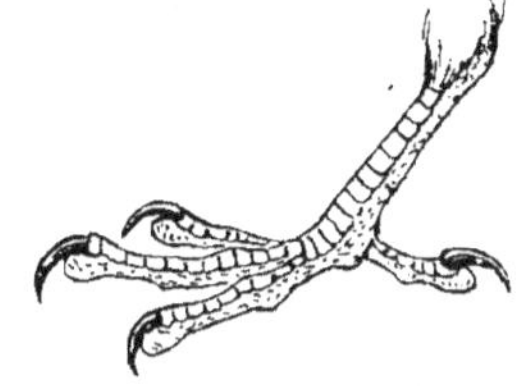

— Tête petite; corps lourd et massif. — Ailes concaves, n'atteignant que le milieu de la queue, qui est courte et carrée. — Deux espèces :

B. Buson, Daudin; Buse solitaire. — Amér. mérid.
B. Busarellus, Daudin; le Buseray. — Brésil.

30e Genre. — *ARCHIBUTEO*, Brehm. ARCHIBUSE.

Bec très-recourbé dès la base. — Narines obliques. — Tarses

emplumés jusqu'aux doigts. — Ailes aussi longues que la queue. — Quatre espèces :

A. Lagopus, Brunn; Buse patue. — Eur. et Asie.
A. Sancti-Johannis, Gmelin. — Amér. du Nord.
A. Strophiatus, Gray. — Asie.
A. Hemiptilopus, Blyth. — Asie.

31ᵉ Genre. — *POLIORNIS*. Kaup. Πολιος, gris; ορνις, oiseau.
BUSAUTOUR.

Bec court, élevé à la base, comprimé sur les côtés, à bords festonnés. — Narines ovalaires, marginales. — Tarses de la lon-

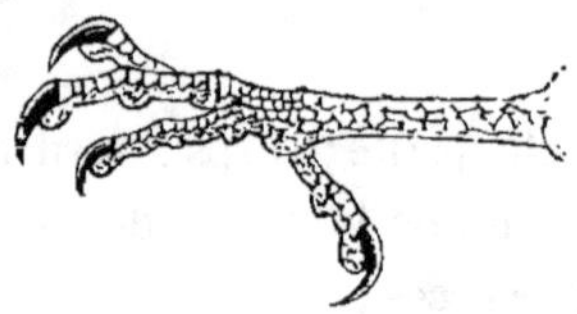

gueur du doigt médian, écussonnés — Doigts courts, ainsi que les ongles, qui sont tous de la même dimension. — Ailes longues; les 3ᵉ et 4ᵉ rémiges les plus grandes. — Queue longue, ample et arrondie. — Trois espèces :

P. Poliogenys, Temminck. — Asie.
P. Liventer, Temminck; Buse pâle. — Malaisie.
P. Teesa, Franklin; Buse Teesa. — Asie.

32ᵉ Genre. — PERNIS. Cuvier. Περνις. Bondrée.

Bec un peu allongé, à bord marginal presque droit, très-comprimé sur les côtés et à arête vive. — Narines elliptiques,

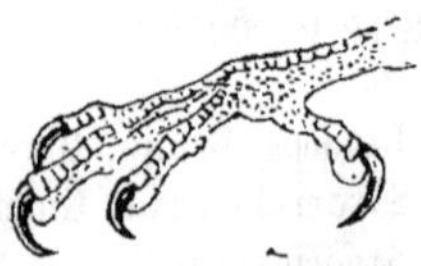

obliques. — Tarses courts, robustes, à demi emplumés, réticulés dans le reste de leur étendue. — Doigts couverts d'écailles dans la moitié de leur longueur jusqu'à l'ongle. — Ongles acérés; celui du pouce le plus fort de tous. — Ailes longues et aiguës; les 3e, 4e et 5e rémiges les plus grandes. — Queue longue, large et un peu arrondie. — Deux espèces :

P. Apivorus, Linné; Buse Bondrée. — Eur., Afr.
P. Cristata, Cuvier; Bondrée huppée. — Asie.

9e Famille. — MILVINÉS.

Type : *MILVUS*, MILAN.

Bec assez fort, comprimé latéralement, à arête vive, plus ou moins long, mince et recourbé, à bords festonnés ou dentés. — Narines obliques. — Tarses courts, emplumés un peu au-dessous de l'articulation et largement écussonnés ou réticulés. — Doigts longs ou courts, parfois grêles. — Ongles longs, plus ou moins forts, effilés et crochus. — Ailes longues. — Queue longue, deltoïdale, plus ou moins échancrée ou étagée. — Plumes de la tête formant parfois une huppe. — Huit genres : Milvus, Aviceda, Rostrhamus, Cymindis, Campsonyx, Nauclerus, Elanus et Ictinia.

33e Genre. — *MILVUS*. Cuvier. MILAN.

Bec assez fort, à arête vive, à bords festonnés. — Narines ovales, ouvertes obliquement sur la marge de la cire. — Tarses

courts, emplumés un peu au-dessous de l'articulation et largement écussonnés en avant. — Doigts courts; le médian uni à l'externe par un repli membraneux. — Ongles longs, faibles et effilés. — Ailes très-longues et étroites; les 3e et 4e rémiges les plus longues. — Queue longue, deltoïdale, plus ou moins échancrée ou étagée. — Six espèces :

M. Regalis, Brisson; Milan royal. — Europe.
M. Niger, Brisson; Milan noir. — Cosmopolite.
M. Govinda, Sykes; Milan Govinda. — Asie.
M. Affinis, Gould; Milan australien. — Australie.
M. Parasitus, Daudin; Milan parasite. — Afrique.
M. Isurus, Gould. — Australie.

31e Genre. — *AVICEDA*, Swainson. *Avis*, Oiseau; *cædo*, j'étrangle.
BAZA.

Synonymie : Lophotes, Lesson. Λοφος, crête.

Bec large et élevé à la base, à mandibule supérieure un peu allongée, recourbée, munie de deux dents aiguës à la pointe; mandibule inférieure courte, présentant deux échancrures correspondantes et coupée plus ou moins carrément à son extrémité — Narines étroites, basales. — Tarses courts, épais, de la

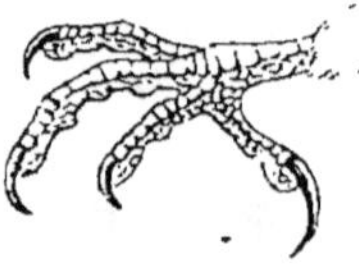

longueur du doigt médian, emplumés jusqu'au-dessous de l'articulation, recouverts dans le reste de leur étendue d'écailles ou de scutelles. — Doigts libres, les latéraux égaux. — Ongles plus ou moins crochus, faibles et comprimés. — Lorums garnis de petites plumes. — Tête huppée. — Ailes allongées presque jusqu'à l'extrémité de la queue; les 3e et 4e rémiges les plus longues. — Queue longue, ample et faiblement échancrée. — Cinq espèces :

A. Lophotes, Cuvier; Baza à crête. — Asie.
A. Reinwardtii, Schlegel. — Célèbes.
A. Frontalis, Daudin. — Afrique.
A. Subcristatus, Gould. — Australie.
A. Magnirostris, Kaup. — Philippines.

35e Genre. — ROSTRHAMUS, Lesson. *Rostrum*, bec; *hamus*, hameçon.

Bec long, fendu jusque sous les yeux, mince, terminé en croc allongé; mandibule inférieure mince et tronquée. — Narines basales, nues et arrondies. — Tarses courts, minces, à peine de

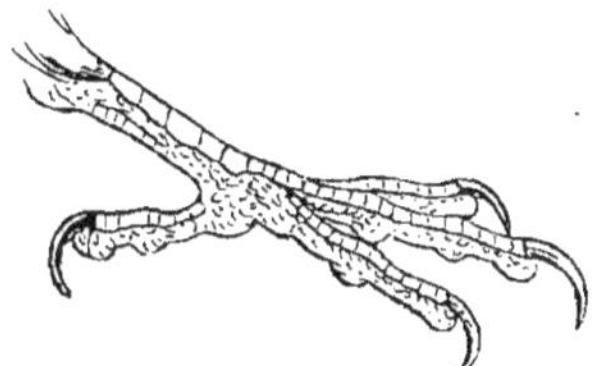

la longueur du doigt médian, à demi vêtus, et recouverts dans l'autre moitié de larges scutelles. — Doigts grêles, allongés, recouverts d'écailles dans toute leur longueur et isolés; les latéraux égaux. — Ongles minces, très-longs, aigus — Lorum nu. — Ailes longues et aiguës; les 3e et 4e rémiges les plus longues. — Queue moyenne, échancrée. — Une espèce :

R. Hamatus, Illiger. — Amér. mérid.

36e Genre. — CYMINDIS, Cuvier. Κυμινδις, Hibou.??

Bec assez élevé, long, très-comprimé sur les côtés, à mandibule supérieure graduellement inclinée vers la pointe, qui est très-crochue. — Narines basales, à moitié engagées dans les

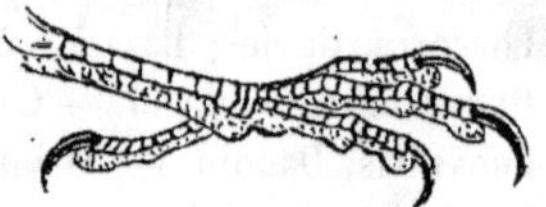

plumes du front. — Tarses courts, de la longueur du doigt médian, épais, un peu emplumés au-dessous de l'articulation et scutellés dans le reste de leur étendue. — Doigts isolés, entièrement recouverts d'écailles; les latéraux égaux. — Ongles courts et arqués. — Ailes longues, les 3e, 4e et 5e rémiges les plus longues, mais n'atteignant pas l'extrémité de la queue — Trois espèces :

C. CAYANENSIS, Gmelin. — Amér. mérid.
C. UNCINATUS, Illiger; le Bec-en-croc. — Amér. mérid.
C. WILSONI, Cassin. — Amér. mérid.

37e GENRE. — GAMPSONYX, Vigors. Γαμψος, courbé; ονυξ, ongle.

Bec très-court, élevé à la base, brusquement incliné vers la pointe. — Narines ovalaires, percées dans une cire très-étroite et en partie cachées dans les plumes sétiformes du front. —

Tarses plus courts que le doigt médian, robustes, légèrement emplumés au-dessous de l'articulation et réticulés dans le reste de leur étendue. — Doigts longs, épais; les latéraux presque égaux; le pouce aussi long que ceux-ci. — Ongles longs, courbés et aigus, celui du pouce de la longueur de celui du doigt médian.—Ailes longues et pointues, les 2e et 3e rémiges les plus grandes, arrivant aux deux tiers de la queue. — Queue longue et légèrement arrondie. — Une espèce :

G. Swainsoni, Vigors; Milan à collier. — Amér. mérid.

38e Genre. — *NAUCLERUS*, Vigors.
Ναυκληρος, pilote, queue en gouvernail.

Synonymie : Chelidopteryx, Kaup. Κελιδων, Hirondelle; πτερυξ, penne, à cause de la forme de la queue.

Bec court, faible, élevé à la base, à bords mandibulaires sinueux. — Narines ovales, garnies de poils ou de soies à la base. — Cire assez développée. — Tarses courts, emplumés au-dessous de l'articulation et réticulés dans le reste de leur étendue.

— Doigts recouverts d'écailles. — Ongles faibles, celui du pouce le plus long et le plus fort. — Ailes très-longues et pointues; les 2e et 3e rémiges les plus grandes. — Queue très-longue, profondément fourchue et taillée comme celle des hirondelles. — Deux espèces :

N. Furcatus, Vigors; Milan de la Caroline. — Amér. et Europe.
N. Riocourii, Vieillot; Milan Riaucour. — Amérique.

39e Genre. — *ELANUS*, Savigny. Ελανος, Milan.
Couhyeh, nom local arabe.

Bec court, comprimé jusqu'à la pointe, à arête vive, à base largie, à bords mandibulaires, garnis d'un feston très-prononcé et presque aigu. — Narines ovalaires. — Cire étroite. — Tarses

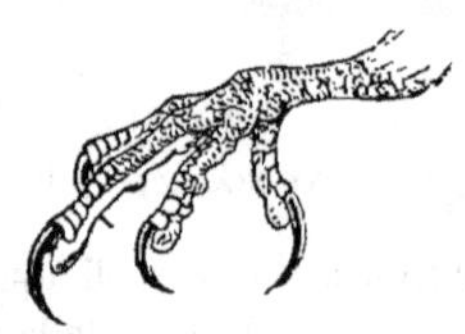

plus courts que le doigt médian, en partie emplumés, réticulés sur le reste de leur étendue. — Doigts épais, l'externe un peu plus court que l'interne. — Ongles robustes et recourbés, celui du pouce plus long et plus fort. — Ailes allongées, pointues, atteignant ou dépassant même l'extrémité de la queue; les 2e rémige la plus longue. — Queue longue, légèrement échancrée. — Cinq espèces :

E. Melanopterus, Daudin. — Afrique.
E. Axillaris, Latham. — Australie.
E. Minor, Bonaparte. — Asie.
E. Scriptus, Gould. — Australie.
E. Leucurus, Vieillot. — Amérique.

40e. Genre. — *ICTINIA*, Vieillot. Ικτιν, Milan.

Bec court, élargi à la base; feston de la mandibule supérieure dilaté et saillant, presque en forme de dent. — Mandibule inférieure droite, obtuse et échancrée à son extrémité. — Narines latérales, lunulées. — Tarses de la longueur du doigt médian, épais, en partie emplumés, scutellés dans le reste de leur étendue et réticulés en arrière. — Doigts courts et épais, couverts

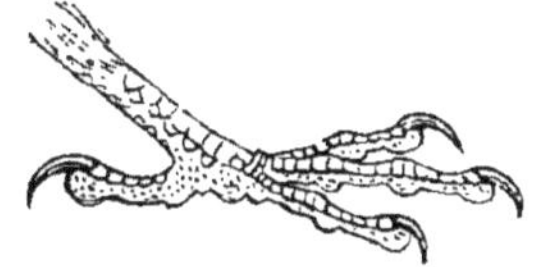

d'écailles dans toute leur longueur; les latéraux égaux; le pouce assez long. — Ongles courts, comprimés et aigus. — Ailes très-longues; la 3e rémige la plus grande et dépassant de beaucoup la queue. — Queue médiocre, un peu fourchue. — Deux espèces :

I. Plumbeus, Gmelin; I. bleuâtre. — Amér. mérid.
I Mississipiensis, Wilson; I. ophiophage. — Amér. du Nord.

10e Famille. — FALCONINÉS.

Bec élevé à la base, robuste, peu allongé, régulièrement courbé jusqu'à la pointe, comprimé latéralement, à bords mandibulaires armés d'une ou de deux dentelures bien prononcées. — Narines nues et arrondies. — Tarses courts, robustes, couverts d'écailles; jambes emplumées jusqu'à l'articulation, les plumes de la jambe couvrant la partie supérieure du tarse. — Doigts et pouce longs, plus ou moins robustes. — Ongles vigoureux, fortement recourbés; celui du pouce long et très-fort. — Ailes longues. — Queue large et arrondie. — Six genres : Falco, Ieracidea, Hypotriorchis, Tinnunculus, Harpagus et Ierax.

41e Genre. — *FALCO*, Linné, FAUCON

Bec robuste; bord de la mandibule supérieure muni d'un feston saillant en forme de dent, correspondant à une échancrure de la mandibule inférieure qui est tronquée en avant. — Narines nues et arrondies avec un tubercule central. — Tarses

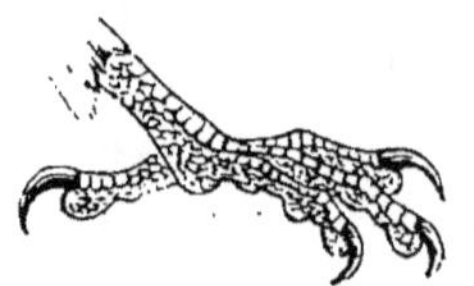

courts, robustes, couverts d'écailles hexagonales irrégulièrement disposées. — Doigts longs et robustes, les latéraux égaux, armés d'ongles vigoureux fortement recourbés et acérés. — Pouce long et fort, avec un ongle long et très-fort. — Ailes longues et aiguës, les 2e et 3e rémiges les plus longues; la première et la deuxième échancrées à la pointe. — Queue large et arrondie. — Dix-neuf espèces :

F. Peregrinus, Gmelin; F. Pèlerin. — Cosmopolite.
F. Melanogenys, Gould; F. à joues noires. — Océanie.
F. Peregrinator, Sunder; V. Sultan. — Asie.
F. Anatum, Bonaparte. — Amér. du Nord.
F. Minor, Schlegel. — Afr. mérid.
F. Peregrinoïdes, Temminck. — Afr. sept. et orient.
F. Candicans, Gmelin; F. blanc. — Groënland.
F. Islandicus, Brünn; F. Islandais. — Islande.
F. Gyrfalco, Schlegel; F. Gerfaut. — Norvége.
F. Subniger, Gray. — Australie.
F. Hypoleucus, Gould. — Australie.
F. Mexicanus, Lichtenstein. — Mexique.
F. Sacer, Schlegel; F. Sacre. — Eur. orient., Asie.
F. Jugger, Gray. — Asie

F. Lanarius, Schlegel; F. Lanier. — Dalmatie.
F. Barbarus, Linné; F. Alphanet. ? — Afr. sept.
F. Cervicalis, Lichtenstein; F. biarmique. — Afr. austr.
F. Tanypterus, Lichtenstein. — Afr. orient.
F. Chicquera, Daudin; F. Chiquera. — Afr., Asie.

42e Genre. — *IERACIDEA*, Gould. Ιεραξ, Faucon; ειδος, forme.

Bec robuste; deux festons dentiformes à la mandibule supérieure. — Tarses assez longs et assez grêles, couverts en avant

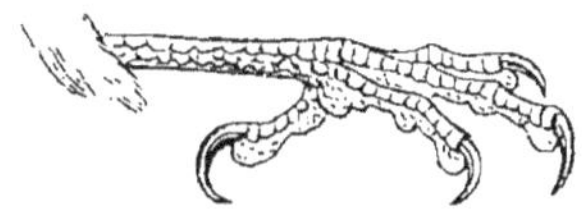

d'écailles hexagonales. — Doigts grêles; le pouce court. — Ongles médiocres. — La 3e rémige la plus longue. — Trois espèces :

I. Novæ Zeelandiæ, Gmelin. — Océanie.
I. Berigora, Gould. — Australie.
I. Occidentalis, Gould. — Australie.

43e Genre. — *HYPOTRIORCHIS*, Boié. Υπο, sous; τριορχης, Busc.
ÉMÉRILLON.

Synonymie : Æsalon, Kaup. Αισαλων, Émerillon.

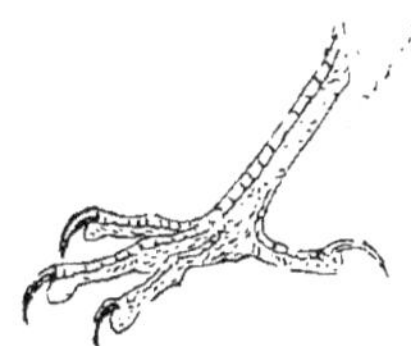

Tête assez grosse, arrondie. — Bec festonné, solide, tranchant.

— Ailes allongées, dépassant l'extrémité de la queue. — Tarses grêles; doigts longs. — Dix espèces :

F. Æsalon, Gmelin; Émérillon. — Eur. et Asie.
F. Eleonoræ, Gene; F. Éléonore. — Eur. mérid. et Afr.
F. Concolor, Temminck. — Afr. mérid.
F. Subbuteo, Linné; Hobereau commun. — Cosmopolite.
F. Frontatus, Gould. — Australie.
F. Severus, Horsfield; F. Aldrovandin. — Malaisie.
F. Aurantius, Gmelin; F. Orangé. — Amér. mérid.
F. Ardesiacus, Vieillot. — Afrique.
F. Femoralis, Temminck; F. à culotte rousse. — Amér. mérid.
F. Columbarius, Linné. — Amér. du Nord.

44e Genre. — *TINNUNCULUS*, Vieillot. CRÉCERELLE ou CRESSERELLE.

Synonymie : Cerchneis, Boié. Κερχνεῖς, nom grec de l'oiseau.

Tarses emplumés à leur tiers supérieur. — Ailes plus courtes que la queue — Ongles noirs. — Treize espèces :

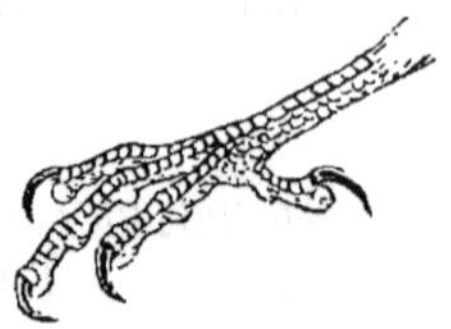

T. Alaudarius, Brisson; la Cresserelle. — Cosmopolite.
T. Cenchris, Naumann; la Cresserellette. — Eur. et Asie
T. Vespertinus, Linné; Faucon Kobez. — Cosmopolite.
T. Semitorquatus, Smith. — Afr. mérid.
T. Japonicus, Schlegel. — Japon.
T. Moluccensis, Schlegel. — Océanie.
T. Rupicolus, Daudin; F. montagnard. — Afr. austr.
T. Punctatus, Cuvier. — Madagascar.
T. Gracilis, Lesson. — Seychelles.
T. Cenchroides, Vigors et Horsfield. — Australie.

T. Sparverius, Linné. — Amérique.
T. Sparveroides, Vigors. — Amér. mérid.
T. Cinnamomeus, Swainson. — Amér. mérid.

45e Genre. — *HARPAGUS*, Vigors. Αρπαξ, rapace.
DIODON, Lesson. Δις, bis; οδὼν, dent.

Bec court, épais, à mandibule supérieure à peine plus longue que l'inférieure, munie de deux dents, dont l'une forte et plus saillante que l'autre.— Narines ovales, peu apparentes.— Tarses

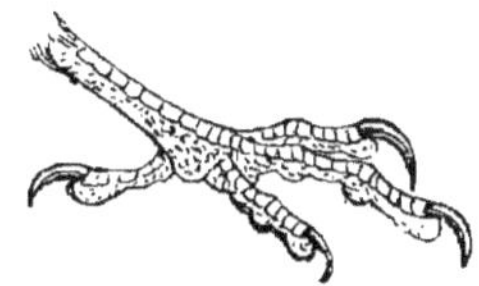

grêles, de même longueur que le doigt médian, recouverts en avant de larges écailles en scutelles. — Doigts médiocres. — Ailes courtes, à 3e, 4e et 5e rémiges les plus longues, dépassant à peine la naissance de la queue. — Queue longue et arrondie. — Deux espèces :

H. Bidentatus, Latham; Diodon. — Brésil.
H. Diodon, Temminck. — Amér. mérid.

46e Genre. — *IERAX*, Vigors. Ιεραξ, Faucon.

Bec court. — Mandibule supérieure fortement dentée; l'in-

férieure simplement échancrée. — Tarses médiocres, scutellés.

— Ailes courtes; la 2e rémige la plus longue, légèrement échancrée près de l'extrémité. — Trois espèces :

I. Cœrulescens, Linné; F. Moineau. — Asie.
I. Bengalensis, Brisson. — Asie.
I. Sericeus, Gray. — Chine.

11e Famille. — ACCIPITRINÉS.

Bec court, recourbé dès la base, à bords comprimés, à bords mandibulaires fortement et largement festonnés. — Narines arrondies ou ovalaires. — Tarses généralement longs et plus ou moins grêles, légèrement emplumés au-dessous de l'articulation. — Doigts assez allongés, généralement maigres. — Ongles longs, larges, très-recourbés et très-aigus. — Ailes généralement longues, mais ne couvrant pas toute la queue, qui est ample, assez longue, carrée ou arrondie. — Sept genres : Astur ou Autour, Micrastur, Geranospiza, Asturina, Accipiter ou Épervier, Micronisus et Melierax.

47e Genre. — *ASTUR*, Lacépède. AUTOUR.

Bec court, large et élevé à la base, très-arqué jusqu'à la pointe. — Tarses de la longueur du doigt médian, scutellés en

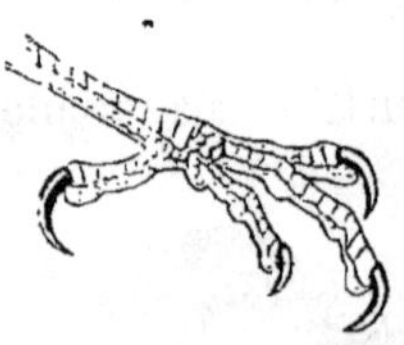

avant et en arrière. — Doigts allongés, vigoureux; le pouce et l'interne d'égale longueur, munis d'ongles longs, robustes, fortement arqués et acérés. — Ailes longues, ne recouvrant que la moitié de la queue, à 3ᵉ, 4ᵉ et 5ᵉ rémiges les plus grandes. — Queue longue, élargie, arrondie ou légèrement échancrée. — Huit espèces :

A. Palumbarius, Linné; l'Autour. — Cosmopolite.
A. Radiatus, Latham. — Australie.
A. Novæ-Hollandiæ, Gmelin. — Australie.
A. Rayi, Vigors. — Australie.
A. Trivirgatus, Temminck. — Philippines.
A. Melanoleucus, Smith. — Afr. mérid.
A. Atricapillus, Wilson. — Amér. du Nord.
A. Cooperi, Bonaparte. — Amér. du Nord.

48ᵉ Genre. — *MICRASTUR*, Gray. Μικρος, petit; *Astur*, Autour.

Bec court, élevé à la base et très-arqué jusqu'à la pointe, qui est aiguë, à bords mandibulaires ondulés. — Cire presque entièrement couverte de poils. — Lorums nus. — Narines longues

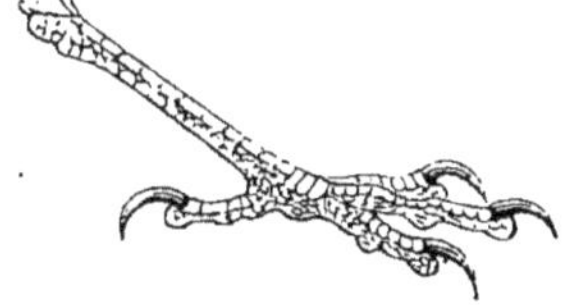

et largement ouvertes. — Tarses un peu plus longs que le doigt médian, grêles, largement scutellés au-dessus. — Doigts longs et minces, les latéraux égaux, le pouce aussi long que le doigt interne, tous deux munis d'ongles plus forts et plus crochus. — Ailes courtes, arrondies, à 4ᵉ, 5ᵉ et 6ᵉ rémiges les plus longues. — Queue longue et arrondie. — Quatre espèces :

M. Brachypterus, Temminck. — Amér. mérid.
M. Xanthothorax, Temminck. — Amér. mérid.
M. Concentricus, Illiger. — Amér. mérid.
M. Guerilla, Cassin. — Amérique.

49e Genre. — *GERANOSPIZA*, Kaup. Γερανος, Grue; σπιζα, Accipitre.

Bec médiocre, incliné dès la base, à bords mandibulaires profondément festonnés. — Narines marginales, subovales. — Tarses

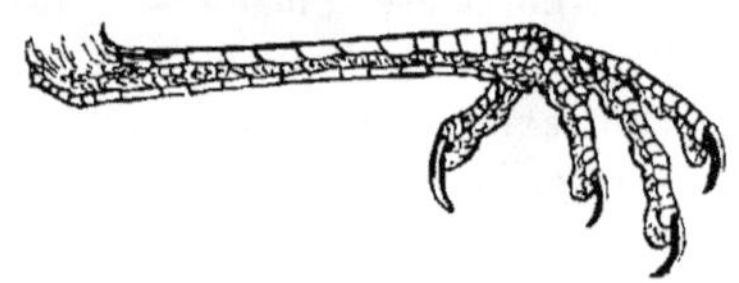

deux fois aussi longs que le doigt médian, très-grêles, recouverts de larges scutelles en avant et en arrière. — Doigts courts et minces. — Ongles courts, aigus et peu arqués. — Ailes longues; les 4e et 5e rémiges les plus grandes. — Queue longue et arrondie. — Deux espèces :

G. Gracilis, Temminck. — Amér. mérid

G Nigra, Gray. — Amérique.

50e Genre. — *ASTURINA*, Vieillot. (Diminutif d'*Astur*.)

Ailes atteignant le milieu de la queue qui est assez longue. — Tarses forts. — Doigts allongés. — Cinq espèces :

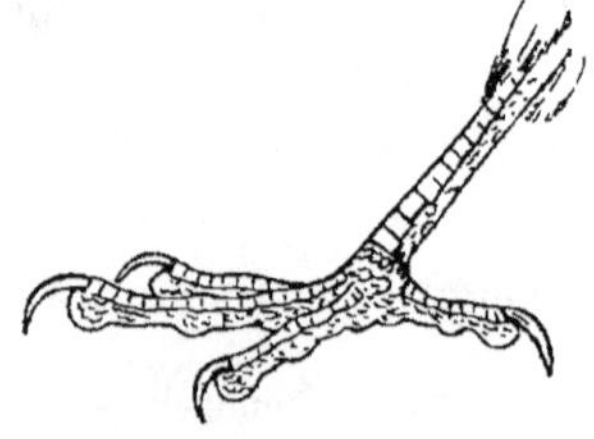

A. Leucorrhous, Quoy et Gaimard. — Amér. mérid.

A. Poliogaster, Temminck. — Brésil.

A. NITIDUS, Latham. — Brésil.
A. ALBIFRONS. Kaup. — Amér. mérid.
A. MAGNIROSTRIS. Gmelin; Épervier à gros bec, Buffon. — Brésil.

51e GENRE. — *ACCIPITER*, Brisson. ÉPERVIER.

NISUS, Cuvier; nom mythologique.

Bec court, à bords festonnés. — Narines médianes, elliptiques et en partie engagées dans les plumes sétiformes du front. —

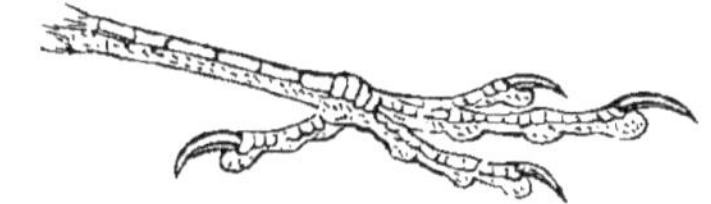

Tarses de la longueur du doigt médian, minces, très-grêles, scutellés en avant. — Doigts longs et minces. — Ongles du pouce et du doigt interne égaux et plus forts. — Formes sveltes et élancées. — Ailes médiocres, à 4e et 5e rémiges les plus longues et dépassant le croupion. — Queue longue, ample, plus ou moins arrondie ou carrée. — Quinze espèces :

A. NISUS, Linné; l'Épervier. — Eur., Asie, Afr.
A. PILEATUS, Wied; Éperv. chaperonné. — Amér. mérid.
A. FUSCUS, Gmelin. — Amér. sept.
A. ERYTHRONEMIUS, Gray. — Amér. mérid.
A. TACHIRO, Daudin. — Afr. mérid. et orient.
A. RUFIVENTRIS, Smith. — Afr. mérid. et orient.
A. MADAGASCARIENSIS, Verreaux. — Madagascar.
A. TINUS, Latham. — Amér. mérid.
A. MINULLUS, Daudin. — Afr. mérid.
A. VIRGATUS, Temminck. — Amér. mérid.
A. TORQUATUS, Cuvier. — Australie.
A. CRUENTUS, Gould. — Australie.

A. Approximans, Vigors. — Australie.
A. Trinotatus, Temminck. — Célèbes.
A. Iliogaster, Müller. — Amboine.

52e Genre. — *MICRONISUS*, Gray. Μικρος, petit; Nisus.

Ailes courtes, dépassant à peine la naissance de la queue. — Tarses moyens; doigts courts. — Sept espèces :

M. Soloensis, Horsfield. — Asie et Océanie.
M. Francesii, Smith. — Madagascar.
M. Badius, Gmelin. — Asie.
M. Sphenurus, Ruppell. — Afr. mérid. et orient.
M. Gabar, Daudin. — Afr. mérid.
M. Niger, Vieillot. — Afr. mérid.

53e Genre. — *MELIERAX*, Gray. Μελος, chant; ιεραξ, Faucon.

Bec élevé à la base, assez allongé et médiocrement arqué jusqu'à la pointe, qui est crochue; bords mandibulaires à peine festonnés. — Narines arrondies, largement couvertes et en partie cachées dans les poils de la cire. — Tarses deux fois aussi

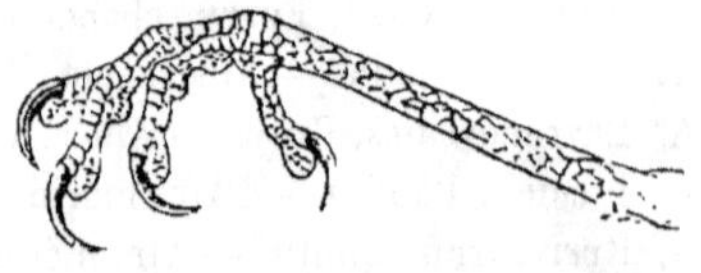

longs que le doigt médian, couverts de larges scutelles en avant. — Doigts proportionnellement courts; les latéraux égaux, le pouce aussi long que le doigt interne; tous armés d'ongles longs et crochus. — Ailes longues; les 3e, 4e et 5e rémiges les plus grandes. — Queue longue et ample. — Deux espèces :

M. Musicus, Daudin. — Afr. mérid.
M. Polyzonus, Ruppell — Afr. orient.

12e Famille. — CIRCINÉS.

Type : *CIRCUS*, BUSARD.

Bec assez élevé à la base, comprimé sur les côtés, à bords mandibulaires ondulés ou festonnés. — Narines longitudinales, percées parallèlement à l'arête du bec, masquées par les longs poils qui couvrent la cire et se dirigent en avant. — Souvent un masque semi-circulaire de plumes rayonnantes s'étend des deux côtés de la face, du menton aux oreilles, et présente un des caractères du sous-ordre des nocturnes. — Tarses assez longs et assez grêles, comprimés, scutellés en avant et réticulés en arrière, plus longs que le doigt médian. — Doigts médiocres. — Ongles très-aigus. — Ailes longues, à 4e et 5e rémiges les plus grandes. — Queue longue, ample, égale ou arrondie. — Trois genres : Circus, Craxirex et Strigiceps.

54e Genre. — *CIRCUS*, Lacépède. Χιρκος, cercle. BUSARD.

Synonymie : Craxirex, Gould; *Crax*, nom propre; *rex*, roi. Strigiceps, Bonaparte; *Strix*, Chouette; *caput*, tête. Spilocircus, Kaup; Σπιλος, rocher.

Bec assez élevé à la base, à bords mandibulaires présentant

un feston dentiforme. — Narines ovales. — Tarses longs et grêles. — Doigts médiocres, les latéraux égaux. — Ongles assez

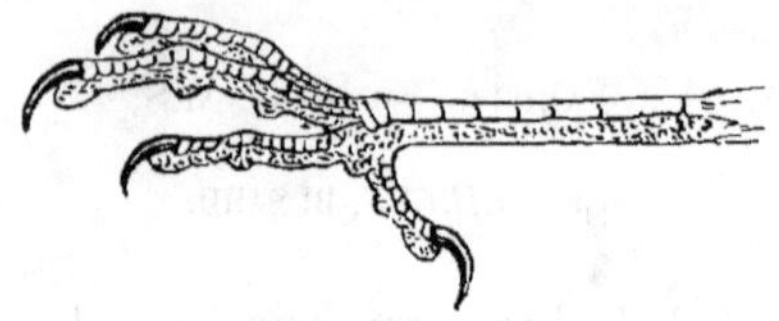

allongés, très-aigus. — Ailes longues. — Queue longue, ample et égale. — Quatorze espèces :

C. Æruginosus, Linné; Busard de marais, Harpaye. — Cosmopolite.
C. Gouldii, Bonaparte; — Australie.
C. Ranivorus, Daudin; le Grenouillard. — Afr. mérid.
C. Spilonotus, Kaup. — Asie.
C. Macropterus, Vieillot. — Amér. mérid.
C. Galapagoensis, Gould. — Amér. mérid.
C. Cyaneus, Linné; Busard Saint-Martin ou Soubuse. — Cosmopolite.
C. Cinerascens, Montagu; Busard Montagu. — Cosmopolite.
C. Pallidus, Sykes; Busard pâle. — Eur., Asie.
C. Jardinii, Gould. — Australie.
C. Ater, Vieillot; Busard maure. — Afr. mérid.
C. Melanoleucus, Gmelin; Busard Tchoug. — Asie.
C. Histrionicus, Quoy et Gaimard; Busard bariolé. — Amér. mérid.
C. Hudsonius, Linné. — Amérique.

DEUXIÈME SOUS-ORDRE.

ACCIPITRES NOCTURNES.

Yeux gros, à fleur de tête, dirigés en avant et entourés d'un cercle de plumes sétacées, rigides, formant, par leur rayonnement circulaire, deux disques au milieu desquels sort le bec. — Base du bec sans cire, mais couverte par une peau velue. — Tarses et doigts généralement couverts de plumes jusqu'aux ongles. — Ongles forts, aigus et rétractiles; celui du doigt externe versatile. — Plumage léger, abondant, soyeux — Tête très-grosse. — Ce sous-ordre ne forme qu'une tribu : les Strigidés.

Les Accipitres nocturnes ne présentent qu'un seul type avec des modifications peu importantes. Tous offrent les mêmes caractères essentiels qui ne permettent pas de les confondre avec aucun autre Rapace; mais les uns ont la face encadrée dans deux disques latéraux, dont l'œil est à peu près le centre, et n'ont pas d'aigrettes; les autres, avec des disques latéraux, ont sur la tête deux aigrettes divergentes; les autres enfin n'ont qu'un seul disque facial, dont le bec est à peu près le centre, et dont la partie supérieure seulement est échancrée. Leurs ongles sont longs, recourbés, très-aigus et rétractiles.

Quatrième Tribu. — **STRIGIDÉS.**

Type : *SRIX*, EFFRAIE.

Bec droit à la base, recourbé à la pointe. — La tête a deux aigrettes ou est sans aigrettes. — Trois familles : les Surniinés ou Chouettes, les Buboninés ou Hibous, et les Striginés ou Effraies.

13e Famille. — SURNIINÉS.

Type : *SURNIA*, CHOUETTE.

Tête volumineuse, arrondie, sans aigrettes, sans conque évasée. — Disques développés et complets. — Tarses et doigts emplumés jusqu'aux ongles. — Neuf genres : Surnia, Nyctea, Ulula, Glaucidium, Athene et Ciccaba, Syrnium, Ptynx et Nyctale.

55e GENRE. — *SURNIA*, Duméril. Συρνιον, Chouette.

Bec court, comprimé sur les côtés, parfois légèrement ondulé sur ses bords mandibulaires, à arête très-arquée jusqu'à la pointe, qui est crochue et aiguë ; en grande partie caché par les plumes sétiformes qui en garnissent la base et qui sont projetées en avant jusqu'à la pointe. — Narines basales, ovalaires,

entièrement couvertes par les poils. — Tarses courts, de la longueur du doigt médian, entièrement couverts de plumes épaisses, ainsi que les doigts, jusqu'à l'origine des ongles, qui sont arqués et très-aigus. — Disque facial complet ; tête sans aigrettes. — Ailes longues; les trois premières rémiges échancrées profondément à leurs barbes internes; la 3e la plus longue. — Queue médiocre, large, cunéiforme ou carrée. — Une espèce :

S. FUNEREA, Latham; Chouette Caparacoch. — Cosmopolite.

56e GENRE. — *NYCTEA*, Stéphens. Νύξ, nuit.

Tête ronde. — Bec court, presque entièrement caché dans les

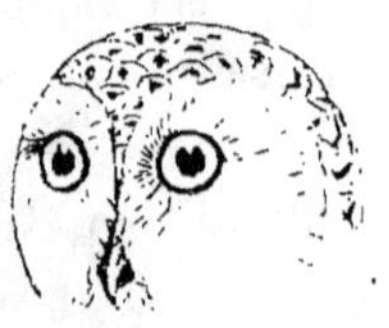

plumes du disque facial qui est complet. — Ailes longues —

Tarses courts couverts de plumes, ainsi que les doigts. — Une espèce :

N. NIVEA, Daudin; Chouette Harfang. — Cosmopolite, Boréale.

57e GENRE. — *ULULA*, Cuvier.

Synonymie : SCOTIAPTEX, Swainson. Σκοτια, obscurité; πτησσω, j'acclame.

Bec court. — Narines basales, ovalaires. — Tarses courts, robustes, complétement emplumés. — Doigts emplumés. — On-

gles vigoureux, crochus et acérés. — Tête grosse, disque facial large et arrondi. — Ailes assez longues. — Queue plus ou moins courte — Deux espèces :

U. NEBULOSA, Bonaparte; Chouette nébuleuse. — Eur. et Amér.
U. CINEREA, Gmelin. — Cosmopolite.

58e GENRE — *GLAUCIDIUM*, Boié. Γλαυκος, bleuâtre; yeux bleuâtres.

Tête petite ; disque facial incomplet. — Tarses et doigts emplumés. — Deux espèces :

G. Passerium, Linné; Chouette Chevêchette. — Eur. et Asie.

G. Elatum, Natterer. — Mexique.

59e Genre. — *ATHENE*[1], Boié. CHEVÊCHE; *NOCTUA*, Savigny, oiseau de nuit.

Synonymie : Carine, Kaup; Καρινη, pleureuse. Nyctipetes, Swainson; Νυξ, nuit; πετομαι, je désire.

Bec court. — Narines marginales, elliptiques, tubulaires, percées dans un renflement formé aux dépens de la base du bec

et entièrement recouvertes par les poils. — Tarses plus longs que le doigt médian, et couverts de plumes courtes, sétiformes ou effilées et plus ou moins rares. — Doigts couverts aussi en dessus de plumes de même nature. — Ongles longs, recourbés et très-aigus. — Ailes plus ou moins allongées et arrondies; les 3e et 4e rémiges les plus longues. — Queue médiocre. — Trente-neuf espèces :

A. Noctua, Retzius; Chouette Chevêche. — Cosmopolite.

A. Perlata, Vieillot. — Afr. mér. et occid.

A. Licua, Lichtenstein. — Afr. mér.

A. Capensis, Smith. — Afr. mér.

A. Infuscata, Temminck. — Am. mér.

[1] On disait en grec γλαῦκας εἰς Ἀθήνας φέρειν), porter des Chouettes à Athènes, dans le même sens que nous disons porter de l'eau à la rivière.

A. Nana, King. — Amér. mér
A. Ferruginea, Wied. — Amér. mér.
A. Minutissima, Wied. — Amér. mér.
A. Fusca, Vieillot. — Amér., Antilles.
A. Dominicensis, Gmelin. — Antilles.
A. Cunicularia, Molina. — Amér. mér.
A. Hypogea, Bonaparte. — Amér. sept.
A. Brama, Temminck. — Asie mér.
A. Superciliaris, Vieillot. — Asie mér.
A. Leucolaima, Hombron. — Océanie.
A. Sylvatica, Bonaparte. — Sumatra.
A. Brodiei, Burton. — Asie.
A. Radiata, Tickell. — Asie.
A. Castanoptera, Horsfield. — Java.
A. Cuculoides, Vigors. — Asie.
A. Humeralis, Hombron. — Océanie.
A. Hirsuta, Temminck. — Asie.
A. Borneensis, Schlegel. — Malaisie.
A. Japonica, Schlegel. — Japon.
A. Guteruhi, Müller. — Timor.
A. Squamipila, Bonaparte. — Céram.
A. Punctulata, Quoy. — Célèbes.
A. Variegata, Quoy. — Archipel ind.
A. Ocellata, Hombron. — Océanie.
A. Jacquinoti, Hombron. — Océanie.
A. Novæ-Zelandiæ, Gmelin. — Nouvelle-Zélande.
A. Albifacies, Gray. — Nouv.-Zélande.
A. Forsteni, Bonaparte. — Ceylan.
A. Maculata, Vigors. — Australie.
A. Marmorata, Gould. — Australie.
A. Boobook, Gould. — Australie.
A. Connivens, Latham. — Australie.
A. Strenua, Gould. — Australie.
A. Rufa, Gould. — Australie.

60e Genre. — *CICCABA*, Wagler, Κικκαβη, Chat-huant. ISIS.
NINOX, Hodgson. *Nisus*, Épervier; *nox*, nuit.

Queue longue. — Doigts nus. — Neuf espèces :

C. Hulula, Daudin. — Amér. mér.
C. Torquata, Daudin. — Afrique.
C. Melanonota, Tschudi. — Am. mér.
C. Lathami, Bonaparte. — Amérique.
C. Gisella, Bonaparte. — Am. mér.
C. Leptogrammica, Temminck. — Bornéo.
C. Myrtha, Bonaparte. — Sumatra.
C. Pagodarum, Temminck. — Java.
C. Peli, Temminck. — Afrique.

61e Genre. — *SYRNIUM*, Savigny, Συρνιον. Chouette. CHAT-HUANT.

Bec médiocre, court, large à la base, à demi caché dans les plumes du disque. — Narines basales, ovalaires. — Tarses

courts, robustes, couverts, ainsi que les doigts, de plumes épaisses. — Ongles longs, minces, fortement recourbés et aigus. — Tête généralement grosse et comme aplatie en arrière. — Ailes arrondies; les 4e et 5e rémiges les plus longues. — Queue courte, plus ou moins arrondie. — Treize espèces :

S. Aluco, Linné; la Hulotte. — Cosmopolite.
S. Nivicolum, Hodgson. — Asie.
S. Indranee, Sykes. — Asie.
S. Sinensis, Latham. — Asie.
S. Philippense, Gray. — Philippines.
S. Woodfordii, Smith. — Afrique.
S. Hylophila, Temminck. — Am. mér.
S. Suinda, Vieillot. — Pérou.
S. Fasciata, Vieillot. — Amér. mér.
S. Cayanensis, Gmelin. — Amér. mér.
S. Albitarse, Gray. — Amér. mér.
S. Squamulata, Lichtenstein. — Amérique mér.
S. Macabrum, Bonaparte. — Amérique mér.

62e Genre. — *PTYNX*, Blyth. Πτυγξ, oiseau de nuit; insolent.

Tête grosse. — Queue longue et étagée. — (*Voy.* p. 271
Deux espèces :

P. Uralensis, Pallas; Chouette de l'Oural. — Eur. sept., Sibérie
P. Fuscescens, Temminck. — Japon.

63e Genre. — *NYCTALE*, Brehm. Νυκταλος, nocturne.

Bec petit, comprimé sur les côtés, à arête recourbée de la base

à la pointe, qui est crochue. — Narines petites, transversales, marginales et de forme ovalaire. — Tarses courts, de la longueur du doigt médian, recouverts de plumes épaisses, ainsi que les doigts. — Ongles minces, arqués et aigus. — Tête grosse; disques assez larges et presque complets. — Ailes médiocres, arrondies; les 3e et 4e rémiges les plus longues. — Queue assez longue et arrondie. — Quatre espèces :

N. Funerea, Linné; Chouette Tengmalm. — Eur. et Asie.
N. Richardsoni, Bonaparte. — Amér. sept.
N. Acadica, Gmelin. — Amér. sept.
N. Siju, d'Orbigny. — Cuba.

14e Famille. — BUBONINÉS.

Type : *BUBO*, DUC.

Tête assez grosse, aplatie; deux aigrettes de plumes, prenant naissance au-dessus de chaque sourcil, divergentes. — Disques complets. — Tarses et doigts emplumés ou nus. — Huit genres : Ketupa, Lophostrix, Ephialtes, Scops, Ascalaphia, Bubo, Otus et Brachyotus.

64e Genre. — KETUPA, Lesson.

Ketupu, nom local.

Bec assez long, large et épais à la base, droit dans la première moitié de sa longueur, recourbé à la pointe, qui est cro-

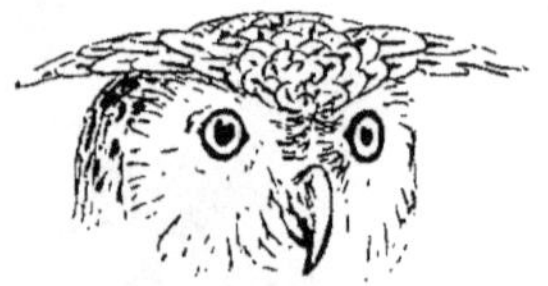

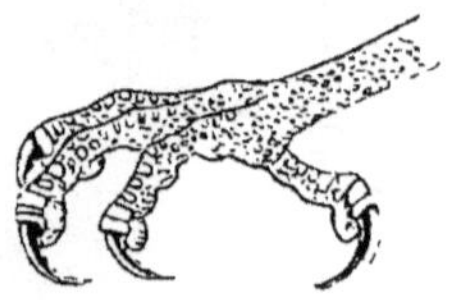

chue et aiguë; comprimé sur les côtés, à bords mandibulaires légèrement ondulés, à moitié caché dans les plumes du disque. — Narines marginales, ovalaires et recouvertes par les poils de la base du bec. — Tarses de la longueur du doigt médian, emplumés seulement un peu au-dessous de l'articulation, complètement nus dans le reste de leur étendue et réticulés. — Doigts robustes, sans plumes, épais, recouverts de squamelles irrégulières dans toute leur longueur, excepté près des ongles, où ils présentent trois ou quatre larges écailles. — Ongles longs, vigoureux, recourbés et tranchants. — Ailes médiocres; les 3e et 4e rémiges les plus longues. — Queue courte et élargie. — Trois espèces :

K. Ceylonensis, Gmelin; Ketupu Leschenault. — Asie mérid.
K. Javanensis, Horsfield. — Malaisie.
K. Flavipes, Hodgson. — Asie mérid.

65e Genre. — *EPHIALTES*, Keyserling. Εφιαλτης, cauchemar.

Synonymie : Lophostrix, Lesson. Λοφος, crête; στριξ, Chouette.

Bec robuste. — Doigts gros. — Disques peu prononcés. — Ai-

grettes longues. — Tarses emplumés. — Doigts nus. — Ailes longues. — Trois espèces :

E. Leucotis, Temminck. — Afrique.
E. Megalotis, Gray. — Manille.
L. Cristata, Daudin. — Afrique.

66e GENRE. — *SCOPS*, Savigny. Σκώψ, Chouette railleuse.

Bec court, presque entièrement caché par les plumes du disque, sans ondulation ou feston mandibulaire, les bords étant simplement arqués dans le sens de la voussure supérieure du bec. — Narines marginales, ovalaires, masquées par les plumes sétiformes. — Tarses courts, recouverts de plumes serrées jusqu'aux doigts. — Doigts réticulés dans presque toute leur longueur, ne portant que deux ou trois squamelles près des ongles, qui sont forts et recourbés. — Ailes assez courtes; les 2e, 3e et 4e rémiges les plus grandes. — Queue courte et carrée. — Dix-neuf espèces : (*Voy.* p. 268.)

S. ZORCA, Gmelin; Petit-Duc. — Cosmopolite.
S. SUNIA, Hodgson. — Asie mér.
S. JAPONICUS, Temminck. — Asie orient.
S. SENEGALENSIS, Swainson. — Afr.
S. RUTILUS, Pucheran. — Madagascar.
S. ASIO, Linné. — Amér. sept.
S. GRAMMICUS, Gosse. — Jamaïque.
S. BRAZILIENSIS, Brisson. — Amér. mér.
S. ATRICAPILLA, Natterer. — Amér. mér.
S. WATSONI, Cassini. — Amér. mér.
S. LOPHOTES, Lesson. — Amér. mér.
S. TRICHOPSIS, Wagler. — Amér. mér.
S. SEMITORQUES, Schlegel. — Japon.
S. MAGICUS, Müller. — Amboine.
S. LEMPIJI, Horsfield. — Malaisie.
S. MANTIS, Müller. — Bornéo.
S. SAGITTATUS, Cassini. — Asie.
S. NOVÆ-ZELANDIÆ, Bonaparte. — Nouvelle-Zélande
S. MENADENSIS, Quoy. — Célèbes.

67e GENRE. — *ASCALAPHIA*, Isid. Geoffroy. Ασκαλαφος, oiseau de nuit.

Bec grêle. — Tête petite; aigrettes courtes. — Tarses longs et emplumés ainsi que les doigts. — Une espèce :

A. SAVIGNYI, Isid. Jeoffroy; Hibou à huppes courtes. — Europe méridionale, Afrique.

68e GENRE. — *BUBO*, Cuvier. DUC.

Synonymie : URRUA, Hodgson (imitatif du cri); HELIAPTEX, Swainson. Ηλιος, soleil; πτησσω, je fuis.

Bec fort, épais à la base, à bords mandibulaires légèrement

festonnés. — Narines marginales, larges, arrondies. — Tarses

courts, robustes, recouverts de plumes épaisses. — Doigts nus ou couverts aussi de plumes, ne laissant paraître qu'une écaille près des ongles, qui sont longs, vigoureux, fortement recourbés et aigus. — Ailes médiocres; les 2e, 3e et 4e rémiges les plus longues. — Queue courte et arrondie. — Quatorze espèces :

B. Atheniensis, Aldrovande; le Grand-Duc. — Cosmopolite.
B. Virginiana, Gmelin. — Amér.
B. Magellanicus, Gmelin. — Amér.
B. Sibiricus, Eversem. — Asie.
B. Bengalensis, Franklin. — Asie.
B. Coromanda, Latham. — Asie.
B. Orientalis, Horsfield. — Asie.
B. Pectoralis, Jerdon. — Asie.
B. Capensis, Daudin. — Afr.
B. Maculosa, Vieillot. — Afr.
B. Verreauxii, Bonaparte. — Afr.
B. Lactea, Temminck. — Afr.
B. Cinerascens, Guérin. — Afr.
B. Madagascariensis, Smith. — Afr.

69e Genre. — *OTUS*, Cuvier, Ωτος, à aigrettes. HIBOU.

NYCTALOPS, Wagler. Νυκταλωψ, qui voit mieux la nuit que le jour.

Bec court et caché dans les plumes du disque, qui n'en laisse apparaître que la pointe. — Narines médianes. — Tarses de la

longueur du doigt médian, recouverts de plumes, ainsi que les doigts, à l'exception de l'extrémité de ceux-ci, qui est munie de deux écailles apparentes près des ongles. — Ongles longs, arqués et aigus. — Ailes longues; les 2ᵉ et 3ᵉ rémiges les plus grandes. — Queue médiocre. — Cinq espèces :

O. Vulgaris, Fleming; le Moyen-Duc. — Cosmopolite.
O. Americanus, Gmelin. — Amér.
O. Mexicanus, Gmelin. — Amér.
O. Siguapa, d'Orbigny. — Cuba.
O. Philippensis, Gray. — Océanie.

70ᵉ Genre. — *BRACHYOTUS*, Gould. Βραχυς, court; ους, ωτος, oreille.

Aigrettes courtes; disque facial arrondi. — Tarses moyens et emplumés, ainsi que les doigts. — Quatre espèces :

B. Europæus, Bonaparte; Hibou Brachyote. — Cosmopolite.
B. Palustris, Bonaparte. — Amérique.
B. Galapagoensis, Gould. — Iles Falkland.
B. Capensis. Smith. — Afrique.

15ᵉ Famille. — STRIGINÉS.

Tête arrondie, sans aigrettes; disque facial complet, presque triangulaire par son rétrécissement au-dessous du menton. — Conque auditive très-évasée et munie d'un large opercule. — Tarses grêles, plus ou moins emplumés. — Doigts nus. — Trois genres : Strix ou Effraie, Phodilus et Strigymnhemipus.

71e Genre. — *STRIX*, Linné. EFFRAIE.

Bec long, à bords mandibulaires presque droits, à moitié caché dans les plumes du disque. — Narines larges, longitudinales, en partie recouvertes par une membrane operculaire, masquées en partie par les plumes ou les poils de la base du

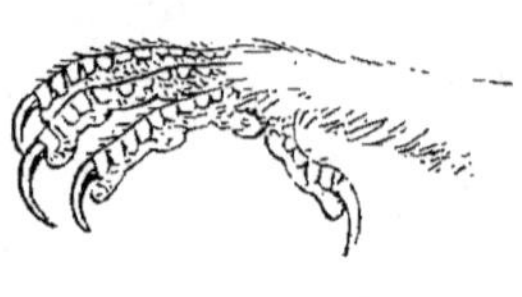

bec. — Tarses beaucoup plus longs que le doigt médian, minces, comprimés, couverts de plumes duveteuses jusqu'aux doigts. — Doigts longs, garnis de poils rares, réticulés et recouverts d'écailles ou squamelles, s'élargissant progressivement jusqu'à l'origine des ongles, qui sont fortement arqués, tranchants, aigus et cannelés. — Disque facial très-développé, échancré à sa partie supérieure. — Ailes allongées; les 2e et 3e rémiges les plus grandes. — Queue ample, très-courte. — Neuf espèces :

S. Flammea, Linné; Effraie. — Cosmopolite.
S. Castanops, Gould. — Australie.
S. Personata, Vigors. — Australie.
S. Tenebricosa, Gould. — Australie.
S. Delicatula, Gould. — Australie.
S. Candida, Tickell. — Asie.
S. Capensis, Smith. — Afrique.
S. Punctatissima, Gray. — Amér.
S. Pratincola, Bonaparte. — Amér

72e Genre. — *PHODILUS*. Is. Geoffroy Saint-Hilaire.

Nom primitif de l'espèce.

Bec médiocre. — Narines basales. — Tarses courts, emplu-

més jusque près des doigts. — Doigts nus, réticulés et recouverts en dessus d'une série d'écailles s'élargissant graduellement jusqu'aux ongles. — Ongles longs, robustes, fortement recourbés, cannelés et très-aigus. — Disque facial ne s'élevant qu'à la hauteur de la paupière supérieure. — Angle interne de l'œil garni de poils longs et durs, presque cornés et s'étendant sur le bec, contre lequel ils se resserrent et s'appliquent. — Ailes arrondies; les 4e, 5e et 6e rémiges les plus longues. — Queue courte et arrondie. — Une espèce :

P. Badius, Horsfield; Effraie Calong. — Asie.

73e Genre. — *STRIGYMNHEMIPUS*, Desmurs.

Στριγξ, Chouette; γυμνος, nu; ημι, demi; πους, pied.

Bec fort, crochu, engagé en grande partie dans les plumes du disque. — Narines ovalaires, un peu couvertes par les poils de la base mandibulaire. — Tarses très-longs, revêtus de duvet à claire-voie dans leur moitié supérieure, et totalement nus et réticulés dans l'inférieure jusqu'aux doigts. Ils portent trois fortes squamelles près des ongles, qui sont forts, crochus et acérés. —

Ailes longues, dépassant le second tiers de la queue. — Queue longue et arrondie. — Deux espèces :

S. Perlata, Lichtenstein. — Amérique.
S. Javanica, Gmelin. — Asie.

FIN DU TOME DEUXIÈME.

TABLE DES MATIÈRES

DU TOME DEUXIÈME

TABLE ALPHABÉTIQUE

PARIS. — IMP. SIMON RAÇON ET COMP., RUE D'ERFURTH, 1.

MATIÈRES DES LEÇONS

DE LA PREMIÈRE PARTIE DU TROISIÈME VOLUME

Histoire, description, mœurs des oiseaux grimpeurs, perroquets et pics.

Cette cinquième Partie est sous presse et paraîtra le 25 octobre.

PRIX

Chaque demi-volume, figures noires. . . . . 3 f. 50 c
— figures en couleur retouchées au pinceau. 6 —

MUSÉE ORNITHOLOGIQUE

PAR

J. C. CHENU, O. DES MURS ET J. VERREAUX

Chaque volume de 100 Planches coloriées comprenant environ 150 oiseaux classés par ordres, familles et genres, avec la synonymie, la description et l'histoire sommaire de chaque espèce.

Prix : 20 francs

Le premier Volume paraîtra le 25 août

MANUEL DE CONCHYLIOLOGIE

ET DE

PALEONTOLOGIE CONCHYLIOLOGIQUE

PAR J. C. CHENU

Deux volumes grand in-8, avec 5,000 gravures intercalées dans le texte

Prix 50 francs

CHEZ VICTOR MASSON, LIBRAIRE, PLACE DE L'ÉCOLE-DE-MÉDECINE

PARIS. — IMP. SIMON RAÇON ET COMP., RUE D'ERFURTH, 1.

LEÇONS ÉLÉMENTAIRES

SUR

L'HISTOIRE NATURELLE

DES

OISEAUX

PAR

J. C. CHENU

MÉDECIN PRINCIPAL A L'ÉCOLE IMPÉRIALE DE MÉDECINE ET DE PHARMACIE MILITAIRES

O. DES MURS
ORNITHOLOGISTE

J. VERREAUX
NATURALISTE VOYAGEUR

TOME DEUXIÈME — SECONDE PARTIE

Aigle botté.

PARIS

LIBRAIRIE L. HACHETTE ET Cie

BOULEVARD SAINT-GERMAIN, 77

1862

MATIÈRES DES LEÇONS

DE LA SECONDE PARTIE DU DEUXIÈME VOLUME

Histoire, description, mœurs des oiseaux de proie diurnes et nocturnes.

Cette seconde Partie est sous presse et paraîtra le 25 septembre

PRIX

Chaque demi-volume, figures noires. . . . . 3 f. 50 c.
— figures en couleur retouchées au pinceau. 6 »

PARIS. — IMP. SIMON RAÇON ET COMP., RUE D'ERFURTH, 1.

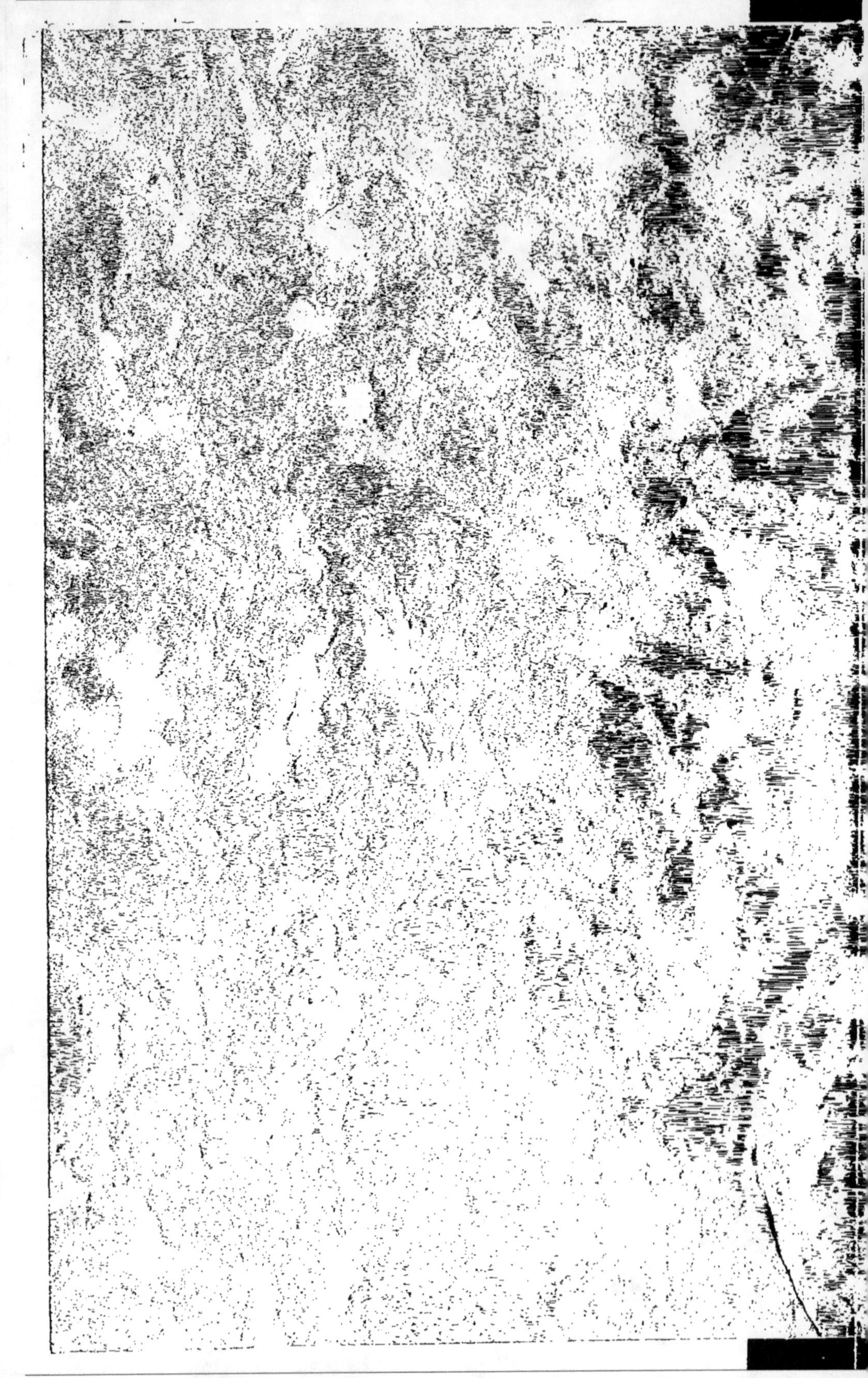

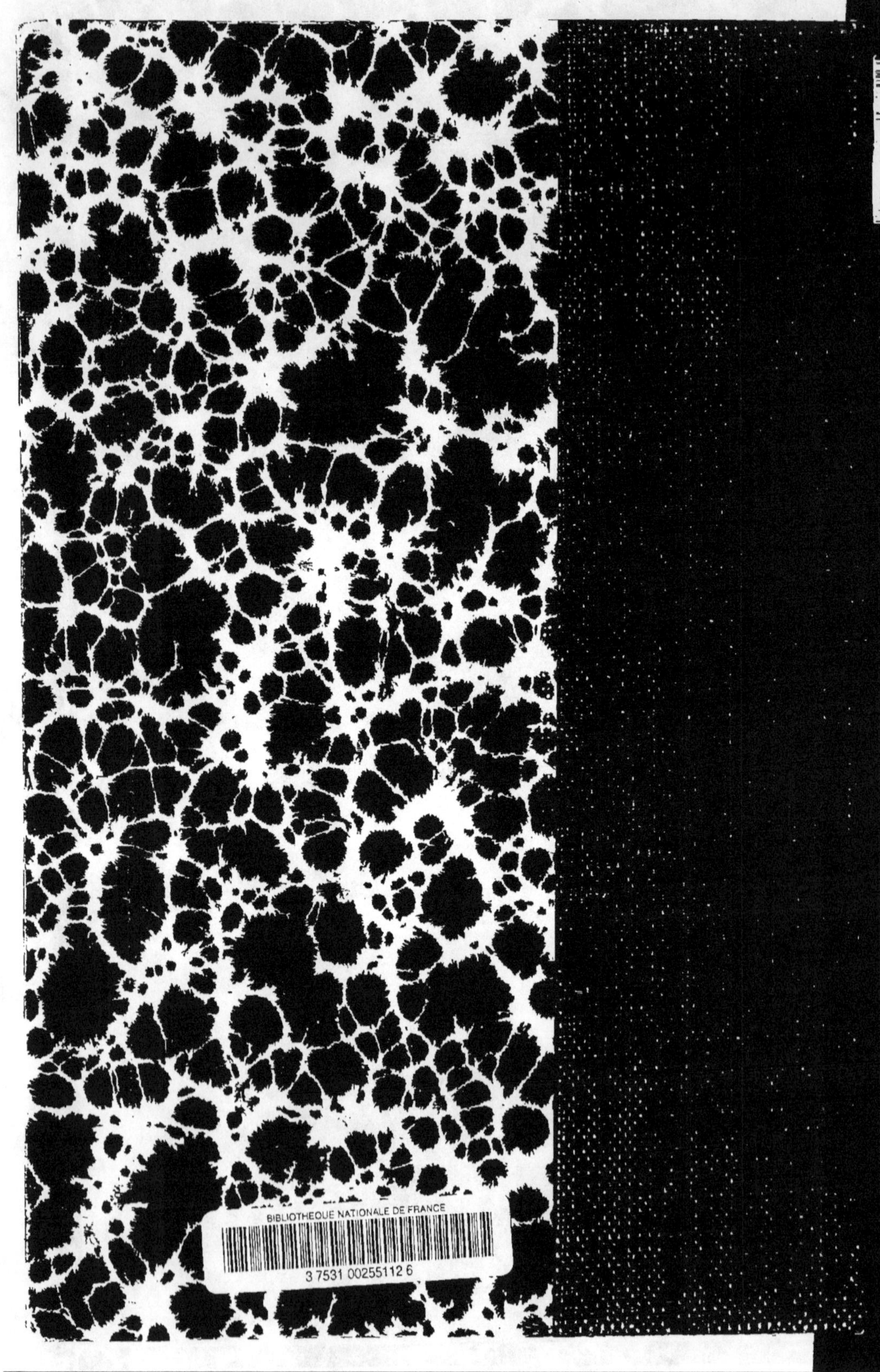
BIBLIOTHEQUE NATIONALE DE FRANCE
3 7531 00255112 6